C. Hoffmeister

Messungen zur atmosphärischen Optik in Südwest-Afrika

Veröffentlichungen der Sternwarte in Sonneberg · Band 3, Heft 2

DEUTSCHE AKADEMIE DER WISSENSCHAFTEN ZU BERLIN

Veröffentlichungen der Sternwarte in Sonneberg

Band 3
Heft 2

C. HOFFMEISTER

Messungen zur atmosphärischen Optik in Südwest-Afrika

(Ergebnisse der Beobachtungen in Südwestafrika 1952—53; Dritte Mitteilung)

Akademie-Verlag GmbH · Berlin 1956

Erschienen im Akademie-Verlag GmbH., Berlin W 8, Mohrenstraße 39
Lizenz-Nr. 202 · 100/346/56
Gesamtherstellung: VEB Druckerei „Thomas Müntzer“ Bad Langensalza
Bestell- und Verlagsnummer: 2006/III/2
Preis: 36,— DM
Printed in Germany

Inhaltsübersicht

A. Textteil und Tabellen der Mittelwerte

B. Beobachtungen

C. Anhang

A

Textteil und Tabellen der Mittelwerte

I. Einleitung

Die Ziele der Forschungsreise nach Südwestafrika, die ich in den Jahren 1952 und 1953 durchgeführt habe, lagen in erster Linie auf astronomischem Gebiet. Es sollten möglichst viele langbelichtete photographische Aufnahmen mit Weitwinkelobjektiven von den in Europa nicht sichtbaren Teilen des Himmels gewonnen und daneben eine Anzahl veränderlicher Sterne besonderer Art so dicht wie möglich beobachtet werden. Beiden Programmpunkten ist das Klima des südafrikanischen Hochlandes besonders günstig. Ergebnisse dieser Arbeiten sind in 2 Veröffentlichungen niedergelegt, so daß das vorliegende Heft die dritte größere Veröffentlichung von Ergebnissen der Afrika-Reise darstellt.

Bereits auf unserer ersten Forschungsfahrt in den Jahren 1937—38 habe ich in Südwestafrika die Lage der Neutralpunkte der atmosphärischen Polarisation gemessen. Der Gedanke, der mich dazu bestimmt hatte, war, daß es in der sehr durchsichtigen, häufig praktisch dunstfreien Atmosphäre von Südwestafrika am ehesten möglich sein sollte, im Polarisationszustand der Atmosphäre den Einfluß von Trübungen sehr hoher Schichten nachzuweisen. Die Bearbeitung dieser Beobachtungen aus den Jahren 1937—38 durch Herrn Prof. Chr. Jensen in Hamburg[1]) bezieht sich indessen nur auf die Verhältnisse der unteren Schichten, so daß eine erschöpfende Behandlung auch dieses älteren Materials zur Zeit noch aussteht. Indessen hat Herr Studienrat Kantus in Marl-Hüls diese Aufgabe erneut angegriffen, und es scheint, daß er zu positiven Ergebnissen gekommen ist. Obgleich bei der zweiten Forschungsreise stärkere hochatmosphärische Erhellungen, die auf Staubeinbrüche schließen lassen, nicht auftraten, ergaben diese Beobachtungen Hinweise auf die Erfassung hoher Schichten im Zusammenhang mit den Beobachtungen einer substratosphärischen Staubtrübung im April und Mai 1953. Es zeigte sich, daß die Abstandsverhältnisse des Arago-Punktes nahezu normal waren, wenn die bei 15 km Höhe befindliche Staubschicht im Erdschatten lag. Damit ist erwiesen, daß das Licht des Arago-Punktes bei Zenitdistanzen der Sonne von mehr als 94° nicht mehr wesentlich von den unteren Schichten beeinflußt wird. Geeignet für die Erfassung höchster Schichten sind demnach Beobachtungen des Arago-Punktes in der späten Abend- und frühen Morgendämmerung.

Bei der zweiten Afrika-Reise war das Programm der Messungen zur atmosphärischen Optik erweitert durch Messungen der Zenitpolarisation und der Farbanteile, ferner durch Messungen der Höhe des Erdschatten-Segments sowohl im Gesamtlicht als auch durch das Schott-Filter RG1 und Bestimmung des Durchmessers der circumsolaren Scheibe, wozu noch die Beobachtungen bei der Staubtrübung im April und Mai 1953 kamen, insbesondere Messungen der Höhe des dabei aufgetretenen scharf begrenzten Roten Segments. Nicht berücksichtigt sind in dieser Veröffentlichung die Beobachtungen während der Nacht, obgleich etwa die Extinktion des Sternlichts in die Gruppe der hier behandelten Erscheinungen gehört.

---

[1]) Annalen der Hydrographie und Maritimen Meteorologie 1943, p. 33.

Einen erheblichen Teil der Beobachtungen am Tage hat meine Frau ADELHEID HOFFMEISTER ausgeführt. Während der Nacht übernahm sie die Führung der photographischen Aufnahmen und machte mich dadurch für andere Beobachtungen frei. Die Verteilung der Rollen im einzelnen ist aus Tabelle 2 zu ersehen.

Im Gegensatz zur ersten Reise hatten wir diesmal keine feste Station, weilten vielmehr als Gäste auf deutschen Farmen, über deren Lage Tabelle 1 Aufschluß gibt. Ein Bericht über den Verlauf und die Ergebnisse der Reise ist bereits erschienen[1]), ich möchte aber nicht unterlassen, den a. a. O. namentlich genannten Gastgebern auch hier nochmals herzlichst zu danken.

Tabelle 1. Beobachtungsstationen

Name der Station	Geogr. Koordinaten		Höhe	Zeit des Aufenthalts
	Länge ö. Gr.	Breite	über Meer	1952—1953
Farm Voigtland	17° 19′.9	−22° 34′.6	1890 m	Juli 25—Okt. 2
Farm Voigtsgrund	17 26.4	−24 50.0	1275 m	Okt. 3—Jan. 3
Farm Dornfontein	18 9.7	−23 23.0	1320 m	Jan. 3—Feb. 27
Farm Bergweide	17 44.4	−19 50.4	1400 m	März 31—Juli 21

Zwischen Februar 27 und März 30 hatten wir keinen festen Aufenthaltsort. Wir reisten über die Farm Dordabis nach Windhoek und sodann nach der Südafrikanischen Union zum Besuch wissenschaftlicher Institute, wobei die Städte Johannesburg, Pretoria, Kimberley und Bloemfontein berührt wurden. Vor der Fahrt nach dem Norden von Südwestafrika verblieben wir dann noch einige Tage in Windhoek. Einzelne Beobachtungen aus dieser Zeit findet man im Abschnitt XI.

Es folgt hier eine Übersicht des Beobachtungsmaterials. Einzelheiten über die Durchführung der Messungen geben die Abschnitte II bis VI.

Tabelle 2. Übersicht der Beobachtungen

Art der Beobachtung	Anzahl der Werte	Beobachter
Farbanteile im Taghimmellicht	1014	A. H.
Zenit-Polarisation	889[1])	A. H.
Neutralpunkte der atmosph. Polarisation	4102[2])	C. H.
Höhe des Erdschattensegments	1267	C. H.
Durchmesser der Circumsolaren Scheibe	651	C. H.
Höhe des Roten Segments bei der Dämmerungsanomalie 1953	81	C. H.

[1]) Einschl. 13 Beob. auf See. [2]) Einschl. 63 Beob. auf See.

Bei der Zenitpolarisation und den Neutralpunkten sind die gezählten Werte die Mittel aus je 5 Einzelbeobachtungen. Wichtig ist der Hinweis, daß in die Tabellen der Beobachtungen nur diejenigen Bemerkungen aufgenommen sind, die unmittelbar auf die Messungen Bezug haben, wogegen Bemerkungen allgemeiner Art, insbesondere solche über die meteorologischen Begleitumstände, in einem besonderen Anhang

[1]) Wissenschaftliche Annalen 3. 112, 1954.

zusammengestellt sind. Dieser Teil ist demnach bei der Benutzung der Beobachtungen stets mit zu Rate zu ziehen. Mehrfach ist bei der Erstellung der Tabellen von Mittelwerten, die man in den folgenden Abschnitten findet, eine Aufgliederung der Beobachtungstage nach der Stärke des Dunstes vorgenommen. Es ist daher von Interesse, zu erfahren, welche Tage zu den einzelnen Gruppen gezählt werden. Tabelle 3 gibt darüber Aufschluß.

Tabelle 3. Klassifizierung der Beobachtungstage nach der Stärke des Dunstes

Station Voigtland	
Ganz besonders klar:	Aug 22 Sep 12 25
Dunstlos:	Juli 26 27 29 Aug 1 3 4 6p 8p 9a 10 14 21 28 29 30 31 Sep 1 2 3 5a 10 11 13 14a 15 16 17 26 30 Okt 1a
Leichter Dunst:	Juli 28 30 Aug 2 5 6a 7 8a 9p 11 13 20 Sep 4 5p 6 8p 9 18 19* 20* 24 29 Okt 2 * Hochdunst bei guter Horizontalsicht
Dunst:	Aug 15 16 17 18 19 25 Sep 7a 8a 18a 21 23
Starker Dunst:	Sep 7p 22
Station Voigtsgrund	
Dunstlos:	Okt 11a 28 29 Nov 7 8 18 Dez 2
Dunst:	Okt 9
Station Dornfontein	
Gestörter Tag:	Jan 18 (dünner Ci)
Station Bergweide	(nur Juni und Juli, da vorher die Staubtrübung keine Beurteilung zuließ)
Dunstlos:	Juni 4
Leichter Dunst:	Juni 13 (Blauschleier)
Dunst:	Juli 1 4 5 11

Für Beobachtungstage, die in Tabelle 3 nicht vorkommen, sind keine Unterlagen zur Kennzeichnung vorhanden. Nach dem allgemeinen Charakter der atmosphärischen Verhältnisse in Südwestafrika ist jedoch anzunehmen, daß solche Tage mit großer Wahrscheinlichkeit zu den Gruppen „Dunstlos“ oder „Wenig Dunst“ gehören, da das Auftreten von Dunst ungewöhnlich ist und auf jeden Fall vermerkt worden wäre.

Die Tabelle 3 zeigt, daß die Beurteilung der Dunstverhältnisse auf Station Voigtland viel regelmäßiger und sorgfältiger gehandhabt wurde als an den anderen Stationen. Die Ursache ist, daß nur auf Voigtland hinreichend gute und ferne Sichtmarken zur Verfügung standen: Auas-Horn (2330 m) 5.0 km in SW, Bismarck-Berge Nordgipfel (2231 m) 8.9 km in E, Rosa-Berge (2030 m) 11.2 km in SE, Otjisonjati-Berge 60 km in NNE. Dagegen lag in den welligen Landschaften von Voigtsgrund und Dornfontein, welch letzteres von manchen Autoren schon dem Randgebiet der Kalahari zugerechnet wird, der natürliche Horizont nach allen Richtungen hin in wenigen Kilometern Entfernung und ließ keine zuverlässige Beurteilung der Dunstverhältnisse nach irdischen Sichtmarken zu. Nur auf Bergweide boten die in etwa 15 km Abstand in N liegenden Otavi-Berge mit dem noch etwas ferneren Nageib-Berg in NW bessere Möglichkeiten. Wesentlich ist aber, daß nach der auf Voigtland entstandenen Gewohnheit als „dunstlos“ nur solche Tage bezeichnet wurden, an denen noch fernere Sichtziele als diese letztgenannten keine starke Verschleierung zeigten. Eine darauf bezügliche Bemerkung vom 15. August 1952 soll hier angeführt werden:

„Wenn ich schreibe ‚Dunst', so bedeutet dies hier immerhin eine Sichtweite von 30 bis 40 km". Dies zeigt, daß an die visuelle Beurteilung des Reinheitsgrades der Atmosphäre ein viel strengerer Maßstab gelegt wurde, als man es in Europa tun würde. Selbst an den beiden Tagen mit „starkem Dunst" ist die Sichtweite kaum geringer gewesen, nur waren auch die näheren Ziele verschleiert, und am Himmel zeigten sich Dunstschwaden.

Zweck dieser Veröffentlichung ist, das in Südwestafrika gewonnene Material der Wissenschaft zur Verfügung zu stellen. Eine erschöpfende Bearbeitung war nicht beabsichtigt, ist auch wohl nur auf viel breiterer Basis, d. h. vor allem unter Heranziehung von ähnlichen, an anderen Orten erlangten Beobachtungen von Interesse. Unter diesen Umständen mußte bei der Zusammenstellung der Werte der Charakter der Originalbeobachtungen soweit wie möglich gewahrt werden. Die in den folgenden Abschnitten gegebenen Tabellen von Mittelwerten sind dazu bestimmt, demjenigen Benutzer, der nicht auf die Bearbeitung auf breiter Basis hinzielt, die Verwertung zu erleichtern, d. h. ihm die Errechnung der Mittelwerte aus den Originalwerten zu ersparen. Nur die Staubtrübung vom April und Mai 1953 ist erschöpfend bearbeitet worden; die Resultate sind jedoch an anderer Stelle erschienen[1]).

Die Zeitangaben sind Zonenzeit für 30° Ostlänge = MZ Greenwich + 2^h. Bei der Bearbeitung der Beobachtungen war Frau KÄTHE RIESEBERG wesentlich beteiligt.

II. Messungen der Farbanteile im Taghimmellicht

Die Apparatur bestand aus einer Sperrschichtzelle (Selen) von B. LANGE in Berlin-Zehlendorf in Verbindung mit einem empfindlichen Milliamperemeter. Die spektrale Empfindlichkeit entspricht ungefähr derjenigen des Auges (Maximum bei 560 bis 590 mμ)[2]). Die Zelle befand sich in horizontaler Lage am Grunde eines zylindrischen Rohres, das am oberen Ende eine Kreisblende von 29.8 mm Öffnung trug. Der wirksame Ausschnitt des Himmels hatte einen Radius von etwa 20° mit dem Zenit als Mittelpunkt. Bei den Messungen war der Empfänger gegen direkte Sonnenstrahlung geschützt. Folgende Filter der Firma Schott-Jena wurden regelmäßig benutzt: BG 7 (Blau), GG 14 (Gelb), OG 2 (Orange), RG 1 (Rot), sämtlich 2 mm stark. Daneben wurden die Neutralfilter NG 6 und NG 8, gelegentlich auch NG 4 mitgemessen, und zwar zum Teil in Verbindung mit den Farbfiltern zum Zwecke der Abschwächung bei zu großer Helligkeit, zum Teil ohne Farbfilter zwecks Kontrolle der Eichkurve des Milliamperemeters. Die Eichkurve des letzteren, die zur Verwandlung der Ablesungen in Intensitäten dient, wurde nach der Rückkehr von der Expedition im Laboratorium der Sternwarte von dem damaligen Laboranten OBERENDER lichtelektrisch bestimmt, wobei das Licht der Vergleichslampe durch Änderung der Entfernung variiert wurde. Die so erhaltene Kurve erhielt noch einige geringe Korrekturen auf Grund der auf der Expedition ausgeführten Messungen der Neutralfilter, nachdem ich deren Durchlässigkeit lichtelektrisch wie folgt bestimmt hatte:

Neutralfilter	NG 6 2 mm	NG 8 2 mm
Durchlässigkeit	0.714 ± 0.002 m. F.	0.523 ± 0.001 m. F.

Eine Prüfung auf Selektivität ergab keinen positiven Befund. Die Expeditionsbeobachtungen deuten an, daß die Durchlässigkeit von NG 6 im Gelb ein wenig größer sein könnte als im Blau, doch hat dies keine praktische Bedeutung. Nach

[1]) Ztschr. für Meteorologie 10. 76, 1956.

[2]) P. GÖRLICH, Die Photozellen, Leipzig 1951, S. 122 — Jenaer Jahrbuch 1955. 1. Teil, S. 54.

der Korrektur mittels der Messungen der Neutralfilter dürfte die Reduktionskurve in allen Teilen gut gesichert sein.

Die Einzelwerte der Messungen sind im Anhang zusammengestellt. Es folgt hier eine Mitteilung der Ergebnisse. G/B bedeutet das Verhältnis der gemessenen Gelb-Intensität (GG 14) zur gemessenen Blau-Intensität (BG 7), entsprechend auch bei den anderen Filtern; $h_{\odot}$ ist die Sonnenhöhe, n die Anzahl der Beobachtungen. Die Klassifikation der Tage nach Dunsteinfluß erfolgte auf Grund der ebenfalls im Anhang mitgeteilten meteorologischen Bemerkungen. In einigen Fällen wurden Vormittag und Nachmittag verschiedenen Gruppen zugeteilt. Tage mit Störung durch Cirrus wurden hier nicht berücksichtigt.

Tabellen 4 bis 10. Täglicher Gang der Farbanteile des Taghimmellichts und Abhängigkeit von der Dunsttrübung

Tabelle 4. Voigtland

$h_{\odot}$	„Kein Dunst"					„Leichter Dunst"				
	G/B	O/B	n	R/B	n	G/B	O/B	n	R/B	n
0° bis 5°	1.343	0.682	3	—	—	1.298	0.694	1	—	—
5 „ 10	1.183	0.626	10	—	—	1.224	0.644	4	—	—
10 „ 15	1.137	0.608	4	—	—	1.156	0.629	3	—	—
15 „ 20	1.164	0.649	12	—	—	1.152	0.640	11	0.273	1
20 „ 25	1.120	0.619	13	—	—	1.201	0.660	6	0.199	2
25 „ 30	1.118	0.615	9	0.242	2	1.188	0.655	6	—	—
30 „ 35	1.164	0.626	14	0.231	3	1.168	0.643	11	—	—
35 „ 40	1.142	0.622	15	0.222	2	1.212	0.653	15	0.256	2
40 „ 45	1.175	0.638	21	0.230	5	1.225	0.669	14	0.263	3
45 „ 50	1.175	0.632	20	0.231	5	1.173	0.639	11	0.226	4
50 „ 60	1.178	0.632	10	0.230	4	1.268	0.694	3	0.248	3

Tabelle 5. Voigtland. Mittelwerte unter Ausschluß der Werte für $h_{\odot} < 10°$

Charakter	G/B	O/B	n
„Ganz besonders klar"	1.118	0.607	14
„Kein Dunst"	1.158	0.629	118
„Leichter Dunst"	1.192	0.652	80
„Dunst"	1.356	0.767	26
„Starker Dunst"	1.397	0.803	3
„Kein Dunst" Vormittag	1.163	0.631	75
„ „ Nachmittag	1.148	0.626	43

Tabelle 6. Voigtsgrund. „Kein Dunst“ und „Leichter Dunst“.
Nicht eingeschlossen wegen Dunst die Tage Okt 6 und Dez 31 p. m.

$h_\odot$	Vormittag			Nachmittag			Vorm. + Nachm.				
	G/B	O/B	n	G/B	O/B	n	G/B	O/B	n	R/B	n
0° bis 5°	1.162	0.608	1	1.331	0.638	12	1.318	0.636	13	0.289	5
5 „ 10	—	—	—	1.220	0.598	25	1.220	0.598	25		
10 „ 15	1.160	0.597	8	1.162	0.611	18	1.162	0.606	26	0.281	5
15 „ 20	1.176	0.608	26	1.153	0.600	16	1.167	0.605	42	0.256	24
20 „ 25	1.195	0.619	13	1.169	0.608	8	1.185	0.615	21	0.261	15
25 „ 30	1.190	0.619	27	1.195	0.639	11	1.191	0.625	38	0.263	35
30 „ 35	1.204	0.631	19	1.185	0.613	19	1.195	0.622	38	0.263	38
35 „ 40	1.165	0.585	10	1.170	0.624	5	1.167	0.598	15	0.263	15
40 „ 45	1.218	0.656	5	1.326	0.744	3	1.258	0.689	8	0.275	7
45 „ 60	—	—	—	—	—	—	1.304	0.694	5	0.283	5
Mittel ohne $h_\odot < 10°$	1.186	0.616	108	1.178	0.619	80	1.186	0.619	193	0.264	144

Tabelle 7. Dornfontein. Mittelwerte ohne die Werte für $h_\odot < 10°$.
Ausgeschlossen Jan 18 wegen Ci. Keine Tage mit Dunst verzeichnet

Vormittag			Nachmittag			Vorm. + Nachm.				
G/B	O/B	n	G/B	O/B	n	G/B	O/B	n	R/B	n
1.179	0.614	16	1.166	0.603	21	1.172	0.608	37	0.262	22

Tabelle 8. Bergweide I. April—Mai 1953, durch Hochtrübung gestört

$h_\odot$	Vormittag			Nachmittag			Vorm. + Nachm.				
	G/B	O/B	n	G/B	O/B	n	G/B	O/B	n	R/B	n
0° bis 5°	1.416	0.641	2	1.336	0.641	4	1.363	0.641	6	0.282	3
5 „ 10	1.318	0.643	1	1.271	0.628	11	1.275	0.629	12	0.252	8
10 „ 15	1.255	0.652	9	1.204	0.620	11	1.227	0.634	20	0.264	12
15 „ 20	1.187	0.617	8	1.207	0.633	7	1.197	0.624	15	0.244	12
20 „ 25	1.209	0.637	10	1.190	0.611	7	1.201	0.626	17	0.261	16
25 „ 30	1.221	0.635	9	1.189	0.615	6	1.209	0.627	15	0.268	15
30 „ 35	1.248	0.651	10	1.202	0.629	9	1.226	0.641	19	0.273	19
35 „ 40	1.245	0.649	9	1.209	0.630	2	1.238	0.645	11	0.285	11
40 „ 45	1.213	0.622	7	—	—	—	1.213	0.622	7	0.276	7
45 „ 50	1.304	0.684	4	—	—	—	1.304	0.684	4	0.304	4

Tabelle 9. Bergweide II. Juni—Juli 1953

$h_\odot$	Vormittag			Nachmittag			Vorm. + Nachm.			
	G/B	O/B	n	G/B	O/B	n	G/B	O/B	R/B	n
0° bis 5°	—	—	—	1.365	0.529	2	1.365	0.529	0.214	2
5 „ 10	—	—	—	1.241	0.579	17	1.241	0.579	0.204	17
10 „ 15	1.183	0.579	6	1.184	0.582	20	1.184	0.581	0.210	26
15 „ 20	1.191	0.597	11	1.183	0.585	8	1.188	0.592	0.210	19
20 „ 25	1.183	0.597	11	1.211	0.611	15	1.199	0.605	0.218	26
25 „ 30	1.206	0.612	19	1.219	0.618	10	1.210	0.614	0.231	29
30 „ 35	1.207	0.618	4	1.224	0.625	24	1.222	0.624	0.246	28
35 „ 40	1.217	0.619	25	1.223	0.611	1	1.218	0.618	0.244	26
40 „ 45	1.216	0.614	16	—	—	—	1.216	0.614	0.251	16
45 „ 50	1.228	0.624	11	—	—	—	1.228	0.624	0.263	11

Tabelle 10. Repräsentative Mittelwerte der 4 Beobachtungsstationen. Tage ohne Dunst oder mit sehr schwachem Dunst

Ort	G/B	O/B	R/B	Summe
Voigtland	1.168	0.636	0.240	2.044
Voigtsgrund	1.186	0.619	0.264	2.069
Dornfontein	1.172	0.608	0.262	2.042
Bergweide				
April—Mai	1.219	0.634	0.268	2.121
Juni—Juli	1.207	0.608	0.232	2.047

Die rechts gegebenen Summen haben keine physikalische Bedeutung und sollen nur die Vergleichung der Stationen erleichtern. Voigtsgrund ist die Station mit der geringsten Höhe, und der 1. Abschnitt der Station Bergweide ist durch abnorme Staubtrübung in der Substratosphäre beeinflußt.

In Abb. 1 (Anhang) sind aus Tab. 4, 6, 8, 9 berechnete Charakterzahlen des relativen Rotanteils dargestellt. Dabei fällt auf, daß 3 von den 5 Kurven bei Sonnenhöhen zwischen 35° und 50° ein zweites Minimum zeigen. Nicht nachgewiesen ist dieser Effekt bei Voigtland „Kein Dunst“, nur schwach angedeutet bei Bergweide II, den beiden Teilreihen, die nach Tab. 10 den geringsten Rotanteil haben (Dornfontein scheidet aus wegen zu geringer Anzahl der Beobachtungen). Es liegt nahe, jenen Effekt als das Minimum erster Ordnung eines Beugungskranzes aufzufassen, und man erhält aus den beobachteten Radien die folgenden Durchmesser $2r$ der beugenden Teilchen:

Voigtland „Leichter Dunst“	$\vartheta = 42\overset{\circ}{.}5$	$2r = 0.96\,\mu$
Voigtsgrund	52.5	0.85
Bergweide I	47.5	0.91

Dabei ist zu beachten, daß infolge der Größe des Meßfeldes das Minimum stark abgeflacht erscheinen muß: in der Tat beträgt die beobachtete Schwächung nicht mehr als 3 bis 5% des vorausgehenden Höchstwertes. Die Wahrnehmbarkeit des Minimums verlangt, daß kleinere Teilchen als vorstehend bezeichnet nicht in erheblicher Anzahl vorhanden sind. Weitere Angaben über Beugungserscheinungen findet man im Abschnitt VI.

III. Messungen der Zenitpolarisation am Taghimmel

Benutzt wurde dieselbe Apparatur wie bei den Messungen durch Farbfilter. An Stelle der letzteren wurde ein Polarisationsfilter von Carl Zeiß eingesetzt und durch Drehung auf das Maximum und das Minimum des Ausschlages am Milliamperemeter eingestellt. Die Ablesungen wurden mittels der Reduktionskurve in Intensitäten des Maximums i_1 und des Minimums i_2 verwandelt.

Als nachteilig erwies sich bei den Polarisationsmessungen das große Feld, welches bewirkt, daß nicht streng die Zenitpolarisation, sondern ein schwer genau erfaßbarer Mittelwert gemessen wird. Glücklicherweise bieten die von C. Dorno in Davos durchgeführten und über den ganzen Himmel ausgedehnten Messungen die Möglichkeit, Reduktionsfaktoren zu berechnen. Daß Davos mit 1600 m Höhe und sehr klarer Hochgebirgsluft hinsichtlich des Zustandes der Atmosphäre gut mit Südwestafrika verglichen werden kann, ist ein besonders günstiger Umstand. Die Tabelle 33 der großen Arbeit von Dorno[1]) gibt ein hinreichend dichtes Netz von Werten in der Zenitgegend für die Sonnenhöhen 0°, 20°, 40°, 60°. Für jede Sonnenhöhe wurde ein gleichförmig verteiltes Netz von Punkten interpoliert. Die aus Dornos Tabelle 24a interpolierten Intensitätswerte i_g dienten als Gewichtszahlen bei der Mittelbildung. Die so erhaltenen Mittel wurden mit der Zenitpolarisation verglichen und daraus die Reduktionsfaktoren erhalten. Der Wert für $h_\odot = 50°$ ist interpoliert und unsicher, da bei $h_\odot = 60°$ der Babinet-Neutralpunkt im Feld liegt und die Zenitpolarisation einen sehr kleinen Absolutwert besitzt. Die Beobachtungen in Afrika wurden nie bis zu dieser großen Sonnenhöhe ausgedehnt.

Tabelle 11.
Aus den Beobachtungen von Dorno abgeleitete Faktoren zur Umrechnung der Polarisation des circumzenitalen Feldes $r = 20°$ auf das Zenit

$h_\odot$	f
0°	1.105
20	1.069
40	0.914
50	0.75:
60	0.44:

Zur Prüfung der so erhaltenen Faktoren wurden in Sonneberg eine Reihe von Vergleichsmessungen durchgeführt, wovon in Tabelle 12 einige Beispiele mitgeteilt sind. Bemerkenswert ist der in dieser Übersicht erkennbare Einfluß zunehmenden Dunstes.

[1]) C. Dorno, Himmelshelligkeit, Himmelspolarisation und Sonnenintensität in Davos 1911 bis 1918. Veröffentl. Preuß. Met. Inst. Nr. 303, Abhandl. 10 VI, 1919.

Tabelle 12. Bestimmungen des Faktors f nach Beobachtungen in Sonneberg. 1955 Nov. 1

MEZ	$h_\odot$	P Feld	P Zenit	f	Bemerkungen
8^h29^m	10°9	0.5172	0.5470	1.058	wolkenlos
9 20	16.7	0.4746	0.4983	1.050	
9 26	17.2	0.4779	0.5124	1.072	
10 6	21.0	0.4364	0.4613	1.057	
10 11	21.4	0.4444	0.4815	1.083	
10 45	23.5	0.4103	0.4502	1.097	
10 54	24.0	0.4024	0.4507	1.120	
11 49	25.4	0.3860	0.3923	1.016	
11 57	25.5	0.3580	0.3677	1.027	etwas ∞, einzelne fracto Cu
12 18	25.3	0.3720	0.3830	1.030	
12 26	25.2	0.3976	0.3899	0.981	gut, nur Cu 5° hoch in N
13 21	23.0	0.3744	0.3829	1.023	
13 29	22.5	0.3460	0.3875	1.120	
14 2	20.1	0.4178	0.4638	1.110	
14 10	19.3	0.4091	0.4500	1.100	
14 30	17.4	0.4074	0.4615	1.133	
14 40	16.3	0.4155	0.4685	1.128	
15 21	11.8	0.4652	0.5375	1.155	stärkerer ∞ als morgens,
15 24	11.5	0.4731	0.5317	1.124	Sichtweite 18 km, wolken-
15 29	10.9	0.4582	0.5452	1.190	los
15 50	8.1	0.4673	0.5706	1.221	
15 55	7.4	0.4226	0.5881	1.392	∞ erheblich verstärkt, Sichtweite 4 km

Eine weitere kleine Korrektion ergibt sich daraus, daß die gebräuchlichen Polarisationsfilter das Licht nicht vollständig polarisieren. O. SCHÖNROCK[1]) gibt an, daß „eine einzelne bloße Folie ohne Deckgläser von senkrecht auffallendem, natürlichem, weißem Licht etwa 34% linear polarisiert und nur noch 0.6% als natürliches weißes Licht in sichtbarer Strahlung entläßt". Die von M. HASE[2]) gegebenen Werte für 3 Herapathit-Scheiben von Carl Zeiß-Jena liegen etwas höher, zwischen 36.3 und 40.9%. Die Durchlässigkeit des von uns in Afrika benutzten Filters, Folie mit Deckgläsern, wurde durch Messungen in Sonneberg wie folgt bestimmt:

Mit Lampenlicht (Farbtemperatur ~2500° K):	0.366 ± 0.002
„ „ („ ~2500° K):	0.363 ± 0.003
Himmel bei starkem Nebel :	0.354 ± 0.001
Himmel bei starkem Nebel mit Filter BG7 2 mm:	0.347 ± 0.001

Die Abhängigkeit von der Wellenlänge ist gering. Für die Rechnung wurde der mit Blaufilter erhaltene Wert benutzt.

Nimmt man den oben angegebenen Betrag von 0.6% unpolarisiert durchgelassenen weißen Lichtes auch für das hier benutzte Filter an, so sind dies 1.73% des durch-

[1]) F. KOHLRAUSCH, Praktische Physik, Bd. 1.468, 1952.

[2]) Zeiß-Nachrichten 2. Folge p. 62f, 1936.

gelassenen Gesamtlichtes, und die gemessenen Intensitäten i_1 und i_2 sind um einen konstanten Betrag zu groß.

Die Polarisationsgröße in dem von ARAGO eingeführten Maß wird berechnet nach der Formel

$$P = \frac{i_1 - i_2}{i_1 + i_2}.$$

Mit den hier anzubringenden Korrektionen vom 20°-Feld auf das Zenit und wegen unpolarisiert durchgelassenen Lichtes ergibt sich folgende abgeänderte Fassung:

$$P_{corr.} = f \frac{i_1 - i_2}{i_1 + i_2 - 2g}$$

$$g = 0.01729\, i_1$$

$$P_{corr.} = f \frac{i_1 - i_2}{0.9654\, i_1 + i_2}.$$

Es folgt hier die abgekürzte Tafel für f, aus der zu ersehen ist, daß die Korrektion für die weitaus meisten Meßwerte zwischen 0.9 und 1.1 liegt und nur bei den ohnehin unsicheren Werten für $h_\odot > 40°$ stärker von 1 abweicht.

Tabelle 13. Abgekürzte Tafel der Faktoren f zur Reduktion der Mittelwerte des $r = 20°$-Feldes auf Zenitwerte

$h_\odot$	f	$h_\odot$	f
0°	1.105	28°	1.023
2	1.104	30	1.008
4	1.103	32	0.992
6	1.102	34	0.975
8	1.101	36	0.957
10	1.098	38	0.937
12	1.094	40	0.914
14	1.090	42	0.887
16	1.085	44	0.857
18	1.078	46	0.825
20	1.069	48	0.789
22	1.059	50	0.750
24	1.049	52	0.704
26	1.037	54	0.653
28	1.023	56	0.597

Die nachfolgenden Übersichten von Mittelwerten bedürfen keiner Erklärung. Die für Station Voigtland (H = 1890 m) erhaltenen Werte der Zenitpolarisation an dunstfreien Tagen liegen sehr nahe bei denjenigen, die DORNO in Davos (H = 1600 m) beobachtet hat. Die beiden Reihen dürften daher die Zenitpolarisation repräsentieren, wie sie den praktisch vorkommenden optimalen Reinheitsgraden der Atmosphäre entspricht. Merkwürdig ist, daß die Polarisation am Nachmittag meist etwas größer gefunden wurde als am Vormittag, doch macht Bergweide II eine Ausnahme.

Tabelle 14. Zenitpolarisation, Voigtland

Kein Dunst						Leichter Dunst					
Vormittag			Nachmittag			Vormittag			Nachmittag		
$h_\odot$	P	n	$h_\odot$	P	n	$h_\odot$	P	n	$h_\odot$	P	n
3°.2	0.502	1	2°.9	0.595	1	—	—	—	—	—	—
—	—	—	7.6	0.614	7	—	—	—	8°.3	0.601	4
14.6	0.592	1	12.9	0.589	7	—	—	—	11.6	0.610	1
18.0	0.428	8	18.6	0.456	5	17°.9	0.449	6	17.5	0.469	7
22.7	0.364	9	23.3	0.456	6	23.4	0.324	4	22.7	0.398	4
26.4	0.342	8	27.4	0.366	6	29.8	0.362	1	27.3	0.326	3
32.5	0.248	8	31.6	0.319	5	32.8	0.258	6	32.5	0.251	3
37.5	0.200	13	38.5	0.231	5	37.1	0.216	6	38.9	0.206	5
42.4	0.151	7	42.5	0.172	10	42.3	0.150	9	41.8	0.162	5
47.1	0.124	13	47.3	0.145	7	47.7	0.117	7	—	—	—
52.6	0.071	6	—	—	—	51.9	0.051	1	51.2	0.112	1

Tabelle 15. Zenitpolarisation, Voigtland, Vormittag+Nachmittag

Kein Dunst			Leichter Dunst			Dunst		
$h_\odot$	P	n	$h_\odot$	P	n	$h_\odot$	P	n
3°.0	0.548	2	—	—	—	0°.8	0.635	1
7.6	0.614	7	8°.3	0.601	4	—	—	—
13.2	0.590	8	11.6	0.610	1	11.9	0.382	3
18.2	0.439	13	17.7	0.460	13	16.6	0.317	2
22.9	0.401	15	23.1	0.361	8	22.6	0.274	2
26.8	0.352	14	28.0	0.335	4	27.2	0.260	4
32.1	0.275	13	32.7	0.256	9	32.1	0.208	1
37.8	0.209	18	37.9	0.212	11	38.3	0.133	3
42.4	0.164	17	42.1	0.154	14	43.0	0.113	6
47.2	0.131	20	47.7	0.117	7	49.1	0.083	3
52.6	0.071	6	51.6	0.082	2	52.2	0.053	1

Tabelle 16. Zenitpolarisation, Voigtsgrund. Ausgeschlossen Okt. 9 wegen ∞

Vormittag			Nachmittag			Vorm. + Nachm.		
$h_\odot$	P	n	$h_\odot$	P	n	$h_\odot$	P	n
—	—	—	4°.3	0.578	1	4°.3	0.578	1
9°.7	0.524	1	8.3	0.574	9	8.5	0.569	10
13.3	0.468	12	12.5	0.481	8	13.1	0.473	20
16.9	0.411	23	17.1	0.417	18	17.0	0.414	41
22.9	0.331	16	21.5	0.373	10	22.4	0.347	26
27.8	0.263	28	27.2	0.299	10	27.6	0.272	38
31.8	0.234	11	31.8	0.248	13	31.8	0.242	24
37.0	0.187	8	36.0	0.197	14	36.4	0.193	22
43.1	0.109	3	42.2	0.132	2	42.7	0.118	5
—	—	—	46.0	0.115	1	46.0	0.115	1
52.5	0.037	1	—	—	—	52.5	0.037	1

Tabelle 17. Zenitpolarisation, Dornfontein

$h_\odot$	P	n
7°.1	0.546	4
15.6	0.463	12
24.8	0.328	14
35.1	0.210	9
47.4	0.081	1

Tabelle 18. Zenitpolarisation, Bergweide I, April—Mai 1953

Vormittag			Nachmittag			Vorm. + Nachm.		
$h_\odot$	P	n	$h_\odot$	P	n	$h_\odot$	P	n
4°.8	0.396	1	2°.9	0.693	1	3°.8	0.544	2
8.0	0.426	5	8.3	0.454	12	8.2	0.446	17
12.3	0.360	10	12.8	0.418	15	12.6	0.395	25
17.6	0.328	15	17.5	0.387	10	17.6	0.352	25
22.6	0.284	15	21.5	0.338	10	22.2	0.306	25
27.2	0.226	17	27.5	0.255	11	27.3	0.237	28
32.6	0.194	16	33.2	0.204	9	32.8	0.197	25
37.2	0.147	15	37.1	0.158	4	37.2	0.149	19
41.9	0.104	8	—	—	—	41.9	0.104	8
45.8	0.073	3	—	—	—	45.8	0.073	3

Tabelle 19. Zenitpolarisation, Bergweide II, Juni—Juli 1953. Ausgeschlossen Juli 1, 5, 11 wegen ∞

Vormittag			Nachmittag			Vorm. + Nachm.		
$h_\odot$	P	n	$h_\odot$	P	n	$h_\odot$	P	n
9°.5	0.458	1	8°.8	0.513	12	8°.8	0.509	13
13.6	0.452	8	13.1	0.432	15	13.3	0.439	23
17.9	0.402	11	16.5	0.371	12	17.2	0.386	23
22.5	0.351	9	23.5	0.297	14	23.1	0.318	23
26.7	0.298	18	27.2	0.253	12	26.9	0.280	30
32.5	0.233	5	32.8	0.179	23	32.8	0.189	28
37.7	0.189	27	35.6	0.175	2	37.6	0.188	29
42.9	0.158	16	—	—	—	42.9	0.158	16
45.9	0.138	8	—	—	—	45.9	0.138	8

Tabelle 20. Repräsentative Werte der Zenitpolarisation an den 4 Beobachtungsstationen

$h_{\odot}$	Voigtland	Voigtsgrund	Dornfontein	Bergweide I	Bergweide II	Vergleichswerte Davos
10°	0.588	0.540	0.524	0.425	0.492	0.568
20	0.425	0.374	0.400	0.326	0.350	0.426
30	0.300	0.253	0.268	0.214	0.228	0.303
40	0.183	0.146	0.157	0.122	0.168	0.173
50	0.097	0.068	0.055	—	—	0.078

IV. Messungen der Neutralen Punkte der atmosphärischen Polarisation

Gemessen wurde in der üblichen Weise die Höhe des Neutralpunkts über dem Horizont. Die Zusammenstellung der Beobachtungen im Anhang und die Tabellen geben jedoch als Abstand den Winkel zwischen Neutralpunkt und Sonne beim Babinet-Punkt und Brewster-Punkt, zwischen Neutralpunkt und Sonnengegenpunkt beim Arago-Punkt. Der Pendelquadrant war mit einem Polariskop nach Voss ausgestattet, das Kalkspat an Stelle von Turmalin verwendet und daher frei von selektiver Absorption ist[1]). Die Beobachtungen erfolgten im Gesamtlicht sowie durch die Filter BG7, 2 mm (Blau), OG2, 2 mm (Orange) und manchmal RG 1, 2 mm (Rot); am Anfang der Reihe wurde auch GG14, 2 mm (Gelb) angewandt. Jeder Wert der Übersicht im Anhang ist aus 5 Einzelmessungen ermittelt. Die neutrale Zone zwischen den Enden der Interferenzstreifen war beim Arago-Punkt in der Regel sehr schmal, so daß eine genaue Einstellung erreicht wurde. Der Babinet-Punkt war schwerer zu sehen und wurde weniger oft gemessen, da nur beim Arago-Punkt die Möglichkeit gegeben schien, bei stärkerer Sonnendepression Wirkungen zu beobachten, die von der oberen Stratosphäre ausgehen. Den Brewster-Punkt habe ich dann und wann um die Mittagszeit gemessen.

Da, wie in der Einleitung mitgeteilt, die Bearbeitung der Beobachtungen der Neutralpunkte von anderer Seite erfolgt, beschränke ich mich hier auf die Zusammenstellung der Mittelwerte für die verschiedenen Stationen unter gesonderter Behandlung der Dunsttage, soweit diese hinreichend zahlreich sind, und unter Ausschluß der Dunsttage, wo solche nur vereinzelt auftraten. Die Beobachtungen auf Farm Bergweide sind geschieden in die Zeit der Staubstörung im April und Mai und die Nachstörungszeit Juni—Juli 1953.

[1]) W. Voss, Eine Abart des Savartschen Polariskops. Zeitschrift f. Instrumentenkunde 52.332, 1932. — Ferner: Himmelswelt 41.285, 1931; 43.112, 1933. — E. Kleinschmidt, Handbuch der meteorologischen Instrumente p. 688, 1935.

Tabelle 21. Arago-Punkt, Voigtland, Gesamtlicht, Abend

$h_{\odot}$	Abstand	Anzahl	$h_{\odot}$	Abstand	Anzahl
+14°.51	17°.43	8	+0°.23	17°.17	6
11.39	17.31	15	−0.50	16.91	10
9.03	17.84	9	1.39	17.76	12
7.68	17.97	9	2.34	18.60	9
6.74	17.81	7	3.44	19.78	12
5.51	17.54	8	4.38	20.61	12
4.28	17.63	9	5.36	21.81	8
3.52	17.46	10	7.04	22.86	7
2.38	17.16	5	−9.38	23.37	6
+ 1.42	17.21	11			

Tabelle 22. Arago-Punkt, Voigtland, BG 7, Abend

$h_{\odot}$	Abstand	Anzahl	$h_{\odot}$	Abstand	Anzahl
+14°.27	18°.82	9	+0°.59	18°.81	8
11.43	19.20	10	−0.46	18.74	8
9.25	19.44	11	1.39	19.20	8
7.28	19.46	10	2.43	19.88	9
6.53	19.55	6	3.61	20.30	8
4.75	19.04	11	4.57	21.36	12
3.52	19.51	11	5.50	22.73	3
2.83	19.25	4	−6.80	24.22	4
+ 1.48	19.04	8			

Tabelle 23. Arago-Punkt, Voigtland, OG 2, Abend

$h_{\odot}$	Abstand	Anzahl	$h_{\odot}$	Abstand	Anzahl
+13°.93	16°.48	6	+0°.35	15°.92	6
11.25	16.16	10	−0.64	15.63	7
9.27	16.87	9	1.40	16.25	4
7.39	16.58	9	2.31	17.46	11
6.40	16.47	7	3.53	19.03	6
4.82	16.27	6	4.36	19.74	10
3.47	16.60	11	−6.48	20.58	5
2.61	16.62	8			
+ 1.36	15.76	5			

Tabelle 24. Arago-Punkt, Voigtland, Gesamtlicht, Morgen

$h_\odot$	Abstand	Anzahl	$h_\odot$	Abstand	Anzahl
+11°72	18°37	6	−0°07	17°03	7
8.90	18.42	6	1.64	17.84	7
6.72	18.70	6	3.30	20.95	4
4.70	18.35	6	4.53	21.63	3
3.44	17.74	7	5.03	22.10	3
2.50	17.94	5	6.28	24.20	4
+ 1.32	17.82	5	−8.76	24.68	5

Tabelle 25. Arago-Punkt, Voigtland, BG 7, Morgen

$h_\odot$	Abstand	Anzahl	$h_\odot$	Abstand	Anzahl
+11°43	20°21	7	+0°36	19°53	3
8.10	20.00	4	−0.68	19.16	5
6.60	20.55	4	1.23	19.60	3
4.57	19.72	6	3.18	20.05	4
3.40	19.95	4	4.32	21.62	4
2.30	18.82	4	−5.93	25.33	3
+ 1.28	19.04	5			

Tabelle 26. Arago-Punkt, Voigtland, OG 2, Morgen

$h_\odot$	Abstand	Anzahl	$h_\odot$	Abstand	Anzahl
+11°40	17°23	6	+1°65	16°13	6
9.07	17.17	3	+0.33	16.73	4
6.90	17.54	5	−0.53	16.13	3
5.00	17.25	4	1.47	15.70	3
+ 3.36	16.64	8	−3.28	18.72	5

Tabelle 27. Babinet-Punkt, Voigtland, Gesamtlicht, Morgen + Abend

$h_\odot$	Abstand	Anzahl	$h_\odot$	Abstand	Anzahl
+12°64	12°30	5	+1°54	14°43	7
9.07	13.18	6	+0.47	14.38	6
7.55	13.32	4	−0.38	14.52	9
6.30	13.60	3	2.20	15.36	5
5.60	13.26	9	3.31	15.74	12
4.40	14.20	4	4.23	15.30	3
3.05	14.02	4	5.86	19.88	8
+ 2.56	13.99	8	−8.43	31.37	3

Tabelle 28. Babinet-Punkt, Voigtland, BG 7, Morgen + Abend

$h_\odot$	Abstand	Anzahl	$h_\odot$	Abstand	Anzahl
+10°.50	15°.65	2	+0°.75	17°.12	4
8.30	15.10	4	−0.68	17.35	4
5.54	15.83	7	2.60	17.58	5
3.82	16.18	5	3.97	19.77	3
2.38	17.42	5	−5.80	20.80	4
+ 1.40	17.50	4			

Tabelle 29. Babinet-Punkt, Voigtland, OG 2, Morgen + Abend

$h_\odot$	Abstand	Anzahl	$h_\odot$	Abstand	Anzahl
+ 9°.27	12°.57	3	+0°.77	13°.23	7
7.10	11.65	4	−0.90	13.47	3
5.32	12.18	4	2.23	14.67	3
+ 2.83	13.03	7	−3.90	16.43	3

Tabelle 30. Arago-Punkt, Voigtland, Gesamtlicht, „leichter Dunst“, Abend

$h_\odot$	Abstand	Anzahl	$h_\odot$	Abstand	Anzahl
+15°.44	19°.06	8	+2°.72	18°.38	5
13.30	19.24	8	1.72	17.80	5
11.43	19.32	6	+0.54	18.34	7
10.12	18.95	6	−0.43	17.20	4
9.45	18.83	4	1.29	17.57	7
8.54	18.62	5	2.42	18.52	5
7.73	20.37	3	3.37	20.40	10
6.53	19.63	3	4.46	20.60	7
5.50	18.45	6	5.20	21.02	5
4.46	18.44	5	6.52	22.85	6
+ 3.37	18.90	3	−8.27	23.18	7

Tabelle 31. Arago-Punkt, Voigtland, BG 7, „leichter Dunst“, Abend

$h_\odot$	Abstand	Anzahl	$h_\odot$	Abstand	Anzahl
+15°.20	20°.83	7	+2°.36	19°.89	7
13.11	20.43	7	1.43	19.27	3
10.79	21.20	7	+0.39	19.56	7
9.45	20.20	8	−0.63	19.50	3
7.60	21.14	7	1.58	18.88	4
5.35	20.53	6	2.24	20.31	7
4.44	19.94	5	3.60	20.00	4
+ 3.60	20.67	3	4.70	22.05	4
			−6.10	22.63	3

Tabelle 32. Arago-Punkt, Voigtland, OG 2, „leichter Dunst", Abend

$h_{\odot}$	Abstand	Anzahl	$h_{\odot}$	Abstand	Anzahl
+13°.99	18°.87	9	+2°.48	17°.64	5
10.90	18.48	6	1.32	16.78	6
9.58	18.66	5	+0.43	17.80	3
8.50	18.27	3	−0.54	16.48	5
7.35	19.25	4	1.56	16.62	5
5.65	18.18	4	3.00	18.36	5
4.63	18.13	3	4.48	20.03	4
+ 3.56	17.86	5	−5.13	20.07	3

Tabelle 33. Arago-Punkt, Voigtland, Gesamtlicht, „leichter Dunst", Morgen

$h_{\odot}$	Abstand	Anzahl	$h_{\odot}$	Abstand	Anzahl
+13°.00	19°.16	8	+3°.40	18°.57	4
11.44	19.00	6	2.33	17.47	4
10.60	19.24	5	1.42	18.24	5
9.65	18.88	4	+0.38	17.77	4
8.63	19.00	4	−0.40	17.53	6
7.40	18.45	6	1.50	18.07	4
5.53	18.85	4	3.35	20.55	6
+ 4.40	18.30	6	4.93	22.80	3
			−7.33	23.90	3

Tabelle 34. Arago-Punkt, Voigtland, BG 7, „leichter Dunst", Morgen

$h_{\odot}$	Abstand	Anzahl	$h_{\odot}$	Abstand	Anzahl
+12°.84	20°.33	7	+3°.43	19°.43	3
11.50	20.63	6	2.48	19.65	6
10.58	20.08	5	1.40	20.00	3
9.36	20.76	5	+0.30	19.67	4
8.07	19.97	3	−0.10	19.74	5
7.83	20.17	3	2.12	20.46	6
6.40	20.80	3	3.77	22.50	3
5.40	19.64	5	5.30	22.97	3
+ 4.47	20.20	3	−8.45	25.40	2

Tabelle 35. Arago-Punkt, Voigtland, OG 2, „leichter Dunst", Morgen

$h_{\odot}$	Abstand	Anzahl	$h_{\odot}$	Abstand	Anzahl
+12°.60	17°.90	6	+4°.06	17°.42	5
11.45	17.83	6	2.60	16.60	4
10.46	18.02	5	1.70	16.63	3
9.28	17.85	4	+0.27	16.37	3
8.60	17.80	3	−0.55	16.87	4
7.54	17.32	5	2.53	18.43	3
+ 5.58	17.53	6	−4.70	21.43	3

Tabelle 36. Arago-Punkt, Voigtland, Gesamtlicht, „Dunst“, Morgen + Abend

$h_{\odot}$	Abstand	Anzahl	$h_{\odot}$	Abstand	Anzahl
+14°70	21°87	3	−1°60	18°22	5
5.45	21.43	6	3.08	19.56	5
+ 1.90	20.07	6	−4.73	21.32	6
− 0.26	18.40	5			

Tabelle 37. Babinet-Punkt, Voigtland, Gesamtlicht, „leichter Dunst“, Morgen + Abend

$h_{\odot}$	Abstand	Anzahl	$h_{\odot}$	Abstand	Anzahl
+14°07	11°94	7	+1°34	14°84	5
11.21	13.08	8	+0.44	14.74	7
9.42	13.58	5	−0.48	15.60	6
8.30	13.88	4	1.51	15.52	7
7.28	13.50	4	2.37	16.17	3
6.32	13.64	5	3.32	16.53	6
4.36	14.08	8	4.42	17.07	6
3.60	14.51	7	5.56	19.14	8
+ 2.54	14.30	5	−7.49	25.44	7

Tabelle 38. Babinet-Punkt, Voigtland, BG 7, „leichter Dunst“, Morgen + Abend

$h_{\odot}$	Abstand	Anzahl	$h_{\odot}$	Abstand	Anzahl
+15°03	14°27	3	+1°35	17°70	6
9.43	15.37	3	+0.67	18.17	3
7.64	15.62	5	−0.50	17.83	3
5.46	16.16	5	1.86	17.96	5
3.33	16.92	6	−5.28	20.62	5
+ 2.43	16.63	4			

Tabelle 39. Babinet-Punkt, Voigtland, OG 2, „leichter Dunst“, Morgen + Abend

$h_{\odot}$	Abstand	Anzahl	$h_{\odot}$	Abstand	Anzahl
+ 9°00	12°73	3	+1°84	13°58	5
7.40	12.37	3	+0.68	13.98	4
5.55	12.58	4	−1.30	14.44	5
+ 3.48	13.28	5			

Tabelle 40. Arago-Punkt, Voigtsgrund, Gesamtlicht, Abend

$h_\odot$	Abstand	Anzahl	$h_\odot$	Abstand	Anzahl
+14°45	17°69	13	+2°56	16°86	7
11.38	17.35	13	1.57	17.35	11
9.32	17.00	6	+0.53	17.01	9
8.24	17.74	8	−0.63	17.00	11
7.53	18.05	11	1.43	17.52	4
6.28	17.60	5	2.80	18.55	4
5.65	17.44	8	3.42	19.15	6
4.58	17.86	9	−6.25	22.35	2
+ 3.52	17.40	10			

Tabelle 41. Arago-Punkt, Voigtsgrund, BG 7, Abend

$h_\odot$	Abstand	Anzahl	$h_\odot$	Abstand	Anzahl
+14°30	19°31	10	+2°41	19°09	9
11.17	18.65	13	1.46	18.78	10
8.81	19.06	9	+0.40	19.00	8
7.40	19.60	10	−0.40	18.52	6
6.66	19.20	7	1.35	18.37	6
5.24	19.13	9	2.20	19.40	2
4.34	19.05	9	3.43	20.12	6
+ 3.38	18.68	6	−4.80	21.50	2

Tabelle 42. Arago-Punkt, Voigtsgrund, OG 2, Abend

$h_\odot$	Abstand	Anzahl	$h_\odot$	Abstand	Anzahl
+13°94	16°86	8	+3°44	16°42	9
11.44	15.38	8	2.41	15.77	10
9.63	16.40	7	1.43	15.89	7
8.45	16.05	6	+0.43	15.78	9
7.45	16.50	13	−0.48	16.25	6
5.65	16.03	12	1.31	15.80	7
+ 4.44	16.44	8	−3.29	18.33	7

Tabelle 43. Arago-Punkt, Voigtsgrund, Gesamtlicht, Morgen

$h_\odot$	Abstand	Anzahl	$h_\odot$	Abstand	Anzahl
+9°50	21°80	2	−1°23	17°60	3
5.38	19.72	5	2.53	18.43	4
3.03	19.30	3	3.56	18.72	5
1.28	18.15	4	4.86	21.04	5
+0.63	17.65	6	6.83	24.95	4
−0.44	16.54	5	−8.97	26.93	3

Tabelle 44. Arago-Punkt, Voigtsgrund, BG 7, Morgen

$h_\odot$	Abstand	Anzahl	$h_\odot$	Abstand	Anzahl
+10°20	23°15	2	−0°47	18°67	3
6.35	20.88	4	1.90	18.52	5
4.33	21.13	3	3.62	19.92	5
1.73	20.20	3	5.70	24.30	3
+ 0.45	18.40	4	−7.17	25.50	3

Tabelle 45. Arago-Punkt, Voigtsgrund, OG 2, Morgen

$h_\odot$	Abstand	Anzahl	$h_\odot$	Abstand	Anzahl
+ 9°80	21°25	2	−0°40	15°48	4
6.05	18.58	4	1.92	16.78	5
4.00	19.00	3	3.85	18.35	6
+ 0.93	17.08	6	−5.78	22.18	5

Tabelle 46. Babinet-Punkt, Voigtsgrund, Gesamtlicht, Morgen + Abend

$h_\odot$	Abstand	Anzahl	$h_\odot$	Abstand	Anzahl
+15°84	12°14	7	+1°28	14°06	5
10.67	12.23	3	+0.57	14.23	7
8.90	12.90	3	−0.41	14.60	10
7.50	13.43	9	1.40	14.46	7
6.80	13.50	3	2.47	15.32	4
5.38	13.66	8	3.35	14.52	4
4.37	14.27	3	4.53	14.41	7
3.39	13.83	7	5.87	16.10	4
+ 2.44	14.27	10	−7.64	19.82	5

Tabelle 47. Babinet-Punkt, Voigtsgrund, BG 7, Morgen + Abend

$h_\odot$	Abstand	Anzahl	$h_\odot$	Abstand	Anzahl
+18°15	13°25	2	+0°48	17°13	6
6.50	16.11	8	−1.13	16.70	3
3.37	16.57	3	2.98	17.30	5
2.40	16.43	3	4.33	18.23	3
+ 1.77	16.83	3	−6.33	17.53	3

Tabelle 48. Babinet-Punkt, Voigtsgrund, OG 2, Morgen + Abend

$h_{\odot}$	Abstand	Anzahl
+ 7°.03	13°.03	3
5.70	12.40	3
3.70	13.23	3
2.50	13.15	4
+ 1.53	12.43	3

$h_{\odot}$	Abstand	Anzahl
+0°.57	13°.67	3
−1.13	13.20	3
2.87	14.12	4
4.65	14.15	4
−6.93	17.83	3

Tabelle 49. Arago-Punkt, Dornfontein, Gesamtlicht, nur Abendbeobachtungen

$h_{\odot}$	Abstand	Anzahl
+10°.56	16°.77	3
8.13	17.30	3
5.77	17.27	4
4.57	17.43	3
3.60	17.60	3
2.63	17.12	4
1.58	16.32	5
+ 0.48	16.54	5

$h_{\odot}$	Abstand	Anzahl
−0°.47	16°.50	3
1.53	17.03	3
2.24	17.60	5
3.60	18.36	7
4.30	17.77	4
5.22	21.45	4
−6.27	23.27	3

Tabelle 50. Arago-Punkt, Dornfontein, BG 7, nur Abendbeobachtungen

$h_{\odot}$	Abstand	Anzahl
+10°.45	18°.35	2
7.93	18.87	3
5.83	19.10	3
4.12	18.64	5
2.62	18.56	5
+ 1.50	18.37	3

$h_{\odot}$	Abstand	Anzahl
+0°.57	18°.80	4
−0.54	18.30	5
2.40	19.00	6
4.30	20.61	7
−5.65	23.05	2

Tabelle 51. Arago-Punkt, Dornfontein, OG 2, nur Abendbeobachtungen

$h_{\odot}$	Abstand	Anzahl
+10°.85	15°.70	2
7.58	16.20	5
4.45	16.03	6
3.30	16.13	3
2.40	15.90	3
+ 1.10	15.88	6

$h_{\odot}$	Abstand	Anzahl
−0°.40	14°.76	5
1.50	15.33	3
2.70	16.95	4
4.13	18.90	6
−5.30	20.85	2

Tabelle 52. Arago-Punkt, Bergweide, Gesamtlicht, Abend.
Gestörte Werte April—Mai 1953

$h_\odot$	Abstand	Anzahl	$h_\odot$	Abstand	Anzahl
+15°.71	19°.23	7	+2°.47	20°.66	11
11.17	20.84	11	1.53	20.31	17
9.43	20.22	6	+0.54	19.62	15
8.29	21.24	8	—0.43	18.70	11
7.42	20.78	4	1.29	18.72	19
6.50	21.34	7	2.48	20.05	20
5.36	21.04	7	3.56	21.41	16
4.31	21.66	9	4.48	21.62	17
+ 3.52	20.96	10	—5.52	23.44	16

Tabelle 53. Arago-Punkt, Bergweide, BG 7, Abend.
Gestörte Werte April—Mai 1953

$h_\odot$	Abstand	Anzahl	$h_\odot$	Abstand	Anzahl
+15°.77	20°.17	3	+1°.36	21°.72	10
11.03	21.88	6	+0.53	20.81	8
8.87	21.75	6	—0.60	19.98	8
7.73	22.97	4	1.41	19.63	15
6.32	22.76	5	2.67	20.13	7
5.57	22.25	4	3.46	20.29	16
4.55	21.67	4	4.39	21.63	9
3.40	22.69	9	5.58	23.58	5
+ 2.32	22.80	6	—8.70	26.10	1

Tabelle 54. Arago-Punkt, Bergweide, OG 2, Abend.
Gestörte Werte April—Mai 1953

$h_\odot$	Abstand	Anzahl	$h_\odot$	Abstand	Anzahl
+11°.67	19°.50	7	+1°.42	19°.86	11
8.77	19.33	7	+0.44	18.88	8
7.33	19.75	4	—0.65	17.69	11
6.44	19.72	5	1.50	18.28	8
5.48	20.32	5	2.38	19.59	11
4.45	19.58	4	3.34	22.11	17
3.54	20.26	7	4.39	21.90	12
+ 2.39	19.30	7	—5.45	22.70	4

Tabelle 55. Arago-Punkt, Bergweide, Gesamtlicht, Morgen. Gestörte Werte April 30—Mai 31, 1953

$h_\odot$	Abstand	Anzahl	$h_\odot$	Abstand	Anzahl
+ 6°94	22°58	5	—0°35	19°13	6
5.37	21.90	4	1.46	18.88	5
4.50	20.73	3	2.35	20.07	4
3.43	22.00	7	3.55	21.37	6
2.31	21.56	8	4.20	22.27	4
1.24	20.32	5	—5.45	23.82	6
+ 0.53	19.41	7			

Tabelle 56. Arago-Punkt, Bergweide, BG 7, Morgen. Gestörte Werte April 30—Mai 31, 1953

$h_\odot$	Abstand	Anzahl	$h_\odot$	Abstand	Anzahl
+ 7°00	24°63	3	+0°52	21°04	5
4.92	22.97	4	—0.47	19.22	4
3.53	24.23	3	1.60	20.13	3
2.57	22.62	4	3.32	20.90	6
+ 1.62	23.05	4	—4.62	21.96	5

Tabelle 57. Arago-Punkt, Bergweide, OG 2, Morgen. Gestörte Werte April 30—Mai 31, 1953

$h_\odot$	Abstand	Anzahl	$h_\odot$	Abstand	Anzahl
+ 6°35	22°08	4	—1°33	18°13	3
4.22	21.40	5	2.60	21.23	3
2.40	21.50	4	3.50	21.90	4
1.54	20.18	5	—5.00	22.06	5
+ 0.30	18.32	4			
— 0.45	18.10	4			

Tabelle 58. Babinet-Punkt, Bergweide, Gesamtlicht, Abend. April—Mai 1953

$h_\odot$	Abstand	Anzahl	$h_\odot$	Abstand	Anzahl
+16°88	11°24	5	—1°64	15°81	7
11.36	12.20	5	2.40	15.63	4
7.37	12.80	3	3.58	15.87	6
5.53	13.67	3	4.40	17.32	11
4.28	13.55	4	5.32	19.65	10
2.53	15.52	4	6.46	22.53	18
1.58	13.98	6	7.40	25.96	7
+ 0.48	14.70	8	—9.55	34.35	2
— 0.43	15.78	8			

Tabelle 59. Babinet-Punkt, Bergweide, Gesamtlicht, Abend.
Juni—Juli 1953

$h_{\odot}$	Abstand	Anzahl	$h_{\odot}$	Abstand	Anzahl
+7°.70	13°.77	3	—2°.50	15°.74	7
5.35	14.30	4	3.67	15.97	4
3.62	14.97	4	4.31	16.60	7
+0.97	16.35	4	5.44	19.86	10
—0.68	15.28	6	—7.05	23.52	4

Tabelle 60. Babinet-Punkt, Bergweide, Gesamtlicht, Morgen.
April 30—Juli 2, 1953

$h_{\odot}$	Abstand	Anzahl	$h_{\odot}$	Abstand	Anzahl
+5°.17	13°.67	4	—1°.63	15°.76	7
3.43	14.13	6	3.58	15.86	5
2.40	13.00	3	4.49	17.27	7
1.46	13.97	8	6.00	22.00	3
+0.40	14.67	4	—8.00	32.50	1
—0.55	14.77	6			

Tabelle 61. Arago-Punkt, Bergweide, Gesamtlicht, Abend.
Juni—Juli 1953 (ohne Juli 1 u. 11 wegen ∞)

$h_{\odot}$	Abstand	Anzahl	$h_{\odot}$	Abstand	Anzahl
+13°.20	19°.62	5	+0°.67	19°.47	7
9.08	19.92	5	—0.55	18.09	12
7.65	19.95	4	1.48	18.37	12
6.55	20.17	4	2.34	20.30	5
5.44	19.94	11	3.60	21.27	11
4.33	19.93	3	4.48	21.22	12
3.62	19.98	5	5.36	21.88	7
2.50	19.73	6	6.30	23.43	3
+ 1.40	19.55	8	—7.50	23.36	5

Tabelle 62. Arago-Punkt, Bergweide, BG 7, Abend.
Juni—Juli 1953 (ohne Juli 1 u. 11 wegen ∞)

$h_{\odot}$	Abstand	Anzahl	$h_{\odot}$	Abstand	Anzahl
+7°.06	21°.12	5	—1°.40	19°.10	5
2.77	21.15	4	3.10	21.27	3
+1.06	21.30	5	—4.35	21.08	6
—0.62	19.70	4			

Tabelle 63. Arago-Punkt, Bergweide, OG 2, Abend.
Juni—Juli 1953 (ohne Juli 1 u. 11 wegen ∞)

$h_{\odot}$	Abstand	Anzahl
+7°.04	19°.46	5
2.87	18.77	4
+1.40	18.97	3
—0.22	17.85	4

$h_{\odot}$	Abstand	Anzahl
—1°.33	17°.41	7
3.30	21.00	3
—4.50	21.18	6

Tabelle 64. Arago-Punkt, Bergweide, Gesamtlicht, Morgen.
Juni—Juli 1953

$h_{\odot}$	Abstand	Anzahl
+5°.34	20°.94	5
3.47	20.30	4
2.37	20.30	4
+1.60	19.97	3

$h_{\odot}$	Abstand	Anzahl
+0°.37	19°.17	7
—1.53	19.13	6
3.94	21.51	7
—5.40	22.92	4

Tabelle 65. Arago-Punkt, Bergweide, BG 7, Morgen.
Juni—Juli 1953

$h_{\odot}$	Abstand	Anzahl
+3°.63	22°.33	3
2.10	21.66	5
+0.65	20.57	4

$h_{\odot}$	Abstand	Anzahl
—1°.02	19°.65	4
3.43	21.10	3
—5.03	22.50	3

Tabelle 66. Arago-Punkt, Bergweide, OG 2, Morgen.
Juni—Juli 1953

$h_{\odot}$	Abstand	Anzahl
+3°.28	19°.42	5
+1.07	18.48	6
—0.76	17.64	5

$h_{\odot}$	Abstand	Anzahl
—3°.37	21°.40	3
—4.57	21.47	3

Tabelle 67. Babinet-Punkt und Brewster-Punkt bei großen Sonnenhöhen.
Beob. überwiegend auf Voigtland

67a. Babinet-Punkt, Gesamtlicht

$h_{\odot}$	Abstand	Anzahl
+24°.13	9°.91	7
35.32	8.08	4
42.88	6.98	6
+48.15	6.20	6

$h_{\odot}$	Abstand	Anzahl
+51°.71	5°.46	10
56.98	4.54	9
+62.33	3.83	7

67b. Babinet-Punkt, Filtermessungen.
Δ = Abstand Filtermessung minus Abstand Gesamtlichtmessung

$h_{\odot}$	Abstand	Δ	Anzahl
BG 7			
+22°.53	12°.47	+1°.90	3
42.50	7.78	+1.15	4
50.74	6.42	+0.94	5
55.10	5.92	+1.38	5
58.85	5.38	+0.92	4
+61.98	4.82	+0.92	5
OG 2			
+22.17	9.97	−0.60	3
+50.20	5.55	+0.05	2
RG 1			
+22.00	8.50	−1.40	1
43.10	5.75	−1.15	2
+55.95	5.42	−0.85	4

67c. Brewster-Punkt

$h_{\odot}$	Abstand	Δ	Anzahl
Gesamtlicht			
+46°.16	−10°.86	—	5
+60.25	− 9.82	—	4
BG 7			
+59.50	− 9.80	0°.00	2

V. Messungen der Höhe des Erdschattensegments

Die Geophysiker interessieren sich zur Zeit erneut für den Erdschatten, sowohl bei Mondfinsternissen als auch in der Dämmerung. Den Anlaß bildeten die Erkenntnisse, daß erstens dem atmosphärischen Ozon und seiner Verteilung bei der Entstehung dieser Phänomene erhebliche Bedeutung zukommt (Paetzold[1]), Letfus[2]), Dubois[3])), daß zweitens aber auch sehr hohe Staubschichten Einfluß haben können (Bouška und Švestka[4]), Link[5])). Es lag daher nahe, auch auf unserer Afrika-Reise das Erd-

[1]) H. K. Paetzold, Erfassung der vertikalen Ozonverteilung in verschiedenen geogr. Breiten bei Mondfinsternissen. J. Atmosph. Terr. Physics 2. 183, 1952 (Landolt-Börnstein p. 594).

[2]) V. Letfus, L'influence de l'ozonosphère sur la densité de l'ombre dans les éclipses de lune. Bull. Astr. Inst. Czechosl. 4. 36, 1953.

[3]) J. Dubois, Contribution à l'étude de l'ombre de la terre. Diss. Paris 1950.

[4]) J. Bouska, Zd. Svestka, On the Variations of the Enlargement of the Earth's Shadow during the Lunar Eclipses. Bull. Astr. Inst. Czechosl. 2. 6, 1950.

[5]) F. Link, Z. Linková, Agrandissement de l'ombre terrestre pendant les éclipses de lune. I. Influences météoriques. Bull. Astr. Inst. Czechosl. 5. 82, 1954.

Vgl. auch: F. Link, ebenda 1. 1, 1950, und Zd. Svestka, ebenda 5. 91, 1954.

schattensegment regelmäßig zu vermessen. Die Beobachtungen wurden sowohl im Gesamtlicht als auch mit dem Rotfilter Schott RG 1 2 mm ausgeführt. Es ergab sich, daß die Grenze des Schattensegments im roten Licht sehr viel schärfer und die Höhe geringer war als im Gesamtlicht. Am Abend des 3. September 1952, bei ungewöhnlich diffuser Begrenzung des Schattensegments, ist folgende Bemerkung niedergeschrieben: „Durch BG 7 2 mm ist der Erdschatten fast unsichtbar, durch OG 2 2 mm ziemlich schwach, in der Begrenzung ähnlich wie mit bloßen Augen, durch RG 2 2 mm mit ziemlich scharfer Grenze in geringerer Höhe als mit bloßen Augen". Mehrfach ist bemerkt worden, daß die Interferenzstreifen der atmosphärischen Polarisation im Schattensegment verstärkt sind.

Tabelle 68. Höhe des Erdschattensegments, Voigtland, Gesamtlicht, „Dunstfrei" und „Leichter Dunst"

$h_\odot$	Höhe	Anzahl
−0°07	1°10	4
0.30	1.05	4
0.40	1.23	7
0.50	1.12	4
0.60	1.22	11
0.70	1.45	2
0.80	1.36	17
0.90	1.35	17
1.00	1.45	14
1.10	1.60	12
1.20	1.86	16
1.30	1.89	20
1.40	2.08	14
1.50	2.11	14
1.60	2.36	17
1.70	2.29	12
1.80	2.73	19
1.90	2.84	12
−2.00	3.14	16

$h_\odot$	Höhe	Anzahl
−2°10	3°30	22
2.20	3.66	14
2.30	3.93	12
2.40	4.10	17
2.50	4.40	21
2.60	4.93	13
2.70	4.98	12
2.80	4.89	8
2.90	5.89	17
3.00	5.49	15
3.10	6.28	15
3.20	6.52	12
3.30	7.46	11
3.40	7.38	12
3.50	7.80	4
3.60	8.06	10
3.70	8.58	6
3.80	9.03	6
3.96	9.79	8
4.14	10.60	5
−4.36	13.10	5

Andere Beobachter haben die Grenze des Erdschattens bis zu Höhen von 20° bis 33° gemessen, so z. B. DUBOIS (a. a. O. p. 56), GRUNER und KLEINERT[1]), daselbst p. 56 und Tab. VIII Zusammenstellung älterer und neuerer Daten. Die größte von mir gemessene Höhe ist 16° bei $h_\odot = -4.^\circ8$; in der Regel aber wurden die Messungen schon bei $h_\odot = 4.^\circ0$ bis $4.^\circ3$ und einer Höhe des Schattensegments von 10° bis 13° abgebrochen, weil die Begrenzung so diffus erschien, daß die Auffassung ganz unsicher wurde. Oft wurde dieses Diffuswerden schon bei $h_\odot$ zwischen $-3.^\circ0$ und $-3.^\circ5$ bemerkt. Möglicherweise ist hierbei von Bedeutung, daß meine Augen schwach rotempfindlich sind und daher die Grenze so sehen, wie sie ein farbtüchtiger Beobachter

[1]) P. GRUNER, H. KLEINERT, Die Dämmerungserscheinungen. Probl. Kosm. Physik Bd 10, 1927.

durch ein schwaches Blaufilter sehen würde. Daß die Schärfe mit abnehmender Wellenlänge rasch geringer wird, ist oben festgestellt worden. Die in Südwestafrika beobachteten Höhenkurven des Erdschattensegments gehören dem für sehr klare Atmosphäre charakteristischen steilen Typus an (nach Gruner und Kleinert: Hochgebirgslagen in der Schweiz, Spitzbergen, Teneriffa, Assuan).

Bei Dunst wird auch in Südwestafrika ein flacherer Verlauf festgestellt, doch liegen nur wenige Beobachtungen vor.

Die in Südwestafrika gemessenen Höhen sind sehr niedrig, und bei Gruner und Kleinert liegt nur die Reihe vom Mont Blanc noch niedriger. Man könnte diesen Befund im Sinne der Ozonschatten-Hypothese dadurch erklären, daß der Ozonbetrag mit der geographischen Breite abnimmt. Er ist nach Goetz[1]) im Jahresmittel auf 50° Nordbreite 0.25, auf 20° Südbreite 0.185 cm.

Tabelle 69. Höhe des Erdschattensegments, Voigtland, RG 1, „Dunstfrei“ und „Wenig Dunst“.

$h_\odot$	Höhe	Anzahl
—0.°77	1.°10	3
1.26	1.81	9
1.50	1.76	5
1.68	2.40	5
1.80	2.33	3
1.90	3.00	5
2.07	2.93	6
2.20	3.93	3
—2.31	3.46	7

$h_\odot$	Höhe	Anzahl
—2.°50	4.°11	7
2.64	4.76	5
2.81	5.18	7
3.00	5.74	7
3.13	5.93	3
3.30	6.32	4
3.47	6.70	3
—3.72	7.62	5

Tabelle 70. Höhe des Erdschattensegments, Voigtsgrund, Gesamtlicht

$h_\odot$	Höhe	Anzahl
—0.°95	2.°05	4
1.10	2.20	3
1.20	2.67	4
1.30	2.42	5
1.40	2.64	5
1.50	3.07	7
1.60	3.19	7
1.70	3.23	6
1.80	3.27	11
1.90	3.78	5
2.00	3.72	12
—2.10	4.34	9

$h_\odot$	Höhe	Anzahl
—2.°20	4.°16	11
2.30	4.63	9
2.40	5.07	9
2.50	4.44	5
2.62	5.08	11
2.80	5.45	8
2.97	5.46	7
3.10	6.50	3
3.20	6.50	5
3.37	7.17	3
—3.62	8.74	5

1) P. Goetz, Landolt-Börnstein III. 592.

Tabelle 71. Höhe des Erdschattensegments, Voigtsgrund, RG 1

$h_\odot$	Höhe	Anzahl	$h_\odot$	Höhe	Anzahl
−1°.05	1°.53	4	−2°.30	4°.08	10
1.30	1.84	5	2.40	4.20	8
1.40	2.48	6	2.50	4.46	10
1.50	2.24	8	2.60	4.55	6
1.60	2.37	6	2.70	4.71	7
1.70	3.16	8	2.80	4.67	3
1.80	2.85	4	2.90	4.93	7
1.90	3.26	11	3.00	5.43	3
2.00	3.28	9	3.10	5.70	5
2.10	3.66	8	3.23	5.70	6
−2.20	3.66	11	−3.53	6.78	6

Tabelle 72. Höhe des Erdschattensegments, Bergweide, Gesamtlicht, April—Mai 1953

$h_\odot$	Höhe	Anzahl	$h_\odot$	Höhe	Anzahl
−1°.30	1°.90	2	−2°.60	4°.72	6
1.52	2.22	5	2.70	5.42	5
1.70	2.90	4	2.80	5.50	2
1.80	2.40	3	2.90	6.34	5
1.90	3.00	6	3.00	5.55	4
2.00	3.05	4	3.10	7.13	3
2.10	3.73	3	3.20	6.60	4
2.20	3.48	6	3.40	6.90	2
2.30	4.06	5	−3.50	8.95	2
2.40	4.30	4			
−2.50	4.50	3			

Tabelle 73. Höhe des Erdschattensegments, Bergweide, Gesamtlicht, Juni—Juli 1953

$h_\odot$	Höhe	Anzahl	$h_\odot$	Höhe	Anzahl
−1°.70	2°.45	4	−2°.80	4°.91	8
1.98	2.80	4	3.00	5.70	4
2.15	3.20	4	3.10	5.97	6
2.30	3.70	3	3.32	7.00	4
2.40	4.02	6	3.50	7.10	3
2.56	4.52	5	3.60	8.65	2
−2.70	5.07	3	−3.80	9.45	2

Tabelle 74. Höhe des Erdschattensegments, Bergweide, RG 1, April—Mai 1953

$h_\odot$	Höhe	Anzahl	$h_\odot$	Höhe	Anzahl
−1°38	1°74	3	−2°40	3°90	6
1.65	2.25	6	2.50	4.15	4
1.80	2.38	4	2.60	4.07	3
1.90	2.60	6	2.70	4.48	4
2.00	2.90	4	2.80	4.93	6
2.10	2.92	5	2.97	5.85	6
2.20	3.25	4	3.17	5.88	6
−2.30	3.37	3	−3.44	6.66	5

Tabelle 75. Höhe des Erdschattensegments, Bergweide, RG 1, Juni—Juli 1953

$h_\odot$	Höhe	Anzahl	$h_\odot$	Höhe	Anzahl
−1°40	1°23	3	−2°70	3°88	5
1.70	1.87	6	2.80	4.20	3
1.90	2.22	5	2.90	4.66	7
2.04	2.48	5	3.00	4.70	5
2.20	2.72	5	3.14	5.36	5
2.30	2.92	6	3.30	5.40	6
2.40	3.46	5	3.40	5.97	3
2.50	3.63	3	−3.58	6.56	5
−2.60	3.55	4			

VI. Durchmesser der Circumsolaren Scheibe

Unter der Circumsolaren Scheibe, gelegentlich auch als terrestrische Corona bezeichnet, wird der Lichtschein verstanden, der die Sonne umgibt und infolge Beugung des Sonnenlichtes an Verunreinigungen der Atmosphäre entsteht. Es lag daher sehr nahe, Durchmesser und Charakter dieses Lichtscheins als kennzeichnend für Art und Stärke der Trübung der Atmosphäre im allgemeinsten Sinne anzusehen. Bestimmt wurde in Südwestafrika der Durchmesser der Scheibe bei abgedeckter Sonne; ferner wurden, wenn erforderlich, Bemerkungen hinzugefügt über die Art des Helligkeitsabfalls.

Die Angabe des Durchmessers setzt voraus, daß die Scheibe einen „Rand“ besitzt, d. h. daß nach der Kontrasttheorie für irgendeine Stelle des Radius die Bedingung

$$\frac{d^2J}{d\vartheta^2} = 0$$

erfüllt sein muß, wenn J die Intensität und ϑ den Abstand von der Sonnenmitte bedeutet. Die Kurve der Streufunktion muß also einen Wendepunkt haben. Der zu dieser Stelle gehörende Wert von ϑ ist mit gewissen Einschränkungen zugleich ein Kriterium für die Größenordnung der streuenden Teilchen.

Während der Niederschrift dieses Textes erschien eine Arbeit von F. Volz in Mainz[1]) zu dem hier behandelten Thema. Die Untersuchungen dieses Autors stützen sich auf Beobachtungen im Hochgebirge (Arosa 1800 m) und im Tiefland (Frankfurt a. M., Mainz). Er weist zunächst darauf hin, daß es ein grober Fehlschluß ist, wenn man die verschiedene Himmelsansicht bei „klarer" und bei „dunstiger" Atmosphäre nur auf die Stärke der Trübung zurückführt; vielmehr komme hierin die unterschiedliche Größenverteilung des Aerosols zum Ausdruck.

Nach den Beobachtungen werden 3 Streulichttypen aufgestellt:

Typus A. Helligkeit und Weißgehalt nehmen gegen die Sonne hin relativ langsam zu; die Sonne ist von einer relativ gut begrenzten Corona mit kleinem Radius umgeben.

Typus B. Die Sonne ist von einem sehr hellen weißen Schein von etwa 30° Radius umgeben. Nach außen geht er ziemlich rasch in das Himmelsblau über.

Typus C. Die Scheibe des Typus B ist durch bläulich-weißes Inneres und durch einen bräunlichen Saum („Bishopring") noch mehr betont.

Am häufigsten wird ein Mischtypus AB beobachtet. Typus A ist charakteristisch für klare frische Grundschicht-Kaltluft. Typus C dürfte wohl vor allem in Störungszeiten auftreten, da der weite Beugungskranz auf die Bevorzugung einer bestimmten Partikelgröße hinweist.

Die Betrachtung der Beobachtungen aus Südwestafrika in Zusammenhang mit den meteorologischen Anmerkungen zeigt unmittelbar, daß die weitaus meisten Bestimmungen dem Typus A angehören und zwar mit solcher Entschiedenheit, daß dieser als charakteristisch für die Atmosphäre von Südwestafrika angesehen werden darf. Selbst bei „Dunst" scheint Typus A erhalten zu bleiben, wenn man den wenigen beobachteten Fällen einiges Gewicht beilegen will. Die Zunahme des Weißgehalts des Himmelslichts auch in größerem Abstand von der Sonne legt jedoch nahe, für solche Tage den Mischtypus AB anzunehmen. Der Typus B, wie er für Europa charakteristisch ist, dürfte in Südwestafrika sehr selten sein, auch in der Regenzeit, die durch unsere Beobachtungen mit erfaßt ist.

Dagegen möchte ich die Beobachtungen auf Farm Bergweide im April und Mai 1953 einem Mischtypus AC zurechnen. Wie die später folgenden Tabellen zeigen, war der Durchmesser der Circumsolaren Scheibe zur Zeit der Störung nur wenig vergrößert. Dagegen wurde die Scheibe in einer weit überdurchschnittlichen Anzahl von Fällen als diffus, der Himmel als blaßblau oder weißlich bezeichnet. Tabelle 76 vergleicht diese Beobachtungen aus der Zeit der Störung im April—Mai mit denjenigen im Juni und Juli, wobei zu beachten ist, daß die Symptome der Störung während der letztgenannten beiden Monate noch in abgeschwächter Form erkennbar blieben. Dagegen findet sich unter 381 Beobachtungen von den anderen 3 Stationen, Juli 1952 bis Februar 1953, die Bezeichnung diffus nur in 24 Fällen = 6%, meist bei sehr geringer Intensität der Scheibe. Die Bemerkung blaßblauer oder weißlicher Himmel kommt unter diesen Beobachtungen überhaupt nicht vor.

---

[1]) F. Volz, Neue Ergebnisse über die Optik und Meteorologie der atmosphärischen Trübung. Institut für Meteorologie und Geophysik der Freien Universität Berlin. Meteorologische Abhandlungen Bd. II Nr. 4. 99, 1955.

Tabelle 76. Circumsolare Scheibe.
Anzahl der Beobachtungen mit der Kennzeichnung „diffus“,
Himmel blaßblau oder weißlich

Zeit 1953	Anzahl der Tage	Gesamtzahl der Beob.	Anzahl „diffus“	% „diffus“
April—Mai	40	95	30	32
Juni	27	88	10	11
Juli	21	50	5	10

Die Kennzeichnung als Typus C ist dabei weniger durch den direkten Anblick als vielmehr durch die Erkenntnis der Ursachen der weiten Aufhellung nahegelegt, zumal meine verminderte Farbtüchtigkeit leicht dazu führen konnte, daß der „Bishopsche Ring“ nicht erkannt wurde. Dabei ist zu bemerken, daß dieser „Ring“ nur der Rand einer großen Beugungsscheibe ist, deren äußerer Teil in einer Breite von etwa 10° einen bräunlichen oder rötlichen Farbton aufweist. Die Messungen des Farbgehalts konnten mit der zur Verfügung stehenden primitiven Apparatur nicht bis zu hinreichend kleinen Zenitdistanzen der Sonne fortgesetzt werden, zeigen aber dennoch die allgemeine Zunahme des Rotanteils zur Zeit der Störung.

Tabelle 77 gibt die Verteilung der Beobachtungen über die Durchmesserwerte unter Beschränkung auf Zenitdistanzen der Sonne $\leqq 40°$, da innerhalb dieser Kalotte die Durchmesser kaum noch merklich von der Zenitdistanz abhängen. Die Beobachtungen von April bis Juli 1953 sind nicht einbezogen.

Tabelle 77. Circumsolare Scheibe.
Anzahl der Werte nach dem Winkeldurchmesser aufgeteilt; $h_\odot \geqq 50°$

Durchmesser $2\,\vartheta$	Anzahl
$0\overset{\circ}{.}5$—$0\overset{\circ}{.}9$	8
1.0—1.9	20
2.0—2.9	38
3.0—3.9	38
4.0—4.9	46
5.0—5.9	37
6.0—6.9	24
7.0—7.9	6
8.0—8.9	8
9.0—9.9	4

Das Hauptmaximum der Verteilung liegt bei $2\,\vartheta = 4\overset{\circ}{.}5$; man könnte vielleicht sekundäre Maxima bei $2\overset{\circ}{.}5$ und $8\overset{\circ}{.}5$ annehmen, doch ist deren Realität nicht gesichert. Sekundäre Maxima deuten auf die Bevorzugung bestimmter Teilchengrößen hin. Zur Ermittlung des Durchmesserspektrums des Aerosols sind die Beobachtungen jedoch nicht geeignet.

Ist ϑ der Radius der Circumsolaren Scheibe, ϱ der Radius der Sonnenscheibe, r der Radius der lichtbeugenden Teilchen, λ die Wellenlänge des gebeugten Lichts, so gilt die Beziehung

$$r = 0.61\,\lambda \cdot \operatorname{cosec}\,(\vartheta - \varrho)\,.$$

Setzt man $\lambda = 0.550\,\mu$, so erhält man folgende Werte:

Tabelle 78. Radien r der Teilchen in Abhängigkeit vom Radius ϑ der Beugungsscheibe

ϑ	r	ϑ	r
$0\overset{\circ}{.}5$	$82.38\,\mu$	6°	$3.36\,\mu$
1	26.21	7	2.86
2	11.09	8	2.49
3	7.04	9	2.21
4	5.15	10	1.98
5	4.07	11	1.80

Dem Durchmesser der Scheibe $2\vartheta = 4\overset{\circ}{.}5$ entspricht demnach ein Teilchendurchmesser $2\,r = 19.4\,\mu$. Die größten durch Beobachtungen ausgewiesenen Durchmesser liegen bei $100\,\mu$, die kleinsten nachweislich am Typus A beteiligten bei 4 bis $5\,\mu$. Es sei bemerkt, daß die oben angeführte Formel für r nicht streng der anfangs aufgestellten Bedingung entspricht, denn das so berechnete r bezieht sich nicht auf die Kontrastgrenze, sondern auf das erste Intensitätsminimum der Beugungsscheibe. Genau genommen wird r also etwas zu groß erhalten, doch ist der Unterschied zu vernachlässigen. Die Circumsolare Scheibe ist selbstverständlich der Effekt der Überlagerung einer ganzen Serie von Beugungskurven.

Die Beobachtungen zeigen, daß in Südwestafrika die Circumsolare Scheibe fast ausschließlich durch relativ grobe Teilchen der unteren Luftschichten verursacht wird, wogegen die durch hochreichenden Dunst erzeugte Scheibe vom Typus B praktisch fehlt. Dieser Befund ist in guter Übereinstimmung mit den sonstigen Beobachtungen und wird auch durch einzelne Bemerkungen über Luftplankton, örtliche Abhängigkeit und rasche Veränderlichkeit der Erscheinung bestätigt. Die Circumsolare Scheibe vom Typus A erlaubt demnach keine Schlüsse auf Trübungen hoher Schichten.

Am 28. März 1953, am Ausgang der Regenzeit, hatten wir Gelegenheit, von Windhoek aus einen zweistündigen Flug zu unternehmen. Die Flugstrecke führte nach Norden bis Okahandja, sodann westnordwestlich gegen das Erongo-Gebirge hin bis Omaruru und zurück nach Windhoek. Ich benutzte die Gelegenheit, einen Eindruck von der Verteilung des Dunstes zu gewinnen. Bei 4000 m Höhe über Meer, etwa 2500 m über Grund, war die Obergrenze des Dunstes noch nicht erreicht, jedoch zeigte sich, besonders gegen W hin, ein Dunsthorizont, der vermuten ließ, daß die Grenze nur wenig höher, vielleicht bei 4250 m lag. Der Himmel war in größerer Höhe über dem Horizont tiefblau, aber nicht merklich anders als an klaren Tagen an der Erdoberfläche. Die Circumsolare Scheibe konnte nicht sicher beobachtet werden, da die Plexiglas-Scheiben des Flugzeugs zu viele Reflexe und Beugungsstrahlen zeigten, sie war aber sicher sehr klein oder unmerklich. Am Boden war vor dem Abflug ein Durchmesser von $2\overset{\circ}{.}4$ beobachtet worden. Es sei noch bemerkt, daß innerhalb des Dunstkörpers immerhin eine Sichtweite von mindestens 250 km festgestellt wurde. Sichtziele waren Spitzkopje, Brandberg, Omatako, Waterberg und Otavi-Bergland.

Zwecks Bildung von Mittelwerten der Durchmesser in Abhängigkeit von der Sonnenhöhe wurden die Beobachtungen der Stationen Voigtland, Voigtsgrund und Dornfontein zusammengefaßt und auch die wenigen Dunsttage nicht ausgeschieden, da der normale Dunst in der für Südwestafrika charakteristischen schwachen Ausbildung nur geringen Einfluß auf die Circumsolare Scheibe hat.

Tabelle 79. Circumsolare Scheibe. Durchmesser-Mittelwerte. Stationen Voigtland, Voigtsgrund, Dornfontein

$h_\odot$	⌀	Anzahl	$h_\odot$	⌀	Anzahl
6°.1	8°.26	23	58°.2	3°.40	23
14.7	5.88	20	63.2	4.20	30
26.0	6.26	25	68.2	4.76	31
36.0	5.18	39	72.9	3.72	37
42.4	4.83	35	79.0	3.34	22
47.8	4.49	30	83.2	4.01	34
51.6	4.85	40	87.3	4.23	11

Es folgen hier noch die Durchmesser-Mittelwerte der Circumsolaren Scheibe in Abhängigkeit von der Sonnenhöhe zur Zeit der Störung vom April bis Juli 1953.

Tabelle 80. Circumsolare Scheibe. Durchmesser-Mittelwerte. Station Bergweide

1953 April—Mai			1953 Juni—Juli		
$h_\odot$	⌀	Anzahl	$h_\odot$	⌀	Anzahl
10°.2	5°.96	5	9°.5	6°.50	4
17.7	5.99	7	18.0	5.63	20
22.7	5.17	3	23.3	4.84	10
28.7	4.34	14	28.2	3.67	24
32.8	3.55	13	31.9	3.45	13
37.6	3.63	11	37.3	3.73	6
44.0	3.02	4	42.9	2.86	10
48.1	3.38	12	47.0	3.17	41
53.2	3.49	13			
59.1	2.87	3			

Die Vergleichung der Tabellen 79 und 80 läßt erkennen, daß die substratosphärische Trübung vom April und Mai 1953 praktisch ohne Einfluß auf die Circumsolare Scheibe gewesen ist. Zwar liegen die Werte vom April und Mai im Mittel etwas höher als diejenigen von Juni und Juli, aber noch niedriger als die an den anderen 3 Stationen beobachteten Mittelwerte. Dieser Befund läßt vermuten, daß die Unterschiede durch örtliche und jahreszeitliche Einwirkungen verursacht sind.

Bei einer Trübungsschicht, die so niedrig liegt, daß die Erdkrümmung vernachlässigt werden kann, ist der Lichtweg innerhalb der Schicht proportional cosec $h_\odot$, für $h_\odot = 6°.1$ (Tabelle 79) also das 9.1-fache des Zenitwertes. Der Durchmesser der Circumsolaren Scheibe aber ist bei jener Sonnenhöhe nur das 2-fache des Zenitwertes.

Die Erklärung liegt darin, daß der Radius der Circumsolaren Scheibe in erster Linie von der Teilchengröße, nicht aber von der Anzahl der Teilchen bestimmt wird. Daß trotzdem bei kleinen Sonnenhöhen der Radius größer ist als in Zenitnähe, hat seine Ursache in der Mitwirkung kleinerer Teilchen, deren Anzahl so gering ist, daß ihre Wirkung bei großen Sonnenhöhen unmerklich ist und erst bei langem Lichtweg zur Geltung kommt. So läßt sich aussagen, daß im vorliegenden Falle bei 9-fachem Zenitlichtweg noch Teilchen mit $2r = 9\mu$ wirksam werden, wogegen im Zenit die untere Grenze etwa bei $2r = 20\mu$ liegt. Demnach scheint in der Atmosphäre von Südwestafrika bei Durchmessern unter 20μ ein merklicher Abfall der Teilchenzahlen zu bestehen in Übereinstimmung mit der Feststellung, daß Lichtverteilungen des Typus B, entsprechend Teilchendurchmessern bei 1μ, kaum vorkommen.

Es sei noch darauf hingewiesen, daß die Theorie der terrestrischen Corona meist unter der Annahme kugelförmiger Teilchen behandelt wird[1]), daß jedoch diese Voraussetzung bei den groben Teilchen, die den Typus A erzeugen, bestimmt nicht erfüllt ist. Man sieht indessen leicht, daß eine Abweichung von der Kugelgestalt in erster Linie die Intensität, nicht den Radius der Corona beeinflußt, letzteren dann allerdings auf dem Umweg über die Intensität, so daß hier ein ähnlicher Effekt vorliegt wie bei der Beziehung des Durchmessers der Circumsolaren Scheibe zur Zenitdistanz der Sonne. Erhalten wird nach der Theorie immer der kleinste Durchmesser nicht kugelförmiger Teilchen, wie ja allgemein der Radius der beobachteten Circumsolaren Scheibe stets von der Gruppe der Teilchen mit dem kleinsten Radius bestimmt wird.

[1]) Vgl. Pernter-Exner, Meteorologische Optik, 2. Aufl., pp. 470—511, 1922.

B

Beobachtungen

VII. Messungen der Farbanteile im Taghimmellicht

* zusätzlich mit Neutralfilter NG 6 2 mm

1014 Messungen

Tag	Zeit	$h_{\odot}$	Total	BG7	GG14	OG2	RG1	Bem.	G/B	O/B	R/B
1952	Beobachtungsort Farm Voigtland $\varphi = -22°35'$ $H = 1890$ m										
Juli 26	16^h19^m	25°3	9.17	3.02	3.27	1.73	—		1.083	0.573	—
	17 52	6.6	5.02	1.83	2.11	1.16	—		1.153	0.634	—
	18 15	1.7	2.76	0.90	1.29	—	—		1.433	—	—
	18 16.5	1.4	2.58	—	—	—	—		—	—	—
	18 24	—0.3	1.63	—	—	—	—		—	—	—
	18 28	—1.1	0.99	—	—	—	—		—	—	—
27	7 30	0.0	1.44	—	—	—	—		—	—	—
	7 35.5	1.0	2.05	—	—	—	—		—	—	—
	7 39.7	2.0	2.56	—	—	—	—		—	—	—
	7 42.0	2.5	2.85	—	—	—	—		—	—	—
	7 43.5	2.8	—	1.05	1.38	0.71	—		1.314	0.676	—
	10 26.5	34.3	12.87	4.48	5.16	2.82	—		1.219	0.629	—
	11 34	43.6	13.20	4.62	5.46	2.91	—		1.182	0.630	—
	12 29	47.7	15.34	5.16	6.10	3.23	—		1.182	0.626	—
	13 17	48.0	15.18	—	—	—	—		—	—	—
	13 20	47.9	15.34	5.31	6.56	3.50	—		1.235	0.659	—
	15 37	32.8	11.34	—	—	—	—		—	—	—
	15 40	32.3	11.34	3.81	4.59	2.49	—		1.205	0.654	—
	17 40.5	9.2	6.67	—	—	—	—		—	—	—
	17 43	8.7	6.63	2.35	2.82	1.54	—		1.200	0.655	—
	17 53.5	6.5	5.65	—	—	—	—		—	—	—
	18 1.5	4.8	4.79	—	—	—	—		—	—	—
	18 5.0	4.0	4.32	—	—	—	—		—	—	—
	18 11.0	2.8	3.48	—	—	—	—		—	—	—
	18 21.6	0.5	1.95	—	—	—	—		—	—	—
28	10 4.7	31.0	10.73	3.48	4.09	2.25	—		1.175	0.647	—
	10 11	32.1	11.49	3.86	4.48	2.47	—		1.161	0.640	—
	11 47	45.0	14.04	5.02	5.55	3.43	—		1.106	0.683	—
	12 51	48.5	15.34	5.42	6.45	3.45	—		1.190	0.637	—
	15 42	32.2	11.68	3.91	4.75	2.56	—		1.215	0.655	—
	17 2	17.2	8.88	2.96	3.57	1.99	—		1.206	0.672	—
	17 45.0	8.4	6.28	—	—	—	—		—	—	—
	18 1.6	4.8	4.48	—	—	—	—		—	—	—
	18 15.8	1.9	2.89	—	—	—	—		—	—	—
	18 20.3	0.8	2.28	—	—	—	—		—	—	—
29	10 36	36.2	10.35	3.36	3.74	2.03	—		1.113	0.604	—
	11 52	45.7	12.61	4.24	4.87	2.76	—		1.149	0.651	—
	12 33	48.3	12.98	4.51	5.46	2.89	—		1.211	0.641	—
	13 21	48.3	12.34	4.35	5.04	2.78	—		1.159	0.639	—
	15 48.5	31.3	9.26	3.02	3.34	1.83	—		1.106	0.606	—
	16 27	24.4	9.26	3.02	3.39	1.83	—		1.123	0.606	—
	17 18	14.3	7.53	2.71	2.91	1.50	—		1.074	0.554	—
	17 37	10.4	6.45	—	—	—	—		—	—	—
	17 42	9.1	6.07	—	—	—	—		—	—	—
	17 47	8.1	5.77	—	—	—	—		—	—	—

Tag	Zeit	$h_{\odot}$	Total	BG7	GG14	OG2	RG1	Bem.	G/B	O/B	R/B
1952											
Juli 29	17^h56^m	6°2	5.10	—	—	—	—		—	—	—
	18 12	2.8	3.25	—	—	—	—		—	—	—
	18 23	0.4	1.83	—	—	—	—		—	—	—
	18 29	−0.9	1.04	—	—	—	—		—	—	—
30	10 29	34.9	12.19	4.04	4.75	2.67	—		1.176	0.661	—
	11 17	42.2	14.23	4.81	5.80	3.16	—		1.206	0.657	—
	11 54	46.1	13.86	4.84	5.74	3.23	—		1.186	0.667	—
	12 42	48.8	13.74	4.65	5.49	2.89	—		1.181	0.622	—
	15 32	34.2	10.49	3.52	4.09	2.24	—		1.162	0.636	—
	16 19	26.1	9.99	3.45	4.06	2.24	—		1.177	0.649	—
	16 51	19.7	9.04	3.11	3.59	1.97	—		1.154	0.633	—
	17 36	10.5	6.63	2.28	2.69	1.42	—		1.180	0.623	—
31	10 39	37.0	12.66	4.32	5.02	2.65	—		1.162	0.613	—
	10 52	39.0	12.87	4.46	5.25	2.89	—		1.177	0.648	—
	11 33	44.3	16.10	5.45	6.52	3.52	—		1.196	0.646	—
	15 32	34.3	10.49	3.55	3.91	2.16	—		1.101	0.552	—
	16 58	18.3	8.56	2.89	3.29	1.85	—		1.138	0.640	—
Aug. 1	8 46	16.4	7.81	2.67	2.85	1.54	—		1.067	0.577	—
	10 22	31.0	10.87	3.91	4.32	2.35	—		1.105	0.601	—
	11 53	45.6	14.67	4.87	5.49	3.00	—		1.127	0.616	—
2	10 16	33.7	10.45	3.34	3.81	2.09	—		1.141	0.626	—
	10 53	39.6	11.93	4.01	4.40	2.37	—		1.097	0.591	—
	12 2	47.5	14.67	4.54	5.16	2.76	—		1.137	0.608	—
	15 54.5	31.1	10.40	3.50	3.94	2.11	—		1.126	0.603	—
	17 11	16.0	7.06	2.39	2.69	1.50	—		1.126	0.628	—
	17 34	11.2	6.31	2.30	2.52	1.33	—		1.096	0.578	—
	17 56	6.6	5.02	1.79	2.09	1.07	—		1.168	0.598	—
3	9 35	26.3	9.48	3.20	3.55	1.99	—		1.109	0.622	—
	10 56	40.2	11.73	4.01	4.43	2.43	—		1.105	0.606	—
	11 50	46.8	12.98	4.43	4.99	2.65	—		1.126	0.598	—
	12 33	49.5	13.55	4.62	5.16	2.76	—		1.117	0.597	—
	13 13	49.8	15.34	4.87	5.71	2.96	—		1.172	0.608	—
	17 26	13.0	6.59	2.28	2.63	1.36	—		1.154	0.596	—
4	9 22	24.1	9.35	3.11	3.45	1.95	—		1.109	0.627	—
	10 30	36.4	10.68	3.50	3.99	2.16	—		1.140	0.617	—
	12 0	47.9	13.43	4.54	5.10	2.78	—		1.123	0.612	—
	15 40	33.7	10.87	3.57	4.04	2.20	—		1.132	0.566	—
	17 7	17.0	9.13	2.89	3.86	2.28	—		1.336	0.789	—
5	9 0	19.9	9.53	3.34	3.76	2.03	—		1.126	0.608	—
	10 24	35.6	13.15	4.46	5.16	2.80	—		1.157	0.628	—
	10 48	39.5	14.04	4.73	5.49	2.89	—		1.161	0.611	—
	12 3	48.4	15.01	5.16	6.24	3.34	—		1.209	0.647	—
	15 13	38.3	12.87	4.56	5.45	2.89	—		1.195	0.634	—
	16 17	27.1	10.31	3.57	4.19	2.35	—		1.174	0.658	—
	17 6	17.3	8.88	3.02	3.62	2.01	—		1.199	0.666	—
	18 14	3.0	3.39	1.21	1.57	0.84	—		1.298	0.694	—
6	8 54	18.9	8.34	3.09	3.32	1.83	—		1.074	0.592	—
	10 13	34.0	11.29	3.43	4.27	2.35	—		1.245	0.685	—

Tag	Zeit	$h_\odot$	Total	BG7	GG14	OG2	RG1	Bem.	G/B	O/B	R/B
1952											
Aug. 6	11h 9m	42.°7	13.15	4.40	4.99	2.67	—		1.134	0.607	—
	17 11	16.4	8.30	2.89	3.34	1.83	—		1.156	0.633	—
7	8 53	17.9	8.61	2.89	3.34	1.83	—		1.156	0.633	—
	10 9	33.6	11.34	3.81	4.40	2.37	—		1.155	0.622	—
	10 28	36.7	13.26	4.56	5.22	2.78	—		1.145	0.610	—
	11 17	44.1	14.04	4.70	5.46	2.89	—		1.162	0.615	—
	15 19	37.7	13.37	4.46	5.45	2.89	—		1.222	0.648	—
	16 59	19.0	9.44	3.11	3.57	2.03	—		1.148	0.653	—
8	8 51	18.6	8.26	2.87	3.00	1.71	—		1.045	0.596	—
	9 54	30.9	10.78	3.57	4.04	2.35	—		1.132	0.658	—
	11 0	42.0	11.98	3.96	4.54	2.43	—		1.146	0.614	—
	11 31	46.1	13.15	4.40	5.02	2.56	0.87		1.141	0.582	0.198
	11 42	47.3	13.92	4.67	5.45	2.89	1.05		1.167	0.619	0.225
	15 6	40.0	13.98	4.73	5.62	3.04	—		1.188	0.643	—
	16 37	23.6	9.85	3.25	3.57	2.03	—		1.098	0.625	—
	17 44	9.8	6.94	2.35	2.71	1.48	—		1.153	0.630	—
9	8 53	19.2	8.84	3.00	3.43	1.93	—		1.143	0.643	—
	9 53	30 9	11.34	3.81	4.46	2.45	—		1.171	0.643	—
	10 45	39.9	15.01	5.16	6.17	3.48	—		1.196	0.674	—
	15 19	38.2	15.73:	5.52	6.99	3.57	—		1.266	0.647	—
	16 44	22.4	12.09	4.06	5.19	2.87	—		1.278	0.707	—
10	8 57	20.2	8.45	2.87	3.11	1.71	—		1.084	0.596	—
	10 1	32.7	10.82	3.57	4.01	2.18	—		1.123	0.611	—
	11 28	46.2	14.67	4.75	5.49	2.91	—		1.156	0.613	—
	15 22	37.8	11.59	3.94	4.48	2.45	—		1.137	0.622	—
	16 15	27.9	10.64	3.57	4.09	2.24	—		1.146	0.627	—
	17 59	6.7	5.49	2.03	2.43	1.35	—		1.197	0.665	—
11	9 0	21.0	9.71	3.29	3.81	2.14	—		1.158	0.650	—
	10 10	34.5	12.34	4.19	4.84	2.67	—		1.155	0.637	—
	10 46	40.6	14.42	4.79	5.68	3.00	—		1.186	0.626	—
	15 2	41.4	13.15	4.59	5.31	2.89	—		1.157	0.630	—
	17 49	8.9	5.95	2.14	2.56	1.36	—		1.196	0.636	—
12	11 47	48.9	16.54:	5.65	6.94	3.71	—		1.228	0.657	—
13	8 55	20.3	9.99	3.34	4.06	2.24	—		1.216	0.671	—
	10 39	40.0	14.04	4.75	5.68	3.04	—		1.196	0.640	—
	15 15	39.5	15.34	5.46	6.77	3.64	—		1.240	0.667	—
	16 30	25.7	12.82	4.54	5.46	3.00	—		1.203	0.661	—
14	8 49	19.2	9.48	3.18	3.81	2.14	—		1.198	0.673	—
	10 17	36.4	14.35	4.84	5.77	3.11	—		1.192	0.643	—
	14 52	43.0	13.43	4.65	5.46	2.91	—		1.174	0.626	—
	16 3	31.6	11.11	3.81	4.32	2.35	—		1.134	0.617	—
	18 7	5.4	4.75	1.71	2.11	1.12	—		1.234	0.655	—
15	11 41	49.3	16.00	8.11	10.35	5.62	2.09		1.276	0.693	0.258
16	9 32	28.4	15.73:	6.07	8.45	4.73	—		1.392	0.779	—
	11 15	46.3	16.10:	11.73	15.34	8.80	—		1.308	0.750	—
	11 22	47.1	—	—	—	—	3.34		—	—	—
17	9 16	25.6	16.10:	6.14	8.96	5.02	—		1.459	0.818	—
	10 52	43.1	>14.04	9.71	12.82	7.31	2.67		1.320	0.753	0.275

Tag	Zeit	$h_\odot$	Total	BG7	GG14	OG2	RG1	Bem.	G/B	O/B	R/B
1952											
Aug. 17	15^h48^m	34°.5	15.73:	7.17	9.39	5.10	—		1.310	0.711	—
	17 45	10.5	8.56	2.85	3.84	2.24	—		1.347	0.786	—
18	8 23	14.6	12.09	3.99	6.10	3.59	—		1.529	0.900	—
	9 41	30.6	16.10:	6.45	9.04	5.16	—		1.402	0.800	—
	11 2	44.9	>15.34	10.87	15.01	8.45	—		1.381	0.777	—
	15 33	37.3	16.10:	8.64	11.83	6.63	—		1.369	0.767	—
	16 38	24.8	14.67	5.16	7.17	4.06	—		1.390	0.787	—
19	8 42	18.9	13.43	4.59	6.28	3.62	—		1.368	0.789	—
	8 58	22.3	15.34	5.16	7.35	4.27	—		1.424	0.828	—
	9 59	34.2	16.10:	6.28	8.68	4.87	—		1.382	0.775	—
	11 35	49.6	16.10:	9.26	12.29	7.06	—		1.327	0.762	—
	15 30	38.0	16.10:	7.89	10.87	6.14	—		1.378	0.778	—
20	10 44	42.7	>14.04	9.39	12.82	7.42	—		1.365	0.790	—
21	8 44	19.7	8.26	2.78	3.11	1.73	—		1.119	0.622	—
	10 35	41.4	11.83	4.06	4.54	2.45	—		1.118	0.603	—
	11 27	49.3	15.34	4.99	5.77	3.04	—		1.156	0.609	—
	15 38	37.1	11.34	3.81	4.27	2.32	—		1.121	0.609	—
22	9 20	27.4	9.26	3.11	3.34	1.83	—		1.074	0.588	—
	10 34	41.5	12.34	4.16	4.59	2.45	—		1.103	0.589	—
	15 22	40.0	10.40	4.37	4.87	2.67	—		1.114	0.611	—
	16 44	24.0	9.48	3.23	3.45	1.93	—		1.068	0.598	—
23	8 57	22.9	10.40	3.48	4.32	2.45	—		1.241	0.704	—
	10 24	40.1	14.67	5.13	6.49	3.57	—		1.265	0.696	—
25	17 53	9.2	7.46	2.52	3.45	2.03	—		1.369	0.806	—
27	17 31	14.4	7.17	2.56	2.80	1.55	—		1.094	0.605	—
28	8 58	24.2	9.04	3.07	3.34	1.89	—		1.088	0.616	—
	10 8	38.5	11.54	4.11	4.32	2.37	—		1.051	0.577	—
	11 1	47.8	14.04	4.73	5.49	2.96	—		1.161	0.626	—
	15 24	40.8	11.34	3.81	4.32	2.41	—		1.134	0.633	—
29	9 0	24.9	10.40	3.11	3.34	1.83	—		1.074	0.588	—
	10 22	41.4	11.44	3.81	4.29	2.35	—		1.126	0.617	—
	15 13	43.0	11.83	4.06	4.59	2.54	—		1.131	0.626	—
	16 20	29.9	10.08	3.45	3.81	2.14	—		1.104	0.620	—
	17 15	18.1	8.37	2.89	3.23	1.83	—		1.118	0.633	—
30	9 10	27.3	9.76	3.34	3.62	2.03	—		1.084	0.608	—
	10 29	43.0	13.55	4.62	5.46	2.91	1.04		1.182	0.630	—
	15 31	39.8	12.09	4.06	4.84	2.67	—		1.192	0.658	—
	16 32	27.5	9.71	3.23	3.69	2.03	—		1.142	0.628	—
	18 0	8.3	5.38	1.83	2.24	1.04	—		1.224	0.568	—
31	9 30	31.8	9.94	3.34	3.81	2.03	—		1.141	0.608	—
	10 42	45.6	14.04	4.96	5.52	2.89	0.99		1.113	0.583	0.200
	16 21	30.0	10.22	3.45	3.89	2.16	0.88		1.128	0.626	0.255
	17 59	8.6	5.97	2.16	2.54	1.36	—		1.176	0.630	—
Sept. 1	8 40	21.3	9.04	3.07	3.34	1.91	—		1.088	0.622	—
	10 17	41.4	12.34	4.19	4.73	2.63	—		1.129	0.628	—
	15 39	38.3	11.73	4.06	4.59	2.56	—		1.131	0.631	—
	17 9	19.5	8.15	2.78	3.11	1.71	—		1.119	0.615	—
	18 11	6.0	4.84	1.73	2.05	1.05	—		1.185	0.607	—

Tag	Zeit	$h_\odot$	Total	BG7	GG14	OG2	RG1	Bem.	G/B	O/B	R/B
1952											
Sept. 2	16^h30^m	28°.3	9.80	3.20	3.71	2.03	0.73		1.159	0.634	0.228
3	8 41	21.9	9.80	3.29	3.81	2.11	—		1.158	0.641	—
	9 36	33.8	12.34	4.16	4.87	2.60	—		1.171	0.625	—
	10 52	48.2	>14.04	5.77	7.03	3.69	1.35		1.218	0.640	0.234
	10 57	49.1	12.14	4.43	5.34	2.87	—	*	1.205	0.648	—
	16 17	31.1	10.54	3.64	4.16	2.26	0.84		1.143	0.621	0.231
4	8 46	23.4	9.94	3.23	3.81	2.11	—		1.180	0.653	—
	9 50	36.9	12.50	4.19	5.02	2.74	—		1.198	0.654	—
	11 7	51.0	>14.04	5.49	6.81	3.67	1.35		1.240	0.668	0.246
	11 9	51.4	11.20	4.16	5.16	2.80	0.93	*	1.240	0.673	0.224
	15 53	36.2	12.09	4.09	4.96	2.67	—		1.213	0.653	—
	18 12	6.1	4.93	1.67	2.14	1.05	—		1.281	0.629	—
5	8 17	17.3	9.71	3.32	4.06	2.24	—		1.223	0.675	—
	9 28	32.7	>14.23	4.79	6.00	3.23	—		1.253	0.674	—
	9 35	34.1	13.04	3.74	4.65	2.56	0.90	*	1.243	0.684	0.241
	10 44	47.5	>14.04:	6.81	8.64	4.84	—		1.269	0.711	—
	10 50	48.6	13.80	5.16	6.56	3.55	1.25	*	1.271	0.688	0.242
	15 30	41.3	>14.04:	5.38	6.81	3.69	—		1.266	0.686	—
	15 35	40.4	10.73	3.99	5.07	2.76	0.90	*	1.271	0.692	0.226
	17 27	16.2	9.48	3.11	4.06	2.28	0.85		1.305	0.733	0.273
	18 0	8.8	7.17	2.45	3.13	1.83	0.64		1.278	0.747	0.261
6	8 52	25.2	13.43	4.67	5.95	3.27	—		1.274	0.700	—
	10 11	41.8	>14.04	6.77	8.56	4.75	—		1.264	0.702	—
	10 15	42.4	13.61	5.13	6.70	3.62	1.44	*	1.306	0.706	0.281
	10 22	43.8	>14.04	8.68	11.20	6.45	2.45		1.290	0.743	0.282
	11 24	54.3	>14.04	6.70	8.88	4.96	1.83	*	1.325	0.740	0.273
	15 44	38.4	>14.04:	5.46	7.17	3.99	—		1.313	0.731	—
	15 47	37.8	11.11	4.19	5.46	3.00	1.12	*	1.303	0.716	0.267
7	10 19	43.5	>14.04	8.41	11.25	6.45	2.45		1.338	0.767	0.291
	10 20	43.7	>14.04	6.38	8.72	4.84	1.83	*	1.367	0.759	0.287
	15 41	39.0	>14.04	7.31	9.94	5.77	—		1.360	0.789	—
	15 45	38.4	14.35	5.46	7.64	4.32	1.83	*	1.399	0.791	0.335
	17 34	14.8	11.34	3.81	5.46	3.16	—		1.433	0.829	—
8	10 23	44.6	>14.04	8.84	11.59	6.52	—		1.311	0.738	—
	10 27	45.4	>14.04	6.70	8.92	4.87	—	*	1.331	0.727	—
	15 39	39.7	14.04:	5.91	7.53	4.19	—		1.274	0.709	—
	15 44	38.7	11.63	4.35	5.55	2.98	1.07	*	1.276	0.685	0.246
	17 6	20.7	11.20	3.69	4.67	2.49	0.74		1.266	0.675	0.201
9	8 51	25.8	12.09	4.19	5.02	2.74	—		1.198	0.654	—
	10 47	49.4	>14.04	6.45	8.00	4.43	—		1.240	0.687	—
	10 52	50.2	13.09	4.19	6.35	3.57	1.35	*	1.516	0.852	0.322
	15 36	40.5	13.74	4.75	5.68	3.11	—		1.196	0.655	—
	17 43	12.9	7.89	2.67	3.18	1.83	—		1.191	0.685	—
10	8 41	23.9	10.64	3.57	4.22	2.32	—		1.182	0.650	—
	9 56	39.9	>14.04	4.81	5.84	3.09	—		1.214	0.642	—
	9 59	40.5	9.99	3.57	4.46	2.35	—	*	1.249	0.658	—
	15 26	42.6	>14.04	4.87	5.95	3.20	—		1.222	0.657	—
	15 28	42.2	9.94	3.69	4.46	2.45	—	*	1.209	0.664	—

Tag	Zeit	$h_\odot$	Total	BG7	GG14	OG2	RG1	Bem.	G/B	O/B	R/B
1952											
Sept. 10	$17^h 42^m$	13°.2	7.85	2.65	3.13	1.73	—		1.181	0.653	—
11	8 18	18.9	10.78	3.81	4.79	2.69	—		1.257	0.706	—
	10 1	41.1	>14.04	5.25	6.45	3.50	—		1.229	0.667	—
	10 5	41.9	10.87	4.11	4.96	2.74	0.99	*	1.207	0.667	0.241
	15 21	43.8	12.34	4.32	5.04	2.80	1.07		1.167	0.648	0.248
	17 31	15.8	7.67	2.67	3.00	1.63	—		1.124	0.610	—
12	8 45	25.1	9.35	3.18	3.50	1.93	—		1.101	0.607	—
	10 10	43.2	12.50	4.19	4.79	2.56	—		1.143	0.611	—
	11 19	55.7	>14.04	5.04	5.95	3.16	—		1.181	0.627	—
	11 22	56.2	10.26	3.81	4.59	2.47	0.90	*	1.205	0.648	0.236
	15 50	38.0	11.83	4.01	4.59	2.52	0.90		1.145	0.628	0.224
	17 2	22.1	8.04	2.67	2.98	1.63	—		1.116	0.610	—
13	8 36	23.2	9.22	3.11	3.45	1.91	—		1.109	0.614	—
	9 50	39.5	12.09	4.06	4.70	2.56	—		1.158	0.631	—
	11 11	54.7	>14.04	5.02	5.95	3.18	—		1.185	0.633	—
	11 15	55.4	10.17	3.81	4.51	2.45	—	*	1.184	0.643	—
	15 49	38.4	11.06	3.81	4.24	2.32	—		1.113	0.609	—
14	9 57	41.2	>14.04	5.34	6.67	3.64	—		1.249	0.682	—
	9 59	41.6	11.11	4.14	5.16	2.78	0.99	*	1.246	0.671	0.239
	15 54	37.4	>14.04	6.92	9.35	5.31	2.14		1.351	0.767	0.309
	15 57	36.8	13.74	5.16	7.17	4.06	1.54	*	1.390	0.787	0.298
	17 8	20.9	11.98	4.06	5.46	3.00	1.16		1.345	0.739	0.286
15	9 24	34.4	11.98	4.06	4.67	2.54	0.90		1.150	0.626	0.222
	10 30	48.1	>14.04	5.07	5.95	3.20	1.25		1.174	0.631	0.247
	10 33	48.7	10.31	3.89	4.59	2.52	0.90	*	1.180	0.648	0.231
	11 23	57.4	>14.04	5.55	6.63	3.57	1.35		1.195	0.643	0.243
	11 25	57.7	11.25	4.32	5.10	2.82	1.07	*	1.181	0.653	0.248
	15 24	43.9	12.34	4.24	4.79	2.63	0.90		1.130	0.620	0.212
	17 3	22.3	8.96	3.00	3.34	1.83	—		1.113	0.610	—
	17 58	9.9	6.24	2.18	2.52	1.29	—		1.156	0.592	—
16	9 42	38.6	12.34	4.19	4.79	2.56	0.90		1.143	0.611	0.215
	10 57	53.4	>14.04	5.55	6.63	3.45	1.25		1.195	0.622	0.225
	11 2	54.3	11.49	4.40	5.07	2.74	0.90	*	1.152	0.623	0.205
	15 24	44.0	12.87	4.32	5.02	2.67	0.90		1.162	0.618	0.208
	16 55	24.4	9.57	3.11	3.57	1.89	—		1.148	0.608	—
17	9 32	36.7	11.06	3.69	4.19	2.24	—		1.136	0.607	—
	10 45	51.5	>14.04	4.87	5.68	3.00	—		1.166	0.616	—
	10 48	52.1	9.94	3.67	4.32	2.35	—	*	1.177	0.640	—
	15 23	44.4	11.68	3.94	4.46	2.39	—		1.132	0.607	—
	17 27	17.1	7.78	2.67	2.96	1.63	—		1.109	0.610	—
18	10 40	50.9	>14.04	5.07	6.56	3.69	1.50		1.294	0.728	0.296
	10 45	51.8	10.78	3.96	5.07	2.89	1.14	*	1.280	0.730	0.288
	14 55	49.9	13.43	4.59	5.55	3.04	1.20		1.209	0.662	0.261
	17 31	16.4	8.00	2.74	3.11	1.73	—		1.135	0.631	—
20	8 50	28.3	12.19	4.14	5.16	2.85	1.07		1.246	0.688	0.258
	10 10	45.6	>14.04	5.84	7.60	4.19	1.63		1.301	0.717	0.279
	10 14	46.4	12.09	4.43	5.87	3.18	1.20	*	1.325	0.718	0.271
	17 21	19.0	10.08	3.34	4.40	2.54	1.00		1.317	0.760	0.299

Tag	Zeit	$h_\odot$	Total	BG7	GG14	OG2	RG1	Bem.	G/B	O/B	R/B
1952											
Sept. 21	8^h48^m	28°.1	13.74	4.67	6.00	3.34	1.33		1.285	0.715	0.285
	10 40	51.9	>14.04:	8.00	10.64	6.10	2.35		1.330	0.762	0.294
	10 45	52.9	>14.04:	6.28	8.56	5.16	1.87	*	1.363	0.822	0.298
25	8 39	27.0	9.94	3.34	3.57	1.97	—		1.069	0.590	—
	9 55	43.9	12.98	4.32	4.87	2.56	—		1.127	0.593	—
	15 52	39.2	11.11	3.69	4.14	2.24	—		1.122	0.607	—
	17 7	22.0	8.45	2.87	3.11	1.73	—		1.084	0.603	—
	18 1	9.9	6.63	2.30	2.60	1.44	—		1.130	0.626	—
26	9 14	35.2	11.83	3.94	4.32	2.35	0.90		1.096	0.596	0.228
	10 27	50.9	>14.04	4.67	5.31	2.82	—		1.137	0.604	—
	10 30	51.5	9.71	3.50	4.24	2.24	—	*	1.211	0.640	—
27	8 55	31.2	10.64	3.57	4.06	2.14	—		1.137	0.599	—
	10 10	47.6	14.04	4.70	5.52	2.93	1.07		1.174	0.623	0.228
	15 25	45.3	13.04	4.40	5.34	2.89	1.07		1.214	0.657	0.243
28	8 55	31.5	11.68	4.11	4.73	2.63	1.07		1.151	0.640	0.260
	10 23	50.6	>14.04	5.31	6.45	3.45	1.44		1.215	0.650	0.271
	10 27	51.5	10.73	4.11	4.93	2.76	1.07	*	1.220	0.672	0.260
	15 50	40.0	11.49	3.94	4.51	2.45	0.90		1.145	0.622	0.228
	17 5	22.5	9.26	3.18	3.69	2.03	—		1.160	0.638	—
	18 4	9.5	6.21	2.24	2.56	1.36	—		1.143	0.607	—
29	8 29	25.8	9.71	3.34	3.69	2.03	—		1.105	0.608	—
	10 12	48.6	14.04	4.87	5.55	3.00	1.07		1.140	0.616	0.220
	17 6	22.5	9.04	3.00	3.32	1.81	0.59		1.107	0.603	0.197
	18 8	8.6	5.55	2.01	2.35	1.21	—		1.169	0.602	—
30	8 31	26.5	9.71	3.23	3.59	1.93	—		1.111	0.598	—
	17 43	14.5	7.17	2.54	2.89	1.60	—		1.138	0.630	—
	18 6	9.2	6.10	2.18	2.56	1.35	—		1.174	0.619	—
	18 31	3.3	3.71	1.38	1.77	0.95	—		1.283	0.688	—
Okt. 1	8 12	22.4	10.73	3.64	4.32	2.35	—		1.187	0.646	—
	15 46	41.2	>14.04	5.55	7.17	3.91	1.50		1.292	0.705	0.270
	15 50	40.3	11.01	4.06	5.25	2.89	1.07	*	1.293	0.712	0.264
	17 2	24.0	11.98	4.19	5.46	3.04	1.16		1.303	0.726	0.277

Beobachtungsort Farm Voigtsgrund $\varphi = -24°50'$ H = 1275 m

Tag	Zeit	$h_\odot$	Total	BG7	GG14	OG2	RG1	Bem.	G/B	O/B	R/B
Okt. 4	16 48	26.5	12.09	4.24	4.96	2.96	1.16		1.170	0.698	0.274
5	8 50	31.6	>14.04	5.62	7.28	4.06	1.63		1.295	0.722	0.290
	8 55	32.7	11.59	4.32	5.62	3.07	1.14	*	1.301	0.711	0.264
	15 31	44.2	13.43	4.87	6.28	3.57	1.44		1.290	0.733	0.296
	16 41	28.8	10.87	3.81	4.96	2.78	1.14		1.302	0.730	0.299
	18 6	9.6	7.71	2.63	3.50	1.99	—		1.331	0.757	—
6	8 35	28.5	13.15	4.62	6.28	3.57	1.44		1.359	0.773	0.312
	9 47	44.5	>14.04	8.26	10.96	6.28	2.52		1.327	0.760	0.305
	9 53	45.8	>14.04	6.59	8.76	4.93	1.97	*	1.329	0.748	0.299
	15 28	44.8	>14.04	7.06	9.39	5.31	2.14		1.330	0.752	0.303
	15 32	44.0	13.26	5.28	7.17	3.94	1.63	*	1.358	0.746	0.309
	16 34	30.4	>14.04	5.31	7.17	4.14	1.73		1.350	0.780	0.326
	16 37	29.7	10.59	4.06	5.46	3.04	1.25	*	1.345	0.749	0.308
	17 45	14.5	10.54	3.64	4.96	2.89	1.25		1.363	0.794	0.343

Tag	Zeit	$h_\odot$	Total	BG7	GG14	OG2	RG1	Bem.	G/B	O/B	R/B
1952 Okt. 9	8^h20^m	25°.8	>14.04	7.17	10.08	5.52	—		1.406	0.770	—
	8 22	26.3	>14.04	5.31	7.64	4.24	1.60	*	1.439	0.798	0.301
	9 38	43.2	>14.04	9.94	14.04	7.89	2.89		1.412	0.794	0.291
	9 41	43.9	>14.04	8.00	10.64	5.77	2.20	*	1.330	0.721	0.275
	15 38	43.5	>14.04	8.11	10.40	5.68	2.24		1.282	0.700	0.276
	15 41	43.0	>14.04	5.95	7.89	4.32	1.69	*	1.326	0.726	0.284
	16 44	28.5	>14.04	5.95	8.00	4.32	1.63		1.345	0.726	0.274
	16 46	28.0	12.34	4.40	5.68	3.00	1.12	*	1.291	0.682	0.255
	17 34	17.1	12.34	4.11	5.25	2.82	1.07		1.277	0.686	0.260
10	8 30	28.3	>14.04	5.31	6.56	3.45	1.25		1.235	0.650	0.235
	8 32	28.7	11.34	4.06	4.93	2.67	0.90	*	1.214	0.658	0.222
	10 25	53.5	>14.04	7.35	9.04	4.87	1.83		1.230	0.663	0.249
	10 27	53.9	>14.04	5.62	6.99	3.81	1.54	*	1.244	0.678	0.274
	17 2	24.5	11.54	3.96	4.67	2.56	0.99		1.179	0.646	0.250
	17 57	12.0	8.26	2.89	3.45	2.14	—		1.194	0.740	—
	18 22	6.8	6.10	2.11	2.67	1.44	—		1.265	0.682	—
	18 29	4.7	5.02	1.79	2.35	1.25	—		1.313	0.698	—
	18 34	3.6	4.40	1.52	2.05	1.07	—		1.349	0.704	—
	18 42	1.9	3.16	1.07	1.54	0.74	—		1.439	0.692	—
11	8 40	30.8	12.61	4.24	5.02	2.67	0.99		1.184	0.630	0.233
	9 22	40.2	>14.04	5.65	6.67	3.55	1.07		1.181	0.628	0.189
	9 24	40.6	11.54	4.27	5.07	2.69	—	*	1.187	0.630	—
	16 49	27.5	11.98	4.14	4.87	2.67	1.07		1.176	0.645	0.258
	17 31	18.0	9.26	3.11	3.64	2.03	—		1.170	0.653	—
	18 12	8.8	6.81	2.45	2.89	1.63	—		1.180	0.665	—
12	8 12	24.7	11.34	3.69	4.32	2.35	—		1.171	0.637	—
	9 20	40.0	>14.04	5.02	5.87	3.18	1.25		1.169	0.633	0.249
	9 23	40.6	10.17	3.81	4.59	2.54	0.95	*	1.205	0.667	0.249
	17 50	13.8	8.76	3.11	3.69	2.14	0.90		1.186	0.688	0.289
13	8 12	24.9	13.15	4.59	5.87	3.23	1.31		1.279	0.704	0.285
15	7 50	20.4	11.49	3.89	5.16	2.89	1.16		1.326	0.743	0.298
	8 47	33.3	>14.04	5.38	6.92	3.89	1.54		1.286	0.723	0.286
	8 50	34.0	11.01	4.14	5.31	2.96	1.07	*	1.283	0.715	0.258
16	8 22	27.7	13.43	4.73	6.10	3.34	1.35		1.290	0.706	0.285
	18 30	5.2	5.02	1.67	2.41	1.38	0.59:		1.443	0.826	0.353:
17	7 33	16.8	9.48	3.23	4.06	2.35	0.90		1.257	0.728	0.279
	8 40	32.0	13.15	4.59	5.62	3.11	1.29		1.224	0.678	0.281
	18 11	9.5	6.45	2.28	2.80	1.55	—		1.228	0.680	—
	18 46	1.8	2.71	0.88	1.25	0.59:	—		1.420	0.670:	—
18	8 15	26.5	11.20	3.89	4.67	2.67	1.07		1.201	0.686	0.275
	16 47	28.6	11.20	3.99	4.87	2.52	1.12		1.221	0.632	0.281
	18 2	11.6	7.28	2.63	3.11	1.63	0.67:		1.183	0.620	0.255:
19	7 43	19.5	9.26	3.18	3.69	1.83	0.74		1.160	0.575	0.233
	9 4	37.8	12.71	4.59	5.31	2.67	1.14		1.157	0.582	0.248
	16 52	27.6	9.44	3.27	3.89	1.93	0.79		1.190	0.590	0.242
	18 26	6.4	5.07	1.81	2.24	1.04	—		1.238	0.575	—
	18 32	5.0	4.48	1.55	2.03	0.92	—		1.310	0.594	—
21	8 5	24.8	10.64	3.69	4.46	2.28	0.90		1.209	0.618	0.244

Tag	Zeit	$h_\odot$	Total	BG7	GG14	OG2	RG1	Bem.	G/B	O/B	R/B
1952											
Okt. 21	8^h55^m	36°.2	12.87	4.70	5.62	2.82	1.31		1.196	0.600	0.279
22	8 17	27.7	12.98	4.59	5.62	2.82	1.25		1.224	0.614	0.272
	9 38	46.0	>14.04	5.95	7.53	3.81	1.69		1.266	0.640	0.284
	9 45	47.4	14.17	5.31	7.71	3.94	1.83	*	1.452	0.742	0.345
24	16 22	34.9	13.43	4.81	5.91	2.96	1.35		1.229	0.615	0.281
	17 10	24.0	11.11	3.89	4.70	2.45	1.12		1.208	0.630	0.288
	18 7	11.2	7.64	2.60	3.18	1.63	—		1.223	0.627	—
25	16 23	34.8	>14.04	5.55	7.17	3.57	1.50		1.292	0.643	0.270
	16 27	33.9	11.01	4.14	5.25	2.56	1.07	*	1.268	0.618	0.258
27	16 41	30.9	11.59	4.32	5.07	2.67	1.25		1.174	0.618	0.289
	17 35	18.6	9.26	3.27	3.94	2.03	0.95		1.205	0.621	0.291
	18 32	6.0	5.31	1.97	2.52	1.31	—		1.279	0.665	—
28	7 25	16.9	8.76	3.02	3.64	1.89	0.74:		1.205	0.626	0.245:
	8 37	33.2	11.59	4.06	4.67	2.30	0.90		1.150	0.567	0.222
	16 20	35.8	10.64	3.99	4.67	2.45	1.16		1.170	0.614	0.291
	17 18	22.6	9.13	3.20	3.69	1.89	0.74:		1.153	0.591	0.231:
	18 28	6.9	5.38	1.97	2.35	1.12	—		1.193	0.569	—
29	7 19	15.7	8.08	2.89	3.23	1.69	—		1.118	0.585	—
	8 9	26.8	10.87	3.81	4.37	2.14	—		1.147	0.562	—
	9 3	39.2	12.61	4.59	5.25	2.67	1.25		1.144	0.582	0.272
	16 30	33.6	10.40	3.71	4.22	2.14	0.90		1.137	0.577	0.243
	17 35	18.8	8.34	2.96	3.34	1.69	—		1.128	0.571	—
	18 20	8.8	6.21	2.24	2.60	1.25	—		1.161	0.558	—
30	7 30	18.3	8.64	3.00	3.45	1.83	0.74:		1.150	0.610	0.247:
	8 18	29.1	10.64	3.81	4.32	2.14	0.90		1.134	0.562	0.236
	16 28	34.2	10.54	3.89	4.32	2.18	0.90		1.111	0.560	0.231
	17 34	19.2	8.11	2.89	3.27	1.69	—		1.131	0.585	—
	17 58	13.9	7.53	2.67	3.00	1.52	—		1.124	0.569	—
	18 14	10.3	6.63	2.37	2.74	1.35	—		1.156	0.570	—
	18 36	5.4	4.73	1.73	2.14	0.99	—		1.237	0.572	—
Nov. 1	7 35	19.7	9.17	3.20	3.74	1.89	0.84:		1.169	0.591	0.262:
	8 25	31.0	11.01	3.94	4.59	2.35	1.02		1.165	0.596	0.259
	18 47	3.2	3.16	1.12	1.44	0.67:	—		1.286	0.598:	—
2	7 48	22.7	10.22	3.50	4.24	2.30	1.07		1.211	0.657	0.305
	8 50	36.8	12.71	4.51	5.55	2.89	1.33		1.231	0.641	0.295
	17 14	24.1	10.35	3.69	4.46	2.28	0.99		1.209	0.618	0.268
3	7 22	17.0	9.17	3.18	3.89	2.09	0.90		1.223	0.657	0.283
	8 21	30.3	11.98	4.24	5.25	2.74	1.25		1.238	0.646	0.295
	18 44	4.0	4.06	1.52	1.99	0.97	—		1.309	0.638	—
4	7 3	12.9	8.08	2.89	3.45	1.83	0.74:		1.194	0.633	0.256:
	8 0	25.7	11.11	3.89	4.59	2.32	1.07		1.180	0.596	0.275
	16 46	30.6	10.40	3.69	4.32	2.14	0.90		1.171	0.580	0.244
	17 46	16.8	8.37	2.96	3.45	1.83	0.74:		1.166	0.618	0.250:
	18 26	8.2	5.77	2.03	2.45	1.07	—		1.207	0.527	—
	18 34	6.5	5.28	1.81	2.24	0.99	—		1.238	0.547	—
	18 43	4.4	4.29	1.50	1.93	0.88	—		1.287	0.587	—
5	7 17	16.1	8.64	3.00	3.64	1.83	0.74		1.213	0.610	0.247
	8 13	28.7	11.59	4.11	4.79	2.45	0.99		1.165	0.596	0.241

Tag	Zeit	$h_{\odot}$	Total	BG7	GG14	OG2	RG1	Bem.	G/B	O/B	R/B
1952											
Nov. 5	16^h42^m	31°.6	10.54	3.86	4.46	2.32	1.07		1.155	0.601	0.277
	17 54	15.4	8.08	2.93	3.41	1.73	0.74:		1.164	0.590	0.253:
6	7 16	15.8	8.45	2.96	3.45	1.71	0.74:		1.166	0.578	0.250:
	8 18	29.9	11.98	4.24	4.96	2.45	1.04		1.170	0.578	0.245
	16 32	34.0	11.34	4.19	4.87	2.52	1.16		1.162	0.601	0.277
	18 9	12.2	6.99	2.56	2.89	1.50	—		1.129	0.586	—
7	6 52	10.8	6.81	2.45	2.89	1.44	—		1.180	0.588	—
	7 47	23.1	10.08	3.57	4.06	2.03	0.74:		1.137	0.569	0.207:
	8 47	36.6	12.09	4.40	5.02	2.45	1.02		1.141	0.557	0.232
	16 37	33.0	10.87	4.06	4.67	2.35	1.07		1.150	0.579	0.264
	17 36	19.7	8.76	3.11	3.62	1.83	0.74:		1.164	0.588	0.238:
	18 19	10.1	6.70	2.45	2.82	1.44	—		1.151	0.588	—
8	7 1	13.0	6.99	2.52	2.89	1.35	—		1.147	0.536	—
	7 58	25.5	9.80	3.41	3.94	2.03	0.74:		1.155	0.595	0.217:
	8 51	37.5	11.59	4.19	4.96	2.45	1.07		1.184	0.585	0.255
	16 48	30.6	9.71	3.50	4.14	2.30	0.99		1.183	0.657	0.283
	17 44	18.1	8.26	3.00	3.48	1.75	0.74:		1.160	0.583	0.247:
	18 28	8.3	5.97	2.14	2.56	1.18	—		1.196	0.551	—
	18 38	6.1	5.19	1.87	2.32	1.05	—		1.241	0.561	—
	18 54	2.6	3.43	1.16	1.63	0.76	—		1.405	0.655	—
9	7 25	18.3	8.08	2.89	3.23	1.63	—		1.118	0.564	—
	8 10	28.3	9.94	3.45	3.94	1.93	0.82:		1.142	0.559	0.238:
	16 53	29.6	10.08	3.64	4.19	2.18	0.90		1.151	0.599	0.247
	17 47	17.5	8.34	3.02	3.57	1.83	0.85		1.182	0.606	0.281
	18 25	9.1	6.67	2.43	2.87	1.44	—		1.181	0.593	—
10	16 47	31.0	9.62	3.45	3.99	2.09	0.90		1.157	0.606	0.261
	18 0	14.7	7.64	2.76	3.18	1.67	—		1.152	0.605	—
11	7 12	15.0	7.71	2.78	3.18	1.63	—		1.144	0.586	—
	8 5	27.2	10.26	3.64	4.32	2.18	0.90		1.187	0.599	0.247
	9 11	42.3	12.50	4.59	5.46	2.74	1.25		1.190	0.597	0.272
18	7 22	18.2	11.01	3.57	4.14	1.93	0.74		1.160	0.541	0.207
	8 37	35.1	>14.04	4.67	5.31	2.56	1.02		1.137	0.548	0.218
	8 42	36.3	9.75	3.57	4.14	1.93	0.74:		1.160	0.541	0.207:
19	7 38	21.7	10.17	3.41	3.81	1.83	—		1.117	0.537	—
	8 25	32.2	12.50	4.19	4.65	2.24	0.90		1.110	0.535	0.215
20	7 49	24.2	9.94	3.27	3.81	1.89	—		1.165	0.578	—
	16 59	29.5	9.71	3.45	3.86	1.93	—		1.119	0.559	—
	17 9	14.0	7.17	2.52	2.82	1.35	—		1.119	0.536	—
21	16 39	32.3	10.40	3.81	4.32	2.18	0.90		1.134	0.572	0.236
	17 47	19.0	8.08	2.89	3.27	1.69	—		1.131	0.585	—
	18 30	9.7	6.00	2.24	2.56	1.25	—		1.143	0.558	—
25	7 33	20.7	9.04	3.11	3.69	1.83	—		1.186	0.588	—
	8 33	33.8	11.20	3.89	4.59	2.35	1.07		1.180	0.604	0.275
	16 39	34.6	10.54	3.89	4.59	2.35	1.07		1.180	0.604	0.275
	17 36	21.9	8.64	3.04	3.45	1.73	0.74:		1.135	0.569	0.243:
	18 18	12.7	6.81	2.49	2.78	1.35	—		1.116	0.542	—
26	7 38	21.8	9.17	3.16	3.74	1.91	0.74:		1.184	0.604	0.234:
	8 20	31.1	9.94	3.43	4.06	2.09	0.74:		1.184	0.609	0.216:

Tag	Zeit	$h_{\odot}$	Total	BG7	GG14	OG2	RG1	Bem.	G/B	O/B	R/B
1952											
Nov. 26	$17^h\ 6^m$	28°7	9.26	3.34	3.69	1.89	0.74:		1.105	0.566	0.222:
	17 56	17.7	7.78	2.82	3.18	1.63	—		1.128	0.578	—
	18 48	6.5	5.04	1.89	2.24	1.04	—		1.185	0.550	—
27	7 48	24.0	9.17	3.18	3.64	1.83	—		1.145	0.575	—
	8 26	32.4	10.87	3.81	4.37	2.24	0.90		1.147	0.588	0.236
	16 35	35.7	10.54	3.89	4.32	2.24	0.99		1.111	0.576	0.254
	17 44	20.4	8.00	2.96	3.34	1.73	0.74:		1.128	0.584	0.250:
	18 37	9.0	5.77	2.14	2.52	1.16	—		1.178	0.542	—
	18 48	6.7	5.04	1.85	2.20	1.00	—		1.189	0.541	—
28	7 22	18.3	8.08	2.89	3.23	1.63	—		1.118	0.564	—
	8 0	26.6	9.71	3.41	3.89	1.91	0.74:		1.141	0.560	0.217:
	8 39	35.3	10.87	3.94	4.46	2.30	1.07		1.132	0.584	0.272
Dez. 1	6 12	3.3	7.67	2.78	3.23	1.69	0.74:		1.162	0.608	0.266:
2	7 17	17.1	7.53	2.67	2.98	1.44	—		1.116	0.539	—
	8 11	29.0	9.48	3.18	3.57	1.73	—		1.123	0.544	—
	16 44	34.4	9.94	3.57	4.19	2.18	0.90		1.174	0.611	0.252
	17 27	24.8	8.45	3.04	3.45	1.73	—		1.135	0.569	—
	18 14	14.5	7.17	2.67	2.96	1.54	—		1.109	0.577	—
3	6 26	6.2	4.48	1.67	2.03	0.95	0.45:		1.216	0.569	0.269:
	7 29	19.7	8.37	2.96	3.41	1.83	0.74:		1.152	0.618	0.250:
	8 22	31.4	10.54	3.74	4.46	2.30	0.95		1.193	0.615	0.254
6	7 12	20.2	7.71	2.78	3.41	1.83	0.74:		1.227	0.658	0.266:
	8 8	28.1	10.08	3.69	4.59	2.52	1.16		1.244	0.683	0.314
	16 48	33.9	9.94	3.74	4.32	2.24	0.99		1.155	0.599	0.265
	17 59	18.3	7.89	2.89	3.34	1.77	0.74:		1.156	0.612	0.256:
	18 51	7.2	5.28	2.01	2.35	1.12	—		1.169	0.557	—
	19 2	4.9	4.43	1.67	2.03	0.97	0.45:		1.216	0.581	0.269:
7	7 7	14.7	7.53	2.74	3.11	1.63	—		1.135	0.595	—
	8 3	26.9	9.48	3.39	3.89	2.03	0.90		1.147	0.599	0.265
	17 22	26.8	9.04	3.41	3.94	2.09	0.90		1.155	0.613	0.264
	18 18	14.2	7.17	2.67	2.96	1.54	—		1.109	0.577	—
9	16 31	38.1	10.08	3.69	4.32	2.30	0.99		1.171	0.623	0.268
10	7 11	15.4	6.99	2.52	2.89	1.44	—		1.147	0.571	—
	7 27	18.8	8.00	2.89	3.34	1.69	—		1.156	0.585	—
	8 27	32.0	9.71	3.57	4.06	2.03	0.85		1.137	0.569	0.238
	16 50	34.0	9.94	3.69	4.40	2.30	1.07		1.192	0.623	0.290
	18 14	15.6	7.31	2.71	3.11	1.63	—		1.148	0.601	—
12	8 14	29.0	9.71	3.57	4.27	2.24	0.99		1.196	0.627	0.277
13	7 26	18.4	8.64	3.23	3.94	2.03	0.90		1.220	0.628	0.279
	8 20	30.2	10.17	3.74	4.59	2.39	1.07		1.227	0.639	0.286
15	7 19	16.8	7.53	2.67	3.23	1.83	—		1.210	0.685	—
16	7 29	18.8	7.89	2.82	3.41	1.73	0.74:		1.209	0.613	0.262:
	8 21	30.2	10.17	3.69	4.46	2.30	0.97		1.209	0.623	0.263
	17 12	29.8	9.62	3.45	4.19	2.24	0.99		1.214	0.649	0.287
	18 3	18.8	7.71	2.82	3.27	1.73	—		1.160	0.613	—
17	7 41	21.4	8.08	2.89	3.41	1.69	0.74:		1.180	0.585	0.256:
	8 21	30.1	9.26	3.34	3.89	1.93	0.82:		1.165	0.578	0.246:
	16 44	36.1	9.35	3.50	4.14	2.24	0.99		1.183	0.640	0.283

Tag	Zeit	$h_\odot$	Total	BG7	GG14	OG2	RG1	Bem.	G/B	O/B	R/B
1952 Dez. 17	18h 1m	19°.2	7.46	2.74	3.11	1.63	—		1.135	0.595	—
18	7 26	18.0	7.53	2.56	3.18	1.63	—		1.242	0.637	—
	8 20	29.8	9.94	3.57	4.19	2.24	0.90		1.174	0.627	0.252
19	7 20	16.7	7.64	2.74	3.41	1.83	0.74:		1.245	0.668	0.270:
	8 25	30.8	9.57	3.45	4.19	2.24	0.99		1.214	0.649	0.287
	16 32	38.7	10.73	4.14	5.02	2.76	1.35		1.213	0.667	0.326
	17 38	24.6	8.45	3.11	3.74	2.03	0.90		1.203	0.653	0.289
	18 39	11.4	6.45	2.45	2.93	1.54	—		1.196	0.629	—
23	7 33	18.5	8.08	2.96	3.50	1.83	0.82:		1.182	0.618	0.277:
26	8 17	28.2	9.80	3.69	4.46	2.35	1.07		1.209	0.637	0.290
27	7 26	16.9	7.71	2.89	3.45	1.89	0.82		1.194	0.654	0.284
	8 17	27.8	9.71	3.64	4.32	2.30	0.99		1.187	0.632	0.272
29	7 28	17.1	7.53	2.74	3.11	1.54	—		1.135	0.562	—
	8 26	29.8	9.62	3.45	4.06	2.03	0.90		1.177	0.588	0.261
	16 57	34.6	9.26	3.57	4.06	2.16	0.93		1.137	0.605	0.261
	18 6	19.4	7.49	2.78	3.16	1.67	0.67:		1.137	0.601	0.241:
	18 18	16.8	7.35	2.74	3.04	1.57	0.59:		1.109	0.573	0.215:
	18 28	14.7	7.10	2.63	2.93	1.52	—		1.114	0.578	—
	18 45	11.0	6.31	2.35	2.69	1.33	—		1.145	0.566	—
	19 1	7.8	5.28	1.95	2.37	1.12	—		1.215	0.574	—
	19 12	5.4	4.54	1.67	2.03	0.92	—		1.216	0.551	—
	19 19	3.9	3.69	1.35	1.79	0.82	—		1.326	0.607	—
30	7 15	14.3	6.81	2.52	2.89	1.50	—		1.147	0.595	—
	8 13	26.9	9.35	3.45	3.99	2.07	0.82		1.157	0.600	0.238
31	7 11	13.3	6.45	2.45	2.82	1.54	—		1.151	0.629	—
	8 12	26.5	8.84	3.23	3.86	2.03	0.90		1.195	0.628	0.279
	17 28	27.9	10.22	3.91	5.13	2.80	1.07		1.312	0.716	0.274
	18 9	18.9	9.26	3.34	4.35	2.35	0.93		1.302	0.704	0.278
	18 28	14.9	8.08	2.93	3.81	2.09	0.67:		1.300	0.713	0.229:
	18 37	13.0	7.60	2.80	3.62	2.01	—		1.293	0.718	—
	19 0	8.0	6.28	2.32	2.98	1.65	—		1.284	0.711	—
	19 11	5.7	5.16	1.91	2.58	1.36	—		1.351	0.712	—
1953 Jan. 1	7 20	15.1	7.17	2.67	3.16	1.69	—		1.183	0.633	—
	8 8	25.5	9.13	3.34	3.99	2.09	0.90		1.195	0.626	0.269
	18 28	14.9	6.81	2.58	2.98	1.54	0.67:		1.155	0.597	0.260:
	18 53	9.5	5.74	2.18	2.58	1.31	—		1.183	0.601	—
	19 1	7.9	5.38	2.03	2.43	1.16	—		1.197	0.571	—
	19 22	3.5	3.57	1.33	1.75	0.85	—		1.316	0.639	—
2	7 14	13.6	6.45	2.45	2.89	1.50	—		1.180	0.612	—
	8 9	25.6	8.84	3.23	3.81	2.03	0.90		1.180	0.628	0.279
Beobachtungsort Farm Dornfontein $\varphi = -23°23'$ H = 1320 m											
Jan. 9	7 18	13.8	6.35	2.35	2.89	1.54	—		1.230	0.655	—
	7 25	15.3	6.63	2.56	3.00	1.63	—		1.172	0.637	—
	7 48	20.3	8.00	2.96	3.41	1.83	0.74:		1.152	0.618	0.250:
	8 9	24.9	9.04	3.27	3.81	2.03	0.90		1.165	0.621	0.275

Tag	Zeit	$h_\odot$	Total	BG7	GG14	OG2	RG1	Bem.	G/B	O/B	R/B
1953											
Jan. 9	$19^h\ 9^m$	5°6	4.59	1.73	2.18	1.12	—		1.260	0.647	—
	19 22	2.8	3.45	1.31	1.69	0.90	—		1.290	0.687	—
10	17 32	26.8	8.64	3.23	3.81	2.03	0.90		1.180	0.628	0.279
	18 25	15.2	6.45	2.49	2.82	1.50	—		1.133	0.602	—
	19 3	6.8	4.59	1.77	2.14	1.07	—		1.209	0.605	—
12	8 17	26.5	8.92	3.27	4.11	2.28	1.07		1.257	0.697	0.327
17	9 55	47.8	12.34	4.65	5.68	3.00	1.44		1.222	0.645	0.310
	18 1	20.5	7.35	2.71	3.00	1.63	—		1.107	0.601	—
	18 37	12.5	6.56	2.45	2.82	1.44	—		1.151	0.588	—
18	8 40	30.7	10.54	3.94	5.07	2.78	1.35		1.287	0.706	0.343
	10 3	49.5	13.49	5.16	7.03	3.84	1.83		1.362	0.744	0.355
22	17 46	23.8	7.64	2.89	3.23	1.73	0.74		1.118	0.599	0.256:
	18 22	15.8	6.56	2.45	2.78	1.48	—		1.135	0.604	—
	19 13	4.7	3.94	1.52	1.83	0.99	—		1.204	0.651	—
23	16 43	38.1	9.26	3.45	4.11	2.24	0.99		1.191	0.649	0.287
	17 40	25.2	8.45	2.98	3.45	1.83	0.74		1.158	0.614	0.248:
	18 24	15.4	6.56	2.45	2.78	1.44	—		1.135	0.588	—
	18 54	8.8	4.87	1.93	2.28	1.14	—		1.181	0.591	—
24	17 12	31.5	8.64	3.25	4.04	2.18	0.99		1.243	0.671	0.305
26	8 16	24.4	7.17	2.67	2.93	1.52	—		1.097	0.569	—
	9 27	40.3	9.80	3.69	4.32	2.18	0.90		1.171	0.591	0.244
	18 12	17.8	7.24	2.67	3.11	1.63	—		1.165	0.610	—
	18 44	19.8	5.95	2.28	2.71	1.44	—		1.189	0.632	—
27	8 9	22.7	7.89	2.89	3.34	1.83	0.74:		1.156	0.633	0.256:
	9 9	36.1	9.94	3.57	4.32	2.30	1.02		1.210	0.644	0.286
Febr. 8	8 4	20.0	10.40	3.27	3.94	1.93	0.74		1.205	0.590	0.226
	8 50	30.5	12.34	3.94	4.67	2.30	0.99		1.185	0.584	0.251
	9 20	37.3	12.09	4.14	4.93	2.49	1.12		1.191	0.601	0.271
9	17 40	24.1	11.29	3.81	4.46	2.11	0.88		1.171	0.554	0.231
	18 32	12.4	8.15	2.71	3.16	1.59	—		1.166	0.587	—
	18 56	7.1	6.00	2.09	2.49	1.21	—		1.191	0.579	—
10	7 56	17.4	8.08	2.80	3.16	1.59	0.59:		1.129	0.568	0.211:
	8 38	27.5	9.71	3.16	3.69	1.83	0.74:		1.168	0.579	0.234:
	9 21	37.3	11.11	3.76	4.32	2.24	0.90		1.149	0.596	0.239
	17 14	30.1	9.80	3.34	3.96	1.97	0.77		1.186	0.590	0.231
	17 57	20.2	7.96	2.78	3.04	1.63	—		1.094	0.586	—
12	16 50	35.3	11.11	4.11	5.02	2.52	1.20		1.221	0.613	0.292
13	17 28	26.3	9.66	3.45	4.32	2.24	0.90		1.252	0.649	0.261
22	18 59	31.9	14.17	4.75	5.65	2.74	—		1.189	0.577	—
	17 39	22.7	11.01	3.64	4.19	2.07	—		1.151	0.569	—
	18 15	14.4	8.26	2.74	3.18	1.54	—		1.161	0.562	—
	18 41	8.5	5.16	1.83	2.09	0.90	—		1.142	0.492	—
Beobachtungsort Farm Bergweide $\varphi = -19°50'$ H = 1400 m											
April 6	9 32	34.4	13.74	4.81	6.17	3.11	1.35		1.283	0.647	0.281
	9 49	38.1	14.04	5.16	6.56	3.34	1.48		1.271	0.647	0.287
	17 50	12.1	6.21	2.30	2.87	1.44	—		1.248	0.626	—
7	7 58	13.2	7.42	2.67	3.64	2.03	0.99		1.363	0.760	0.371

Tag	Zeit	$h_\odot$	Total	BG7	GG14	OG2	RG1	Bem.	G/B	O/B	R/B
1953											
April 10	9^h58^m	39°.3	>14.04	6.67	9.26	4.87	2.24		1.388	0.730	0.336
	10 28	45.3	>14.04	6.99	9.48	5.02	2.28		1.356	0.718	0.326
	17 8	21.2	9.04	3.11	3.94	2.03	0.85		1.267	0.653	0.273
	17 29	16.1	7.89	2.78	3.39	1.77	—		1.219	0.637	—
	18 5	7.8	5.31	1.93	2.45	1.25	—		1.269	0.648	—
13	16 1	34.7	9.26	3.34	3.81	1.97	0.74		1.141	0.590	0.222
	16 51	23.9	7.53	2.74	3.00	1.50	—		1.095	0.547	—
	17 33	14.4	6.21	2.30	2.60	1.25	—		1.130	0.543	—
	18 18	4.2	3.34	1.25	1.52	0.74:	—		1.216	0.592:	—
15	10 5	40.1	10.64	3.94	4.73	2.45	1.07		1.201	0.622	0.272
20	16 1	33.1	12.09	4.16	5.19	2.67	1.16		1.248	0.642	0.279
	16 57	21.1	9.66	3.34	4.06	2.03	0.90		1.216	0.608	0.268
	17 30	13.8	7.89	2.78	3.39	1.77	—		1.219	0.637	—
	18 15	3.6	3.69	1.25	1.77	0.82	—		1.416	0.656	—
21	9 39	33.8	—	5.46	7.53	3.94	1.85		1.346	0.722	0.339
	10 45	46.3	>14.04	7.89	10.78	5.62	2.45		1.366	0.712	0.311
	17 37	12.1	6.63	2.45	3.00	1.63	—		1.224	0.665	—
22	8 36	20.3	9.35	3.45	4.32	2.24	0.90		1.252	0.649	0.261
	9 5	26.7	10.73	4.27	4.96	2.56	1.12		1.161	0.600	0.262
	9 39	33.6	12.34	4.59	5.68	2.89	1.25		1.237	0.630	0.272
23	9 17	28.9	11.34	4.19	5.16	2.67	1.16		1.232	0.637	0.277
24	9 2	25.7	10.87	4.06	5.07	2.63	1.20		1.249	0.648	0.296
	9 45	34.7	13.15	4.87	6.28	3.18	1.44		1.290	0.653	0.296
	16 49	22.2	8.64	3.16	3.99	2.09	0.90		1.263	0.661	0.285
	17 22	14.9	7.06	2.58	3.23	1.71	0.74:		1.252	0.663	0.287:
	17 54	7.8	4.93	1.83	2.35	1.21	—		1.284	0.661	—
25	8 10	14.3	7.28	2.67	3.57	1.87	0.82		1.337	0.700	0.307
	8 58	24.7	9.94	3.69	4.73	2.56	1.16		1.282	0.694	0.314
	9 9	27.1	10.40	3.89	4.87	2.56	1.16		1.252	0.658	0.298
	9 45	34.5	11.98	4.73	6.10	3.18	1.48		1.290	0.672	0.313
	16 0	32.2	9.26	3.45	4.27	2.24	0.99		1.238	0.649	0.287
	16 55	20.6	7.71	2.89	3.50	1.83	0.74:		1.211	0.633	0.256:
	17 57	6.9	4.32	1.59	2.11	1.02	0.45:		1.327	0.642	0.283:
26	8 12	14.6	6.99	2.58	3.34	1.83	0.74:		1.295	0.709	0.287:
	8 59	23.6	9.80	3.74	4.73	2.60	1.25		1.265	0.695	0.334
	9 30	31.2	11.25	4.22	5.58	2.93	1.33		1.322	0.694	0.315
	17 28	13.2	6.63	2.45	3.11	1.73	—		1.269	0.706	—
	17 47	9.0	5.16	1.93	2.56	1.31	—		1.326	0.679	—
29	8 33	18.9	7.67	2.78	3.34	1.71	—		1.201	0.615	—
	9 4	25.5	9.13	3.34	3.91	2.03	0.90		1.171	0.608	0.269
	10 2	37.1	9.62	3.48	4.19	2.16	0.90		1.204	0.621	0.259
	16 12	28.9	7.89	2.89	3.34	1.69	0.59:		1.156	0.585	0.204:
	17 1	18.6	6.81	2.45	2.96	1.48	—		1.208	0.604	—
	17 53	7.2	4.32	1.63	2.07	0.99	—		1.270	0.607	—
30	7 23.5	3.6	2.98	1.00	1.48	0.67	0.34:		1.480	0.670	0.340:
	7 35	6.2	4.14	1.54	2.03	0.99	0.45:		1.318	0.643	0.292:
	8 5	12.8	6.45	2.41	2.89	1.54	—		1.199	0.639	—
	8 43	20.9	8.48	3.20	3.91	2.03	0.90		1.222	0.634	0.281

Tag	Zeit	$h_{\odot}$	Total	BG7	GG14	OG2	RG1	Bem.	G/B	O/B	R/B
1953											
April 30	9^h20^m	28°6	9.94	3.81	4.59	2.35	0.99		1.205	0.617	0.260
	10 21	40.3	11.59	4.59	5.46	2.78	1.25		1.190	0.606	0.272
	15 56	31.9	8.76	3.34	3.86	2.03	0.85		1.156	0.608	0.254
	16 41	22.7	7.53	2.89	3.34	1.73	0.67:		1.156	0.599	0.232:
	17 4.5	16.8	6.81	2.54	2.91	1.52	0.59:		1.146	0.598	0.232:
	17 46	8.7	5.02	1.89	2.28	1.04	0.40:		1.206	0.550	0.212:
Mai 1	7 55	10.4	5.22	1.97	2.37	1.18	—		1.203	0.599	—
	8 27	17.5	7.17	2.65	3.11	1.63	0.95:		1.174	0.615	0.223:
	8 54	23.1	8.08	3.00	3.50	1.83	0.74:		1.167	0.610	0.247:
	9 23	29.1	9.04	3.41	3.96	2.03	0.90		1.161	0.595	0.264
	10 14	38.9	10.54	4.06	4.67	2.41	0.99		1.150	0.594	0.244
	15 26	37.4	9.26	3.45	4.06	2.09	0.90		1.177	0.606	0.261
	15 54	32.1	8.64	3.18	3.69	1.93	0.74:		1.160	0.607	0.233:
	16 47	21.3	7.17	2.67	3.00	1.54	0.59:		1.124	0.577	0.221:
	17 28	12.4	5.87	2.24	2.56	1.25	—		1.143	0.558	—
	18 4	4.5	3.43	1.16	1.57	0.71	—		1.353	0.612	—
2	8 5	12.5	6.31	2.37	2.89	1.50	0.59:		1.219	0.633	0.249:
	8 38	19.7	8.15	3.00	3.69	1.93	0.74:		1.230	0.643	0.247:
	9 16	27.6	9.94	3.76	4.59	2.45	1.07		1.221	0.652	0.285
	10 11	38.2	11.83	4.59	5.65	2.96	1.35		1.231	0.645	0.294
	17 39	9.8	5.22	1.93	2.41	1.18	0.59:		1.249	0.611	0.306:
	17 57	5.8	3.79	1.44	1.77	0.90	0.40:		1.229	0.625	0.278:
	18 6	3.9	2.89	1.04	1.38	0.67:	—		1.327	0.644:	—
4	7 34	5.6	3.69	1.35	1.89	0.90	0.40:		1.400	0.667	0.296:
	8 7	12.8	6.74	2.49	3.23	1.69	0.67:		1.297	0.679	0.269:
	8 36	19.0	8.64	3.11	4.06	2.14	0.90:		1.305	0.688	0.289:
	9 13	26.7	10.68	3.94	5.04	2.67	1.16		1.279	0.678	0.294
	18 11	2.5	2.35	0.74	1.05	0.45:	—		1.419	0.608:	—
	18 23	—0.2	0.92	—	—	—	—		—	—	—
5	7 33	5.2	4.06	1.44	2.03	0.99	0.45:		1.410	0.688	0.312:
	7 58	10.7	6.45	2.35	3.04	1.63	0.59:		1.294	0.694	0.251:
	8 31	17.8	8.45	3.11	4.06	2.14	0.90		1.305	0.688	0.289
	9 16	27.2	10.87	4.14	5.28	2.78	1.20		1.275	0.671	0.290
	10 6	36.7	13.15	5.16	6.70	3.57	1.63		1.298	0.692	0.316
	16 49	20.1	8.08	2.89	3.59	1.93	0.80		1.242	0.668	0.277
6	7 53	9.6	5.31	2.03	2.60	1.35	0.56		1.281	0.665	0.276
	8 17	14.7	7.35	2.67	3.41	1.83	0.74:		1.277	0.685	0.277:
	8 47	21.0	9.26	3.41	4.43	2.35	1.07		1.299	0.689	0.314
	9 22	28.2	10.64	3.94	5.16	2.67	1.16		1.310	0.678	0.294
	17 20	13.4	6.28	2.35	2.96	1.55	0.59:		1.260	0.660	0.251:
	17 41	8.9	5.38	1.97	2.56	1.31	0.52:		1.299	0.665	0.264:
	18 3	4.2	3.39	1.16	1.69	0.74:	0.34:		1.457	0.638:	0.293:
7	8 2	11.3	6.35	2.35	3.02	1.63	0.59:		1.285	0.694	0.251:
	8 36	18.6	9.17	3.23	4.19	2.24	0.90		1.297	0.693	0.279
	9 9	25.5	11.34	4.16	5.38	2.74	1.21		1.293	0.659	0.291
	16 53	19.0	7.60	2.78	3.41	1.83	0.74:		1.227	0.658	0.266:
	17 44	8.1	5.04	1.91	2.39	1.16	0.45:		1.251	0.607	0.236:
9	10 9	36.6	10.54	3.94	4.87	2.56	1.04		1.236	0.650	0.264

Tag	Zeit	$h_\odot$	Total	BG7	GG14	OG2	RG1	Bem.	G/B	O/B	R/B
1953											
Mai 9	10h35m	41°.0	11.49	4.29	5.34	2.67	1.16		1.245	0.622	0.270
10	9 43	31.6	8.61	3.11	3.81	1.93	0.74		1.225	0.621	0.238
	10 47	42.7	10.17	3.89	4.73	2.45	0.99		1.216	0.630	0.254
11	9 29	28.9	8.76	3.18	3.94	1.99	0.77		1.239	0.626	0.242
	10 4	35.4	9.76	3.64	4.48	2.35	0.92		1.231	0.646	0.253
12	10 0	34.5	9.26	3.39	4.11	2.09	0.84		1.212	0.617	0.248
14	9 2	23.2	8.84	3.18	3.89	2.03	0.74:		1.223	0.638	0.233:
	9 27	28.0	10.54	3.81	4.70	2.35	0.90		1.234	0.617	0.236
	10 0	34.2	12.03	4.24	5.34	2.65	1.00		1.259	0.625	0.236
15	9 55	33.1	11.73	4.11	5.02	2.45	0.97		1.221	0.596	0.236
17	9 4	23.2	11.11	3.81	4.87	2.45	1.07		1.275	0.641	0.280
	9 30	28.2	12.50	4.32	5.46	2.74	1.16		1.264	0.634	0.269
	9 50	31.9	14.04	4.81	6.21	3.07	1.35		1.291	0.638	0.281
19	10 22	37.1	13.74	5.02	6.45	3.23	1.52		1.285	0.643	0.303
	17 52	5.2	3.81	1.35	1.83	0.90	0.34:		1.356	0.667	0.252:
20	8 43	18.6	8.64	3.07	3.94	2.03	0.90		1.283	0.661	0.293
	9 26	27.1	10.64	3.81	4.79	2.45	1.07		1.257	0.643	0.281
	10 13	35.4	11.59	4.19	5.31	2.78	1.25		1.267	0.663	0.298
	16 2	27.5	9.26	3.27	4.06	2.09	0.90		1.242	0.639	0.275
	16 59	16.3	6.92	2.52	3.00	1.54	0.59:		1.190	0.611	0.234:
	17 30	9.8	5.31	2.03	2.45	1.20	0.45:		1.207	0.591	0.222:
	17 53	4.8	3.45	1.25	1.63	0.74:	0.29:		1.304	0.592:	0.232:
	18 7	1.8	2.14	0.67:	0.99	0.40:	0.24:		1.478:	0.597:	0.358:
21	9 8	23.4	7.64	2.76	3.41	1.83	0.74:		1.236	0.663	0.268:
	9 34	28.4	9.26	3.23	3.94	2.03	0.82:		1.220	0.628	0.254:
	9 48	30.9	9.80	3.41	4.14	2.11	0.88		1.214	0.619	0.258
	16 5	26.8	8.15	2.89	3.45	1.77	0.67:		1.194	0.612	0.232:
	17 7	14.5	6.70	2.39	2.80	1.35	0.52:		1.172	0.565	0.218:
	17 33	9.1	5.22	1.89	2.35	1.14	—		1.243	0.603	—
22	8 57	21.2	7.35	2.67	3.11	1.63	0.59:		1.165	0.610	0.221:
	9 38	29.0	8.64	3.04	3.69	2.14	0.74:		1.214	0.704	0.243:
	10 51	41.1	12.09	4.51	5.77	2.96	1.25:		1.279	0.656	0.277:
	16 0	27.7	9.04	3.23	4.01	2.09	0.74:		1.241	0.647	0.229:
	16 40	20.0	7.64	2.74	3.27	1.63	0.59:		1.193	0.595	0.215:
	17 10	13.8	6.63	2.45	2.89	1.50	0.59:		1.180	0.612	0.241:
	17 38	7.9	5.02	1.83	2.35	1.16	0.52		1.284	0.634	0.284:
	18 0	3.2	2.96	1.07	1.50	0.74:	0.29:		1.402	0.692:	0.271:
	18 8	1.5	1.83	—	—	—	—		—	—	—
23	8 41	17.8	6.63	2.45	2.80	1.44	0.52:		1.143	0.588	0.212:
	9 2	21.9	7.53	2.67	3.04	1.55	0.64		1.139	0.581	0.240
	9 55	32.0	9.48	3.45	4.06	2.14	0.95		1.177	0.620	0.275
	10 38	38.8	11.34	4.19	5.25	2.74	1.25		1.253	0.654	0.298
	15 43	30.7	9.04	3.34	4.01	2.14	0.90		1.201	0.641	0.269
	16 42	19.5	7.53	2.78	3.27	1.73	0.67:		1.176	0.622	0.241:
	17 14	12.8	6.31	2.35	2.78	1.38	0.59:		1.183	0.587	0.251:
	17 52	4.8	3.81	1.44	1.89	0.90	0.34:		1.312	0.625	0.236:
24	8 40	17.5	6.21	2.35	2.67	1.35	0.52:		1.136	0.574	0.221:

Tag	Zeit	$h_\odot$	Total	BG7	GG14	OG2	RG1	Bem.	G/B	O/B	R/B
1953 Mai 24	$9^h\ 4^m$	22.°5	7.42	2.74	3.11	1.63	0.59:		1.135	0.595	0.215:
	9 49	30.9	8.84	3.18	3.76	1.97	0.74:		1.182	0.619	0.233:
	10 48	40.2	10.17	3.81	4.65	2.39	1.02		1.220	0.627	0.268
	15 25	33.7	8.26	3.00	3.57	1.89	0.74:		1.190	0.630	0.247:
	16 10	25.6	7.42	2.76	3.11	1.63	0.59:		1.127	0.591	0.214:
	17 18	11.9	5.71:	2.20	2.56	1.25	0.45:		1.164	0.568	0.205:
	17 43	6.7	4.37	1.63	2.03	0.99	0.34:		1.245	0.607	0.209:
25	9 16	24.6	8.37	3.07	3.71	2.03	0.87:		1.208	0.661	0.283:
	10 35	38.2	10.64	3.94	4.73	2.63	1.16		1.201	0.668	0.294
	11 9	42.9	10.64	4.06	4.96	2.60	1.16		1.222	0.640	0.286
	11 52	47.2	11.49	4.32	5.31	2.78	1.20		1.229	0.644	0.278
26	8 15	12.2	6.17	2.30	2.89	1.44	0.59:		1.257	0.626	0.257:
	8 47	18.6	7.89	2.89	3.57	1.89	0.74:		1.235	0.654	0.256:
	9 33	27.6	10.08	3.57	4.59	2.35	0.99		1.286	0.658	0.277
	10 33	37.7	13.15	4.96	6.35	3.23	1.44		1.280	0.651	0.290
	17 23	10.9	5.68	2.07	2.56	1.35	0.49:		1.237	0.652	0,237:
28	8 34	15.9	6.45	2.35	2.82	1.44	0.52:		1.200	0.613	0.221:
	9 6	22.2	7.28	2.58	3.07	1.63	0.59:		1.190	0.632	0.229:
	10 12	34.2	10.12	3.69	4.51	2.35	0.99		1.222	0.637	0.268
	10 56	40.7	10.54	3.94	4.79	2.45	1.07		1.216	0.622	0.272
	15 13	35.3	10.17	3.86	4.79	2.52	1.11		1.241	0.653	0.288
	15 52	28.6	9.48	3.45	4.32	2.24	0.95		1.252	0.649	0.275
	16 45	18.5	8.04	2.67	3.45	1.83	0.71:		1.292	0.685	0.266:
	17 35	8.3	5.16	1.89	2.45	1.20	0.45:		1.296	0.635	0.238:
30	8 21	13.0	5.87	2.14	2.56	1.25	0.45:		1.196	0.584	0.210:
	9 2	21.3	8.00	2.80	3.45	1.73	0.67:		1.232	0.618	0.239:
	10 17	34.7	10.17	3.81	4.46	2.35	0.90		1.171	0.617	0.236
	11 21	43.5	13.15	5.07	6.38	3.23	1.44		1.258	0.637	0.284
	15 17	34.4	10.87	4.06	5.02	2.60	1.14		1.236	0.640	0.281
	16 3	26.4	9.26	3.45	4.19	2.14	0.95		1.214	0.620	0.275
	16 56	16.1	7.78	2.78	3.45	1.83	0.74		1.241	0.658	0.266
	17 35	8.1	5.22	1.93	2.35	1.18	0.45:		1.218	0.611	0.233:
31	8 22	13.0	5.95	2.24	2.74	1.38	0.59:		1.223	0.616	0.263:
	8 43	17.4	7.42	2.74	3.23	1.73	0.74:		1.179	0.631	0.270:
	9 29	26.2	9.04	3.34	4.06	2.14	0.99		1.216	0.641	0.296
	10 33	37.0	11.83	4.59	5.62	2.89	1.31		1.224	0.630	0.285
	11 9	42.0	12.61	5.16	6.10	3.11	1.44		1.182	0.603	0.279
	11 42	45.4	13.43	5.38	6.81	3.57	1.63		1.266	0.663	0.303
	15 29	32.3	10.08	3.74	4.67	2.45	1.07		1.249	0.655	0.286
	16 7	25.6	9.94	3.64	4.46	2.35	0.99		1.225	0.646	0.272
	16 50	17.2	7.35	2.76	3.23	1.73	0.74:		1.170	0.627	0.268:
	17 36	7.9	4.73	1.83	2.30	1.16	0.49		1.257	0.634	0.268
Juni 1	8 8	10.1	4.96	1.93	2.35	1.16	0.48:		1.218	0.601	0.249:
	8 44	17.5	6.70	2.52	2.85	1.52	0.59:		1.131	0.603	0.234:
	9 6	21.7	7.89	2.82	3.45	1.73	0.74:		1.223	0.613	0.262:
	10 28	36.1	10.64	3.89	4.67	2.39	1.07		1.201	0.614	0.275
	11 0	40.7	11.59	4.22	5.16	2.67	1.16		1.223	0.633	0.275
	11 47	45.6	12.09	4.46	5.55	2.82	1.25		1.244	0.632	0.280

Tag	Zeit	$h_{\odot}$	Total	BG7	GG14	OG2	RG1	Bem.	G/B	O/B	R/B
1953											
Juni 1	12^h13^m	47°.3	11.49	4.22	5.22	2.71	1.16		1.237	0.642	0.275
2	8 22	12.9	6.00	2.24	2.67	1.35	0.52:		1.192	0.603	0.232:
	8 58	20.1	8.45	3.11	3.81	2.14	0.74:		1.225	0.688	0.238:
	9 32	26.6	9.71	3.45	4.32	2.24	0.99		1.252	0.649	0.287
	10 33	36.8	11.01	4.06	5.07	2.67	1.16		1.249	0.658	0.286
	15 34	31.4	9.71	3.57	4.40	2.30	0.99		1.232	0.644	0.277
	16 15	24.0	8.41	3.11	3.69	1.93	0.82:		1.186	0.621	0.624:
	16 55	16.2	7.60	2.74	3.23	1.73	0.67:		1.179	0.631	0.245:
	17 44	6.1	4.46	1.71	2.14	1.07	0.45:		1.251	0.626	0.263:
3	8 17	11.7	5.55	2.09	2.45	1.25	0.45:		1.172	0.598	0.215:
	8 52	18.8	7.53	2.74	3.18	1.69	0.67:		1.161	0.617	0.245:
	9 32	26.4	9.04	3.18	3.81	1.93	0.74		1.198	0.607	0.233
	10 13	33.6	10.17	3.69	4.46	2.30	0.95		1.209	0.623	0.257
	10 44	38.3	11.01	4.06	4.87	2.52	1.07		1.200	0.621	0.264
	15 39	30.5	9.71	3.57	4.32	2.24	0.99		1.210	0.627	0.277
	16 49	17.3	7.71	2.78	3.27	1.71	0.67:		1.176	0.615	0.241:
	17 22	10.8	6.10	2.24	2.74	1.35	0.52:		1.223	0.603	0.232:
4	8 29	14.1	5.71	2.14	2.45	1.16	0.45:		1.145	0.542	0.210:
	9 1	20.5	7.39	2.67	3.00	1.54	0.59:		1.124	0.577	0.221:
	9 35	26.8	8.45	3.00	3.50	1.83	0.74:		1.167	0.610	0.247:
	10 29	35.9	10.54	3.74	4.46	2.30	0.99		1.193	0.615	0.265
	11 16	42.3	11.20	4.06	4.87	2.52	1.12		1.200	0.621	0.276
	11 44	45.0	11.59	4.19	5.04	2.56	1.11		1.203	0.611	0.265
	15 35	31.1	9.26	3.41	4.19	2.16	0.93		1.229	0.633	0.273
	16 8	25.2	8.45	3.00	3.74	1.93	0.82:		1.247	0.643	0.273:
	17 4	14.4	6.63	2.49	2.93	1.54	0.59:		1.177	0.618	0.237:
	17 37	7.6	4.96	1.83	2.30	1.16	0.45:		1.257	0.634	0.246:
5	8 31	14.5	5.77	2.16	2.58	1.31	0.52:		1.194	0.606	0.241:
	9 1	20.4	7.71	2.78	3.23	1.69	0.59:		1.162	0.608	0.212:
	9 43	28.2	9.62	3.45	4.14	2.14	0.90		1.200	0.620	0.261
	10 32	36.3	11.11	3.94	4.73	2.45	1.07		1.201	0.622	0.272
	11 20	42.6	11.98	4.40	5.25	2.74	1.16		1.193	0.623	0.264
	15 26	32.5	10.26	3.89	4.73	2.52	1.12		1.216	0.648	0.288
6	8 34	15.0	5.91	2.14	2.56	1.25	0.45:		1.196	0.584	0.210:
	9 18	23.5	8.64	3.00	3.64	1.89	0.59:		1.213	0.630	0.197:
	9 42	27.9	9.94	3.25	4.14	2.07	0.79		1.274	0.637	0.243
	10 23	34.8	10.54	3.74	4.51	2.35	0.95		1.206	0.628	0.254
	11 0	40.1	11.06	3.94	4.73	2.35	0.99		1.201	0.596	0.251
	11 37	44.3	12.09	4.32	5.25	2.67	1.12		1.215	0.618	0.259
	15 27	32.3	9.76	3.48	4.22	2.16	0.90		1.213	0.621	0.259
	16 13	24.2	9.04	3.18	3.74	1.93	0.74:		1.176	0.607	0.233:
	17 28	9.5	5.42	1.95	2.41	1.16	0.45:		1.236	0.595	0.231:
7	8 34	14.9	5.77	2.14	2.52	1.12	0.45:		1.178	0.523	0.210:
	9 7	21.3	7.35	2.60	3.00	1.52	0.52:		1.154	0.585	0.200:
	10 42	37.5	10.54	3.69	4.46	2.30	0.90		1.209	0.623	0.244
	15 8	35.4	9.53	3.32	4.06	2.03	0.85		1.223	0.611	0.256
	16 21	22.8	8.45	2.89	3.45	1.63	0.59:		1.194	0.564	0.204:

Tag	Zeit	$h_\odot$	Total	BG7	GG14	OG2	RG1	Bem.	G/B	O/B	R/B
1953											
Juni 7	$17^h\ 7^m$	13°.7	6.28	2.35	2.56	1.35	0.45:		1.089	0.574	0.191:
8	10 52	38.9	9.48	3.23	3.94	2.03	0.74:		1.220	0.628	0.229:
	11 27	43.0	11.01	3.89	4.73	2.35	0.99		1.216	0.604	0.254
	12 1	45.9	11.63	4.19	5.02	2.52	1.07		1.198	0.601	0.255
	15 24	32.8	9.80	3.45	4.22	2.14	0.85:		1.223	0.620	0.246:
	16 13	24.3	8.53	3.00	3.69	1.89	0.67:		1.230	0.630	0.223:
	17 5	14.2	6.99	2.52	2.96	1.25	0.52:		1.175	0.496	0.206:
9	8 49	18.0	6.81	2.45	2.89	1.44	0.52:		1.180	0.588	0.212:
	9 28	25.2	8.37	2.96	3.50	1.77	0.59:		1.182	0.598	0.199:
	10 40	37.0	10.26	3.64	4.46	2.30	0.90		1.225	0.632	0.247
	15 45	29.2	8.45	3.00	3.64	1.89	0.74:		1.213	0.630	0.247:
	16 18	23.3	8.00	2.82	3.41	1.71	0.59:		1.209	0.606	0.209:
	17 2	14.7	6.45	2.35	2.56	1.31	0.45:		1.089	0.557	0.191:
	17 33	8.4	5.02	1.83	2.24	1.07	0.34:		1.224	0.585	0.186:
10	15 35	30.9	8.64	3.00	3.57	1.83	0.67:		1.190	0.610	0.223:
	16 17	23.5	8.15	2.89	3.41	1.69	0.59:		1.180	0.585	0.204:
	16 59	15.3	6.99	2.52	2.89	1.44	0.49:		1.147	0.571	0.194:
	17 31	8.9	5.25	1.93	2.32	1.07	0.40:		1.202	0.554	0.207:
11	9 12	22.0	6.92	2.45	2.78	1.35	0.45:		1.135	0.551	0.184:
	9 35	26.2	8.00	2.76	3.18	1.54	0.52:		1.152	0.558	0.188:
	11 2	39.8	9.62	3.41	4.06	2.03	0.74:		1.191	0.595	0.217:
	11 47	44.5	9.76	3.45	4.14	2.09	0.82:		1.200	0.606	0.238:
	15 25	32.6	9.17	3.23	3.94	1.93	0.74:		1.220	0.598	0.229:
	16 7	25.3	8.45	2.93	3.45	1.73	0.59:		1.177	0.590	0.201:
	17 2	14.9	6.92	2.45	2.78	1.35	0.45:		1.135	0.551	0.184:
	17 38	7.4	4.73	1.73	2.09	0.95	0.34:		1.208	0.549	0.197:
12	15 32	31.3	8.76	3.11	3.69	1.89	0.67:		1.186	0.608	0.215:
	16 18	23.3	8.08	2.82	3.27	1.69	0.52:		1.160	0.599	0.184:
	17 16	11.9	6.10	2.14	2.54	1.20	0.45:		1.187	0.561	0.210:
	17 53	3.6	3.41	1.18	1.54	0.59:	0.27:		1.305	0.500:	0.229:
13	9 33	25.7	7.53	2.67	3.11	1.54	0.52:		1.165	0.577	0.195:
	10 41	36.9	10.08	3.50	4.16	2.09	0.74:		1.189	0.597	0.211:
	11 29	42.7	11.59	4.19	5.02	2.52	1.07		1.198	0.601	0.255
	15 44	29.4	8.45	3.00	3.57	1.77	0.67:		1.190	0.590	0.223:
	17 4	14.3	6.63	2.35	2.78	1.35	0.49:		1.183	0.574	0.209:
14	15 20	33.3	10.17	3.69	4.59	2.35	0.95		1.243	0.637	0.257
	16 18	23.3	9.17	3.23	3.91	1.97	0.74:		1.211	0.610	0.229:
	17 2	14.8	7.28	2.56	3.00	1.54	0.59:		1.172	0.602	0.230:
15	9 46	27.9	7.89	2.78	3.27	1.69	0.59:		1.176	0.608	0.212:
	11 54	44.8	10.64	3.67	4.46	2.24	0.90		1.215	0.610	0.245
	15 23	32.9	8.37	2.89	3.43	1.69	0.52:		1.187	0.585	0.180:
	16 36	19.9	6.92	2.35	2.74	1.25	0.37:		1.166	0.532	0.157:
	17 20	11.2	5.31	1.83	2.14	0.95	0.27:		1.169	0.519	0.148:
16	9 36	26.1	7.39	2.56	3.00	1.50	0.45:		1.172	0.586	0.176:
	10 52	38.1	10.03	3.45	4.19	2.11	0.74:		1.214	0.612	0.214:
	15 56	27.3	8.08	2.60	3.27	1.63	0.52:		1.258	0.627	0.200:
	17 28	9.6	5.25	1.89	2.24	0.99	0.29:		1.185	0.524	0.153:
17	9 3	19.9	7.28	2.52	3.04	1.54	0.45:		1.206	0.611	0.179:

Tag	Zeit	$h_\odot$	Total	BG7	GG14	OG2	RG1	Bem.	G/B	O/B	R/B
1953											
Juni 17	15^h35^m	$30^\circ.9$	8.64	3.00	3.69	1.93	0.59:		1.230	0.643	0.197:
	16 56	16.0	6.92	2.45	2.89	1.35	0.45:		1.180	0.551	0.184:
	17 35	8.1	4.96	1.83	2.14	0.95	0.28:		1.169	0.519	0.153:
18	9 25	24.0	7.28	2.49	2.89	1.31	0.40:		1.161	0.526	0.161:
	11 5	39.7	10.64	3.64	4.32	2.14	0.67		1.187	0.588	0.184
	15 20	33.4	9.26	3.18	3.89	1.93	0.59:		1.223	0.607	0.186:
	16 6	25.5	8.45	2.89	3.45	1.69	0.52:		1.194	0.585	0.180:
	16 54	16.4	7.06	2.49	2.89	1.35	0.40		1.161	0.542	0.161
	17 30	9.2	5.25	1.83	2.24	0.99	0.29:		1.224	0.541	0.158:
19	9 35	25.7	7.60	2.56	3.00	1.48	0.45:		1.172	0.578	0.176:
	10 53	38.1	9.71	3.41	4.06	2.03	0.67:		1.191	0.595	0.196:
	15 39	30.3	8.64	2.96	3.62	1.75	0.59:		1.223	0.591	0.199:
	17 11	13.1	6.28	2.14	2.56	1.16	0.34:		1.196	0.542	0.159:
	17 36	8.0	4.73	1.69	2.03	0.82:	0.24:		1.201	0.485:	0.142:
20	9 36	25.9	7.75	2.71	3.11	1.54	0.45:		1.148	0.568	0.166:
	10 57	38.7	9.71	3.41	4.14	2.09	0.74:		1.214	0.613	0.217:
	11 36	43.1	11.34	3.94	4.73	2.35	0.90		1.201	0.596	0.228
	12 17	46.0	11.59	3.94	4.96	2.45	0.90		1.259	0.622	0.228
	15 19	33.6	9.94	3.45	4.24	2.14	0.74:		1.229	0.620	0.214:
	16 11	24.7	9.17	3.11	3.81	1.89	0.59:		1.225	0.608	0.190:
	17 8	13.7	6.70	2.35	2.78	1.31	0.40:		1.183	0.557	0.170:
21	9 21	23.1	7.64	2.60	3.11	1.54	0.45:		1.196	0.592	0.173:
	10 49	37.5	10.87	3.74	4.59	2.28	0.74:		1.227	0.610	0.198:
	11 31	42.6	11.11	3.99	4.87	2.45	0.90		1.221	0.614	0.226
	11 57	44.8	11.68	4.14	5.02	2.45	0.90		1.213	0.592	0.217
	17 6	14.2	6.21	2.14	2.60	1.16	0.34:		1.215	0.542	0.159:
	17 40	7.3	4.32	1.54	2.03	0.90	0.27:		1.318	0.584	0.175:
22	9 22	23.1	7.64	2.67	3.18	1.54	0.52:		1.191	0.577	0.195:
	10 33	35.2	10.87	3.69	4.67	2.35	0.82:		1.266	0.637	0.222:
	11 24	41.8	11.34	3.94	4.96	2.49	0.99		1.259	0.632	0.251:
	15 48	28.8	9.62	3.45	4.37	2.28	0.90		1.267	0.661	0.261
	17 23	10.9	6.35	2.24	2.74	1.31	0.45:		1.223	0.585	0.201:
	17 56	4.0	3.45	1.20	1.71	0.67:	0.24:		1.425	0.558:	0.200:
23	8 48	16.7	6.63	2.35	2.78	1.35	0.40:		1.183	0.574	0.170:
	9 45	27.5	9.80	3.34	4.14	2.03	0.67:		1.240	0.608	0.201:
	10 44	36.8	11.11	3.94	4.79	2.35	0.90		1.216	0.596	0.228
	12 11	45.6	12.09	4.32	5.46	2.78	1.16		1.264	0.644	0.269
	15 19	33.7	11.34	3.94	5.02	2.52	0.99		1.274	0.640	0.251
	16 21	23.0	10.08	3.41	4.32	2.14	0.74:		1.267	0.628	0.217:
	17 16	12.3	6.99	2.39	2.78	1.44	0.45:		1.163	0.603	0.188:
	17 44	6.6	4.73	1.63	2.14	0.99	0.34:		1.313	0.607	0.209:
24	8 52	17.5	6.94	2.35	2.89	1.35	0.45:		1.230	0.574	0.191:
	9 41	26.6	9.71	2.23	3.94	1.93	0.59:		1.220	0.598	0.183:
	10 45	36.9	10.96	3.69	4.67	2.30	0.82:		1.266	0.623	0.222:
	11 35	42.9	12.09	4.19	5.25	2.56	0.99		1.253	0.611	0.236
	15 29	32.1	10.64	3.74	4.67	2.35	0.90		1.249	0.628	0.241
	16 26	22.1	10.26	3.45	4.40	2.14	0.74:		1.275	0.620	0.214:
	17 8	14.2	7.71	2.56	3.23	1.57	0.52:		1.262	0.613	0.203:

Tag	Zeit	$h_{\odot}$	Total	BG7	GG14	OG2	RG1	Bem.	G/B	O/B	R/B
1953											
Juni 24	17^h37^m	8°3	5.55	1.93	2.49	1.16	0.40:		1.290	0.601	0.207:
25	8 42	15.4	6.56	2.30	2.78	1.31	0.45:		1.209	0.570	0.196:
	10 7	31.1	10.64	3.67	4.40	2.14	0.74:		1.199	0.583	0.202:
	10 52	37.9	11.49	3.94	4.87	2.39	0.90		1.236	0.607	0.228
	12 5	45.3	11.83	4.14	5.16	2.52	0.95		1.246	0.609	0.229
	15 29	32.2	10.64	3.81	4.79	2.45	0.95		1.257	0.643	0.249
	16 18	23.6	9.71	3.34	4.19	2.09	0.74:		1.254	0.626	0.222:
	17 28	9.9	5.95	2.14	2.60	1.20	0.37:		1.215	0.561	0.173:
Juli 1	8 48	16.5	8.00	2.78	3.69	1.89	0.59:		1.327	0.680	0.212:
	10 6	30.9	11.01	3.91	5.16	2.60	1.07		1.320	0.665	0.274
	11 3	39.4	12.61	4.59	6.10	3.02	1.25		1.329	0.658	0.272
	15 41	30.7	11.11	4.14	5.46	2.78	0.95		1.319	0.671	0.229
	17 15	13.0	7.71	2.67	3.57	1.83	0.59:		1.337	0.685	0.221:
2	8 43	15.5	7.06	2.45	3.11	1.63	0.59:		1.269	0.665	0.241:
	9 58	29.5	10.40	3.64	4.73	2.45	1.07		1.299	0.673	0.294
	10 56	38.5	12.34	4.46	5.71	2.96	1.31		1.280	0.664	0.294
5	9 11	21.1	8.84	3.16	3.94	2.09	0.90		1.247	0.661	0.285
	10 32	35.2	13.61	4.79	6.21	3.04	1.38		1.296	0.635	0.288
	11 19	41.4	13.74	5.02	6.56	3.23	1.44		1.307	0.643	0.287
	15 12	35.7	10.54	3.81	4.73	2.52	1.07		1.241	0.661	0.281
	16 13	25.3	9.48	3.34	4.06	2.14	0.90		1.216	0.641	0.269
	17 20	12.2	6.59	2.35	2.89	1.50	0.52:		1.230	0.638	0.221:
	17 44	7.3	4.93	1.79	2.30	1.16	0.45:		1.285	0.648	0.251:
6	8 51	17.2	6.63	2.39	2.78	1.44	0.49:		1.163	0.603	0.205:
	9 42	26.8	9.04	3.11	3.74	1.93	0.74:		1.203	0.621	0.238:
	10 57	38.8	10.87	3.89	4.73	2.45	1.12		1.216	0.630	0.288
	11 54	45.1	11.34	4.06	5.02	2.60	1.16		1.236	0.640	0.286
	15 28	33.2	9.71	3.45	4.19	2.18	0.90		1.214	0.632	0.261
	16 56	17.2	7.64	2.67	3.11	1.63	0.59:		1.165	0.610	0.221:
	17 46	6.9	4.73	1.75	2.18	1.04	0.40:		1.246	0.594	0.229:
7	8 51	17.1	6.56	2.35	2.76	1.35	0.59:		1.174	0.574	0.251:
	9 53	28.8	9.48	3.23	3.94	2.03	0.82:		1.220	0.628	0.254:
	10 55	38.6	11.34	4.06	4.96	2.52	1.12		1.222	0.621	0.276
	12 47	47.5	11.59	4.16	5.02	2.56	1.14		1.207	0.615	0.274
	15 28	33.7	11.01	3.94	4.87	2.52	1.14		1.236	0.640	0.289
	16 15	25.1	10.17	3.62	4.37	2.24	0.99		1.207	0.619	0.273
	17 4	15.5	7.96	2.82	3.64	1.77	0.74:		1.291	0.628	0.262:
	17 39	8.5	5.91	2.14	2.67	1.35	0.59:		1.248	0.631	0.276:
8	11 2	39.6	10.64	3.81	4.59	2.35	1.02		1.205	0.617	0.268
	15 18	35.0	11.11	3.94	4.87	2.52	1.14		1.236	0.640	0.289
	16 26	23.2	8.84	3.18	3.69	1.93	0.82:		1.160	0.607	0.258:
9	11 2	39.7	10.87	3.94	4.73	2.45	1.07		1.201	0.622	0.272
	11 46	44.6	12.09	4.32	5.16	2.67	1.16		1.194	0.618	0.269
	15 29	33.3	10.73	3.89	4.73	2.39	1.02		1.216	0.614	0.262
	16 15	25.3	10.08	3.57	4.32	2.14	0.90		1.210	0.599	0.252
	17 21	12.4	7.06	2.56	3.00	1.54	0.59:		1.172	0.602	0.230:
10	9 28	24.4	8.76	3.11	3.81	1.93	0.82:		1.225	0.621	0.264:
	10 2	30.5	10.17	3.67	4.46	2.35	0.97		1.215	0.640	0.264

Tag	Zeit	$h_{\odot}$	Total	BG7	GG14	OG2	RG1	Bem.	G/B	O/B	R/B
1953											
Juli 10	10^h56^m	38°5	12.09	4.43	5.38	2.76	1.18		1.214	0.623	0.266
	15 53	29.4	10.26	3.74	4.59	2.39	1.07		1.227	0.639	0.286
	17 9	14.9	8.00	2.82	3.50	1.83	0.74:		1.241	0.649	0.262:
	17 47	7.1	5.25	1.93	2.52	1.25	0.52:		1.306	0.648	0.269:
11	9 29	24.7	9.48	3.41	4.24	2.24	0.95		1.243	0.657	0.279
	10 51	38.3	13.74	5.02	6.28	3.18	1.44		1.251	0.633	0.287
	15 38	32.0	12.34	4.67	5.95	3.00	1.35		1.274	0.642	0.289
	16 23	24.0	11.11	4.14	5.25	2.74	1.16		1.268	0.662	0.280
12	9 52	28.9	9.26	3.23	3.94	2.03	0.85:		1.220	0.628	0.263:
	11 2	40.0	10.96	3.89	4.67	2.39	1.02		1.201	0.614	0.262
	11 50	45.3	11.49	4.06	4.96	2.52	1.07		1.222	0.621	0.264
	15 40	31.8	10.17	3.64	4.46	2.32	0.99		1.225	0.637	0.272
	16 27	23.4	9.26	3.23	3.94	2.07	0.82:		1.220	0.641	0.254:
	17 24	12.1	6.45	2.35	2.78	1.50	0.59:		1.183	0.638	0.251:
14	9 50	28.7	9.71	3.45	4.32	2.30	0.99		1.252	0.667	0.287
	11 9	41.1	13.43	4.87	6.10	3.23	1.31		1.253	0.663	0.269
	15 32	33.4	11.11	4.11	5.02	2.60	1.16		1.221	0.633	0.282
	16 35	22.0	9.62	3.41	4.14	2.09	0.90		1.214	0.613	0.264
	17 33	10.4	6.59	2.37	2.93	1.54	0.59:		1.236	0.650	0.249:

VIII. Messungen der Polarisationsgröße in der Zenitgegend

876 Messungen

Tag	Zeit	$h_\odot$	i_1	i_2	P
1952	Beobachtungsort: Farm Voigtland $\varphi = -22°35'$ H = 1890 m				
Juli 26	9^h24^m	24°4	3.00	1.54	0.344
	9 42	26.5	3.18	1.71	0.316
	10 13	31.9	3.36	2.07	0.241
	12 22	47.1	3.55	2.52	0.139
	13 18	47.7	3.69	2.58	0.144
	16 11	26.7	3.27	1.40	0.423
	16 22	24.7	3.25	1.27	0.469
	17 52	6.6	2.14	0.62	0.623
27	7 45.5	3.2	1.35	0.52	0.502
	10 24	34.3	3.96	2.56	0.213
	11 38.5	44.0	4.40	3.02	0.163
	12 26	47.5	4.48	3.32	0.121
	13 17	48.0	4.59	3.20	0.144
	15 37	32.8	3.81	2.14	0.283
	17 40.5	9.2	2.71	0.92	0.557
28	10 8	31.5	3.64	2.11	0.271
	11 43	44.7	4.35	3.20	0.131
	12 49	48.5	4.59	3.29	0.131
	15 39	32.7	3.81	2.45	0.219
	16 59	17.8	3.23	1.42	0.431
29	10 33.5	35.8	3.09	1.71	0.282
	11 55.5	46.0	4.29	3.00	0.149
	13 18	48.4	3.81	2.78	0.124
	15 46.5	31.5	3.09	1.44	0.372
	17 16.5	14.4	2.91	0.93	0.577
30	10 32	35.8	4.04	2.67	0.200
	11 21	42.7	4.16	2.78	0.178
	11 42	45.0	4.56	3.39	0.126
	12 40	48.7	4.16	3.11	0.114
	15 35	33.7	3.64	2.01	0.289
	16 9	27.7	3.57	1.81	0.343
	16 49	20.0	3.34	1.38	0.455
31	10 36.5	36.7	3.79	2.69	0.164
	10 48	38.4	4.09	2.87	0.167
	15 28.5	34.9	3.55	1.87	0.307
	16 49	20.2	3.29	1.27	0.483
Aug. 1	8 37	14.6	2.60	0.80	0.592
	10 9	32.2	3.43	2.03	0.259
	11 44	45.7	4.32	3.00	0.153
2	10 13	33.2	3.29	1.87	0.276
	10 43	38.1	3.67	2.14	0.252
	12 0	47.4	4.11	2.82	0.152
	15 52	31.2	3.34	2.05	0.245
	17 9	16.4	2.71	0.82	0.596
	17 32.5	11.6	2.56	0.76	0.610
3	9 29	25.3	3.13	1.50	0.375
	10 47	38.9	3.74	2.37	0.212

Tag	Zeit	$h_\odot$	i_1	i_2	P
1952					
Aug. 3	$11^h 49^m$	46°7	4.01	2.67	0.167
	12 31	49.5	4.14	2.87	0.141
	13 11	49.8	4.35	3.13	0.125
	17 24	13.4	2.63	0.79	0.602
4	9 8	21.4	3.11	1.44	0.399
	10 27	36.0	3.39	1.83	0.293
	11 53	47.3	4.06	2.74	0.159
	15 29	35.5	3.55	1.97	0.282
	16 54	19.6	3.25	1.46	0.417
5	8 50	17.9	3.20	1.42	0.426
	10 16	34.3	4.06	2.58	0.222
	10 45	39.1	4.29	2.96	0.172
	11 52	47.5	4.54	3.39	0.118
	15 4	39.6	4.27	2.67	0.217
	16 15	27.4	3.59	1.73	0.368
	17 3.5	17.8	3.29	1.42	0.439
6	8 45	17.0	2.85	1.25	0.432
	10 7	32.9	3.41	2.16	0.226
	11 6	42.3	4.01	2.56	0.198
	17 4	17.8	3.02	1.42	0.388
7	8 45	17.2	3.04	1.14	0.504
	10 0	31.8	3.57	1.95	0.298
	10 25	36.2	4.29	2.47	0.263
	11 9	43.0	4.40	2.85	0.189
	15 12	38.8	3.89	2.52	0.202
	16 50	20.5	3.41	1.63	0.386
8	8 45	17.3	2.96	1.07	0.521
	9 48	29.8	3.43	1.65	0.362
	10 58	41.7	3.91	2.28	0.240
	14 56	41.5	4.29	3.27	0.123
	16 31	24.8	3.57	1.77	0.360
	17 42	10.2	2.74	0.87	0.584
9	8 45	17.5	3.16	1.18	0.505
	9 47	29.5	3.94	1.93	0.355
	10 42	39.5	4.59	3.16	0.173
	15 11	39.4	5.31	3.45	0.200
	16 36	24.0	4.24	2.16	0.349
10	8 51	18.9	2.93	1.05	0.521
	9 55	31.5	3.57	1.83	0.329
	11 26	45.9	3.94	3.07	0.105
	15 15	39.0	3.71	2.32	0.219
	16 13	29.0	3.57	1.83	0.335
	17 54	7.7	2.45	0.84	0.553
11	8 51	19.2	3.27	1.54	0.395
	10 2	33.1	3.86	2.30	0.255
	10 44	40.3	4.32	3.07	0.157
	14 56	42.0	4.11	2.71	0.186
	17 47	9.3	2.52	0.76	0.606

Tag	Zeit	$h_\odot$	i_1	i_2	P
1952					
Aug. 13	8^h49^m	19.°0	3.25	1.46	0.418
	10 31	38.6	4.29	2.74	0.209
	15 5	41.2	5.13	3.76	0.141
	16 24	26.9	4.48	2.67	0.267
14	8 41	17.7	3.25	1.44	0.426
	10 10	35.2	4.35	2.98	0.184
	14 49	43.8	4.29	2.85	0.177
	15 58	32.0	3.86	2.07	0.307
	18 5	5.9	2.14	0.61	0.630
15	11 36	48.6	7.03	5.84	0.073
	18 28	0.8	0.88	0.25	0.635
16	9 24	26.9	6.00	3.41	0.290
	11 5	44.8	9.94	8.48	0.684
17	9 10	24.3	6.10	3.86	0.241
	10 49	42.7	7.85	5.62	0.148
	15 36	36.6	6.85	4.87	0.164
	17 36	12.5	3.59	1.69	0.403
18	8 15	12.9	4.16	2.28	0.327
	9 32	29.1	6.63	4.24	0.228
	10 59	44.5	9.94	8.15	0.084
	15 23	39.1	7.82	6.07	0.118
	16 30	26.4	5.68	3.43	0.261
19	8 30	16.3	4.32	2.41	0.314
	8 51	20.8	5.22	2.93	0.306
	9 47	32.1	6.24	4.11	0.208
	11 27	48.7	8.30	6.52	0.095
	15 24	39.2	7.75	6.03	0.117
20	10 40	42.0	9.04	7.42	0.089
21	8 38	18.4	2.91	1.07	0.511
	9 23	27.9	3.69	2.16	0.273
	11 14	47.6	4.35	3.36	0.104
	15 29	38.5	3.52	2.28	0.207
22	9 13	25.0	3.11	1.52	0.367
	10 28	40.5	3.62	2.28	0.211
	15 13	41.7	3.84	2.85	0.135
	16 38	25.2	3.23	1.71	0.328
23	8 49	21.3	3.59	1.83	0.353
	10 17	38.8	4.79	3.02	0.215
25	17 50	10.2	3.00	1.38	0.416
27	17 28	14.8	2.80	0.95	0.551
28	8 51	22.7	3.13	1.35	0.430
	10 2	37.4	3.59	2.26	0.219
	10 59	47.5	4.11	3.27	0.093
	15 17	42.1	3.74	2.39	0.198
29	8 54	23.8	3.09	1.63	0.332
	10 11	39.3	3.59	2.39	0.189
	15 7	44.0	3.81	2.56	0.171
	16 13	31.3	3.50	1.93	0.295

Tag	Zeit	$h_{\odot}$	i_1	i_2	P
1952					
Aug. 29	17^h10^m	19°.2	3.13	1.25	0.472
30	9 2	25.6	3.32	1.63	0.364
	10 27	42.0	4.06	3.02	0.133
	15 24	41.2	3.94	2.49	0.207
	16 26	28.8	3.43	1.69	0.354
	17 57	8.9	2.28	0.58	0.672
31	8 57	24.8	3.18	1.67	0.333
	10 39	44.6	4.04	3.13	0.109
	16 18	30.6	3.62	1.81	0.336
	17 57	9.0	2.65	0.87	0.570
Sept. 1	8 32	19.6	3.04	1.48	0.378
	10 11	40.2	3.76	2.69	0.154
	15 31	40.2	3.64	2.37	0.197
	17 6	20.2	3.00	1.09	0.512
	18 10	6.2	2.14	0.53	0.683
2	16 28	28.7	3.25	1.65	0.340
3	8 32	20.0	3.25	1.65	0.357
	9 30	32.5	3.79	2.30	0.247
	10 50	47.9	5.19	4.14	0.091
4	8 37	21.3	3.23	1.63	0.358
	9 41	35.0	3.94	2.63	0.198
	11 12	51.9	4.99	4.32	0.051
	15 46	37.6	4.06	2.45	0.238
	18 10	6.5	2.09	0.59	0.634
5	8 9	15.5	3.34	1.59	0.395
	9 19	30.8	4.43	2.80	0.230
	10 38	46.5	5.95	4.73	0.095
	15 22	42.7	5.19	3.52	0.172
	17 25	16.7	3.55	1.54	0.439
	17 58	9.2	2.91	1.14	0.493
6	8 43	23.6	4.35	2.45	0.301
	10 4	40.4	5.49	4.27	0.115
	10 19	43.3	7.49	6.59	0.056
	15 39	39.2	5.62	3.86	0.176
7	10 15	42.7	7.49	5.97	0.101
	15 35	40.3	7.53	5.31	0.160
	17 25	16.9	4.87	2.69	0.319
8	10 15	42.9	7.46	5.77	0.114
	15 29	41.7	5.52	3.99	0.146
	16 58	23.0	3.96	1.91	0.377
9	8 45	24.4	3.62	1.99	0.311
	10 41	48.3	5.62	4.48	0.090
	15 30	41.6	4.54	2.96	0.163
	17 33	15.2	3.23	1.27	0.486
10	8 30	21.4	3.52	1.79	0.354
	9 38	36.1	4.48	3.04	0.187
	15 19	44.0	4.75	3.25	0.164
	17 39	13.9	3.02	1.04	0.546

Tag	Zeit	$h_\odot$	i_1	i_2	P
1952					
Sep. 11	$8^h 10^m$	16°9	3.67	1.97	0.333
	9 54	39.8	4.75	3.52	0.139
	15 15	44.9	4.11	2.80	0.164
	17 23	17.5	3.00	1.16	0.490
12	8 38	23.6	3.11	1.54	0.364
	10 3	43.0	3.74	2.71	0.142
	11 2	53.3	4.24	3.55	0.060
	15 42	39.7	3.74	2.35	0.213
	16 59	23.0	2.91	1.14	0.472
13	8 27	21.1	3.07	1.50	0.375
	9 44	38.3	3.45	2.49	0.154
	11 3	53.5	4.29	3.50	0.069
	15 42	39.9	3.69	2.22	0.232
14	9 49	39.5	4.73	3.48	0.143
	15 43	39.8	6.88	5.10	0.139
	17 10	20.6	4.48	2.49	0.311
15	9 18	33.1	3.71	2.39	0.217
	10 24	46.8	4.40	3.52	0.092
	11 16	56.2	4.87	4.19	0.045
	15 17	45.3	3.96	2.74	0.155
	16 56	24.0	3.25	1.38	0.429
	17 51	11.5	2.67	0.74	0.637
16	9 35	37.0	3.86	2.58	0.192
	10 49	52.1	4.73	3.76	0.082
	15 17	45.5	4.04	2.78	0.157
	16 48	25.9	3.34	1.46	0.416
17	9 26	35.2	3.39	2.07	0.238
	10 39	50.4	4.11	3.32	0.080
	15 14	46.4	3.69	2.45	0.169
	17 20	18.8	3.00	1.09	0.515
18	10 35	49.9	4.46	3.62	0.080
	14 49	51.2	4.22	3.11	0.112
	17 22	18.5	3.07	1.21	0.480
20	8 45	27.2	3.96	2.49	0.240
	10 2	44.0	5.10	4.19	0.086
	17 18	19.5	3.71	1.87	0.361
21	8 40	26.3	4.51	2.74	0.259
	10 33	52.2	7.21	6.21	0.053
25	8 34	25.9	3.20	1.69	0.328
	9 48	42.5	3.69	2.65	0.147
	15 43	41.2	3.59	2.37	0.188
	17 5	22.8	3.11	1.16	0.495
	17 50	12.5	2.74	0.77	0.631
26	9 6	33.5	3.55	2.16	0.244
	10 22	50.0	4.09	3.25	0.088
27	8 50	30.3	3.41	2.03	0.261
	10 4	46.4	4.01	3.13	0.103
	15 19	46.1	4.22	2.93	0.151

Tag	Zeit	$h_{\odot}$	i_1	i_2	P
1952					
Sep. 28	8^h47^m	29°9	3.84	2.37	0.244
	10 18	49.6	4.73	3.84	0.080
	15 45	41.2	3.81	2.37	0.214
	16 57	24.9	3.55	1.60	0.405
	17 59	10.7	2.71	0.76	0.634
29	8 22	24.2	3.23	1.73	0.324
	10 10	48.2	4.09	3.27	0.089
	17 4	23.4	3.27	1.25	0.482
	18 10	8.2	2.30	0.59	0.671
30	8 25	25.1	3.13	1.57	0.354
	17 42	14.7	2.89	0.99	0.548
	18 33	2.9	1.67	0.52	0.595
Okt. 1	8 6	21.0	3.64	1.89	0.345
	15 40	42.5	5.34	4.11	0.117
	16 56	25.4	4.29	2.65	0.251
Beobachtungsort: Farm Voigtsgrund $\varphi = -24°50'$ H = 1275 m					
Okt. 4	16 43	28.3	4.32	2.60	0.259
5	8 36	28.5	5.10	3.41	0.207
	15 31	44.2	4.93	3.67	0.127
	16 32	30.8	4.19	2.52	0.255
	17 56	11.9	3.18	1.52	0.396
6	8 26	27.7	4.67	2.74	0.284
	9 44	43.8	7.64	6.28	0.086
	15 23	46.0	6.94	5.28	0.115
	16 29	31.5	5.46	3.50	0.222
	17 34	16.7	4.16	2.37	0.303
9	8 13	24.2	7.03	4.46	0.240
	9 32	42.0	9.53	7.67	0.098
	15 32	44.5	7.93	6.35	0.095
	16 36	30.2	6.21	4.09	0.211
	17 25	19.2	4.65	2.39	0.353
10	8 25	27.2	4.99	3.09	0.247
	10 20	52.5	6.52	5.87	0.037
	16 58	25.3	4.29	2.11	0.363
	17 52	13.2	3.32	1.29	0.494
11	8 32	29.0	4.19	2.18	0.328
	9 20	39.8	5.02	3.57	0.158
	16 45	28.4	4.16	2.35	0.290
	17 27	18.9	3.57	1.44	0.467
	18 7	9.9	2.87	1.04	0.530
12	8 5	23.1	3.74	1.93	0.345
	9 15	38.9	4.56	3.07	0.184
	17 44	15.2	3.50	1.65	0.400
13	8 5	23.3	4.59	2.65	0.288
15	7 45	19.2	4.01	2.20	0.320
	8 44	32.4	5.10	3.55	0.181
16	8 19	27.0	4.67	2.98	0.233

Tag	Zeit	$h_\odot$	i_1	i_2	P
1952					
Okt. 16	18h27m	5.°9	2.35	0.85	0.530
17	7 26	15.3	3.36	1.75	0.350
	8 34	30.6	4.32	2.82	0.216
	18 9	9.9	2.74	0.90	0.570
18	8 3	23.8	3.76	2.18	0.286
	16 40	30.2	4.01	2.45	0.248
	17 58	12.6	2.98	1.29	0.444
19	7 38	18.3	3.25	1.57	0.384
	9 0	36.9	4.09	2.89	0.166
	16 50	28.1	3.50	1.67	0.370
	18 25	6.7	2.28	0.59:	0.668:
21	8 1	23.9	3.69	1.99	0.321
	8 52	35.2	4.35	2.87	0.201
22	8 11	26.4	4.35	2.67	0.253
	9 33	44.4	5.34	4.35	0.088
24	16 18	35.8	4.75	3.20	0.191
	17 3	25.6	3.99	2.20	0.308
	18 5	11.6	2.96	1.21	0.471
25	16 20	35.5	5.52	4.01	0.156
27	16 36	32.1	4.24	2.76	0.214
	17 30	19.8	3.57	1.83	0.353
	18 26	7.2	2.47	0.95	0.503
28	7 17	15.1	3.18	1.36	0.447
	8 33	32.2	3.84	2.41	0.232
	16 15	36.9	3.91	2.49	0.215
	17 12	24.0	3.41	1.69	0.362
	18 27	7.2	2.39	0.73	0.603
29	7 10	13.6	2.96	1.27	0.446
	8 5	26.0	3.71	2.05	0.306
	8 59	38.3	4.09	2.89	0.163
	16 24	35.0	3.76	2.28	0.242
	17 30	20.0	3.27	1.46	0.419
	18 16	9.7	2.65	0.90	0.556
30	7 22	16.5	3.18	1.31	0.462
	8 15	28.4	3.62	2.09	0.279
	16 23	35.3	3.69	2.45	0.198
	17 30	20.1	3.13	1.46	0.399
31	17 28	20.7	3.23	1.79	0.312
Nov. 1	7 30	18.6	3.32	1.60	0.385
	8 20	29.9	3.79	2.26	0.260
2	7 40	20.9	3.62	1.91	0.336
	8 46	35.8	4.37	2.85	0.206
	17 12	24.5	3.79	2.11	0.304
3	7 16	15.4	3.39	1.54	0.417
	8 16	29.1	4.11	2.65	0.224
	18 43	4.3	1.91	0.62	0.578
4	6 59	12.0	3.00	1.33	0.433
	7 57	25.0	3.86	2.18	0.297

Tag	Zeit	$h_\odot$	i_1	i_2	P
1952					
Nov. 4	16^h41^m	31°7	3.81	2.30	0.250
	17 42	18.0	3.20	1.52	0.392
	18 25	8.4	2.49	0.77	0.597
5	7 13	15.2	3.20	1.50	0.402
	8 8	27.6	4.04	2.41	0.265
	16 40	32.0	4.01	2.41	0.253
	17 50	16.3	3.20	1.44	0.421
6	7 10	14.7	3.13	1.27	0.472
	8 15	29.1	3.96	2.47	0.239
	16 26	35.3	4.09	2.60	0.219
	18 4	13.3	2.93	1.04	0.532
7	6 47	9.7	2.60	0.95	0.524
	7 43	22.1	3.59	1.83	0.352
	8 41	35.1	4.04	2.60	0.214
	16 30	34.4	3.84	2.52	0.205
	17 31	20.6	3.36	1.63	0.378
8	6 58	12.3	2.76	0.87	0.585
	7 53	24.5	3.45	1.69	0.367
	8 46	36.4	3.91	2.56	0.203
	16 42	31.9	3.69	2.05	0.290
	17 41	18.4	3.20	1.52	0.393
9	7 20	17.2	3.09	1.14	0.510
	8 7	27.8	3.52	1.85	0.326
	16 49	30.4	3.71	2.09	0.287
	17 45	18.0	3.36	1.59	0.395
10	16 43	31.9	3.69	1.93	0.318
	17 55	15.8	3.04	1.25	0.464
11	7 8	14.3	2.96	1.18	0.479
	7 59	25.9	3.59	2.05	0.290
	9 6	41.1	4.14	2.96	0.152
18	7 17	17.3	3.86	1.57	0.467
	8 33	34.0	4.46	2.71	0.243
19	7 32	20.3	3.39	1.60	0.392
	8 20	31.0	3.86	2.43	0.232
20	7 42	22.6	3.36	1.71	0.352
	16 55	30.4	3.43	1.99	0.272
	18 4	15.1	2.87	1.00	0.539
21	16 32	35.8	3.69	2.41	0.205
	17 41	20.3	3.11	1.48	0.388
	18 24	11.0	2.60	0.90	0.546
25	7 25	19.0	3.13	1.55	0.371
	8 28	33.0	3.76	2.39	0.219
	16 35	35.5	3.84	2.45	0.216
	17 31	23.0	3.23	1.60	0.364
	18 14	13.6	2.76	0.97	0.537
26	7 31	20.1	3.18	1.59	0.365
	8 15	30.0	3.52	1.89	0.310
	17 2	29.6	3.45	1.85	0.311

Tag	Zeit	$h_{\odot}$	i_1	i_2	P
1952					
Nov. 26	$17^h 52^m$	18°6	3.04	1.33	0.430
27	7 43	22.9	3.23	1.65	0.349
	8 21	31.3	3.57	2.26	0.229
	16 30	36.8	3.74	2.52	0.188
	17 40	21.3	3.16	1.46	0.400
	18 32	10.0	2.56	0.77	0.606
28	7 15	16.7	3.00	1.25	0.457
	7 56	25.7	3.34	1.87	0.299
	8 35	34.5	3.74	2.35	0.225
Dez. 1	18 9	15.4	3.09	1.35	0.436
2	7 13	16.2	2.76	0.97	0.533
	8 7	28.0	3.20	1.65	0.335
	16 38	35.6	3.48	2.28	0.204
	17 22	25.9	3.07	1.63	0.325
	18 9	15.6	2.89	1.23	0.447
3	7 22	18.2	3.04	1.38	0.414
	8 17	30.2	3.57	2.18	0.248
6	7 7	14.9	2.91	1.38	0.397
	8 4	27.3	3.69	2.26	0.252
	16 44	34.8	3.62	2.41	0.197
	17 54	19.4	3.09	1.48	0.386
7	7 3	14.0	2.87	1.23	0.446
	7 59	26.2	3.41	1.87	0.309
	17 18	27.4	3.43	2.07	0.259
	18 14	15.2	2.89	1.21	0.457
9	16 25	39.3	3.55	2.45	0.172
10	7 6	14.3	2.69	1.07	0.480
	7 22	17.7	2.98	1.38	0.405
	8 22	30.9	3.36	2.07	0.242
	16 45	35.1	3.62	2.43	0.193
	18 10	16.5	2.93	1.31	0.424
12	8 10	28.2	3.57	2.16	0.256
13	7 21	17.3	3.27	1.83	0.311
	8 15	29.1	3.67	2.35	0.226
15	7 14	15.5	2.91	1.23	0.451
16	7 25	18.1	2.98	1.44	0.384
	8 15	28.9	3.45	2.30	0.207
	17 7	30.9	3.52	2.30	0.214
	17 58	19.8	3.04	1.52	0.365
17	7 37	20.4	2.93	1.46	0.365
	8 15	28.8	3.20	1.89	0.267
	16 38	37.3	3.48	2.35	0.186
	17 55	20.6	2.96	1.35	0.407
18	7 21	16.9	2.78	1.29	0.405
	8 15	28.7	3.36	2.16	0.226
19	7 16	15.7	2.91	1.44	0.375
	8 11	27.7	3.41	2.05	0.260
	16 27	40.1	3.89	2.89	0.137

Tag	Zeit	$h_\odot$	i_1	i_2	P
1952					
Dez. 19	17^h34^m	25°.4	3.36	1.89	0.298
	18 34	12.5	2.74	1.23	0.425
23	7 29	17.6	3.16	1.48	0.400
26	8 13	27.3	3.57	2.30	0.227
27	7 22	16.1	3.04	1.50	0.376
	8 13	27.2	3.62	2.22	0.251
29	7 21	15.6	2.85	1.25	0.433
	8 21	28.8	3.29	2.03	0.246
	16 54	35.2	3.34	2.32	0.176
30	7 11	13.4	2.74	1.04	0.503
	8 8	25.8	3.34	2.01	0.264
31	7 7	12.5	2.63	1.07	0.472
	8 5	25.0	3.29	1.83	0.304
	17 26	28.2	4.04	2.71	0.205
1953					
Jan. 1	7 15	14.0	2.80	1.27	0.420
	8 4	24.7	3.39	1.95	0.287
	18 26	15.3	2.76	1.21	0.435
2	7 8	12.4	2.63	1.05	0.481
	8 4	24.5	3.25	1.87	0.289

Beobachtungsort: Farm Dornfontein $\varphi = -23°23'$ H = 1320 m

Tag	Zeit	$h_\odot$	i_1	i_2	P
Jan. 9	7 12	12.4	2.60	1.05	0.475
	7 40	18.5	3.04	1.52	0.366
	8 4	23.9	3.34	1.85	0.308
	19 7	6.0	2.14	0.77	0.532
10	17 29	27.4	3.23	2.05	0.234
	18 19	16.3	2.78	1.07	0.493
12	8 12	25.1	3.20	1.91	0.269
17	9 53	47.4	4.14	3.39	0.081
	17 56	21.6	2.87	1.54	0.327
	18 32	13.7	2.76	1.09	0.485
18	8 33	29.1	3.76	2.56	0.196
	10 0	48.8	4.65	4.01	0.058
22	17 42	24.7	3.04	1.59	0.334
	18 17	16.9	2.78	1.09	0.484
	19 10	5.2	1.93:	0.74:	0.504:
23	16 40	38.7	3.43	2.28	0.190
	17 29	27.6	3.13	1.93	0.248
	18 20	16.2	2.69	1.14	0.449
	18 49	9.7	2.20	0.80	0.525
24	17 10	31.9	3.18	2.03	0.223
26	8 10	23.0	2.80	1.11	0.467
	9 22	38.3	3.36	2.43	0.153
	18 6	19.2	2.89	1.33	0.406
	18 40	11.7	2.65	1.07	0.476
27	8 3	21.3	2.93	1.54	0.338
	9 5	35.0	3.34	2.24	0.194

Tag	Zeit	$h_\odot$	i_1	i_2	P
1953					
Feb. 8	7^h47^m	16°2	3.52	1.63	0.407
	8 45	29.3	3.96	2.16	0.304
	9 16	36.4	4.22	2.69	0.215
9	17 38	24.5	4.06	1.99	0.366
	18 27	13.5	3.16	1.23	0.491
	18 54	7.4	2.56	0.74:	0.624:
10	7 52	17.0	3.00	1.16	0.490
	8 34	26.6	3.32	1.69	0.343
	9 15	36.0	3.52	2.24	0.217
	17 12	30.6	3.36	2.03	0.253
	17 53	21.2	2.91	1.35	0.399
12	16 45	36.5	4.11	2.80	0.184
13	17 24	27.2	3.67	2.26	0.249
22	16 57	32.4	4.87	2.85	0.264
	17 33	24.1	3.99	1.83	0.398
	18 10	15.6	3.23	1.14	0.532
	Beobachtungsort: Farm Bergweide $\varphi = -19°50'$ H = 1400 m				
Apr. 6	9 28	33.6	4.73	3.27	0.182
	9 45	37.2	4.90	3.67	0.138
	17 46	13.0	2.65	1.31	0.378
7	7 54	12.3	2.65	1.27	0.393
10	9 55	38.7	5.91	4.70	0.108
	10 23	44.4	6.38	5.45	0.068
	17 4	21.7	3.43	1.83	0.330
	17 23	17.5	3.09	1.59	0.354
	18 2	8.5	2.30	0.99	0.449
13	15 56	35.7	3.36	2.14	0.217
	16 47	22.6	2.93	1.31	0.413
	17 29	15.5	2.67	0.95	0.529
15	9 49	37.0	3.71	2.69	0.153
20	15 56	34.2	4.37	2.74	0.228
	16 53	22.0	3.59	1.89	0.336
	17 26	14.7	3.09	1.55	0.369
21	9 35	33.0	5.28	4.04	0.133
	10 39	45.3	7.28	6.56	0.044
	17 33	13.0	2.80	1.42	0.365
22	8 32	19.4	3.55	2.01	0.303
	9 1	25.7	4.01	2.47	0.251
	9 34	32.8	4.40	3.16	0.165
23	9 13	28.1	4.09	2.63	0.226
24	8 58	24.9	4.04	2.49	0.253
	9 59	33.4	4.62	3.32	0.164
	16 45	23.0	3.34	1.89	0.298
	17 18	15.8	2.87	1.44	0.368
	17 49	10.1	2.22	1.00	0.426
25	8 4	13.1	2.65	1.52	0.302
	8 54	23.9	3.50	2.35	0.210

Tag	Zeit	$h_\odot$	i_1	i_2	P
1953					
Apr. 25	$9^h\ 5^m$	26°.2	3.84	2.47	0.229
	9 41	33.7	4.43	3.25	0.153
	15 55	33.1	3.62	2.32	0.219
	16 51	21.5	3.00	1.59	0.333
26	8 9	14.0	2.54	1.50	0.287
	8 54	23.7	3.45	2.39	0.194
	9 28	30.7	4.16	2.91	0.180
	17 24	14.1	2.71	1.52	0.313
	17 44	9.7	2.22	1.14	0.360
29	8 28	17.8	2.89	1.57	0.326
	9 0	24.6	3.16	2.03	0.232
	9 56	36.0	3.45	2.07	0.244
	16 9	29.6	3.00	1.63	0.305
	16 57	19.5	2.74	1.25	0.410
30	7 38	7.0	1.97	0.73	0.519
	8 1	11.9	2.54	1.16	0.418
	8 38	19.8	3.25	1.87	0.294
	9 16	27.8	3.67	2.32	0.236
	10 15	39.2	4.22	3.13	0.140
	15 52	32.7	3.36	2.11	0.230
	16 27	25.5	2.96	1.63	0.308
	17 2	18.3	2.80	1.21	0.437
	17 44	9.1	2.24	0.76	0.557
Mai 1	7 47	8.7	1.99	0.79	0.486
	8 23	16.6	2.74	1.36	0.371
	8 50	22.3	3.09	1.73	0.304
	9 19	28.3	3.29	2.07	0.237
	10 10	38.1	3.71	2.69	0.152
	15 22	38.2	3.39	2.39	0.165
	15 50	32.9	3.25	2.03	0.232
	16 43	22.1	2.89	1.36	0.390
	17 24	13.3	2.54	1.00	0.487
2	7 59	11.2	2.45	1.18	0.392
	8 34	18.7	3.04	1.75	0.296
	9 11	26.6	3.59	2.32	0.226
	10 7	37.4	4.19	3.25	0.122
	17 37	10.3	2.26	0.93	0.468
4	7 36	6.0	1.71	0.76	0.434
	8 2	11.7	2.52	1.38	0.326
	8 31	18.0	3.18	1.93	0.270
	9 8	25.7	3.94	2.63	0.211
	18 9	2.9	1.00	0.37:	0.693:
5	7 31	4.8	1.54	0.74	0.396
	7 54	9.9	2.43	1.38	0.309
	8 28	17.2	3.04	1.91	0.252
	9 12	26.3	4.04	2.69	0.211
	10 2	36.0	4.81	3.81	0.113

Tag	Zeit	$h_{\odot}$	i_1	i_2	P
1953					
Mai 5	16^h47^m	20°6	3.09	1.69	0.319
6	7 48	8.5	2.11	1.04	0.382
	8 13	13.9	2.69	1.50	0.316
	8 42	20.0	3.43	2.11	0.260
	9 19	27.6	3.89	2.67	0.194
	16 5	29.0	3.67	2.54	0.188
	17 16	14.3	2.65	1.35	0.362
	17 37	9.8	2.32	1.12	0.392
	17 57	5.3	1.63	0.68:	0.464:
7	8 0	10.9	2.52	1.27	0.369
	8 32	17.8	3.29	1.95	0.282
	9 5	24.6	4.11	2.67	0.226
	16 49	19.8	3.00	1.69	0.305
	17 16	14.2	2.71	1.16	0.447
	17 40	9.0	2.28	0.90	0.490
9	9 19	27.2	3.04	2.01	0.214
	10 5	35.9	3.74	2.78	0.144
	10 33	40.6	4.14	3.07	0.137
10	9 40	31.1	3.02	1.93	0.224
	10 43	42.1	3.52	2.71	0.118
11	9 27	28.5	3.09	2.01	0.220
	10 2	35.1	3.48	2.54	0.153
12	9 57	34.0	3.27	2.16	0.203
14	8 58	22.4	3.18	1.89	0.275
	9 24	27.5	3.76	2.35	0.241
	9 57	33.6	4.14	2.87	0.180
15	9 52	32.5	3.99	2.58	0.216
17	8 59	22.0	3.79	2.30	0.265
	9 27	27.8	4.27	2.76	0.224
	9 48	31.5	4.54	3.16	0.181
19	10 20	36.8	4.70	3.32	0.166
	17 48	6.1	1.85	0.68:	0.522:
20	8 38	17.6	3.16	1.85	0.288
	9 22	26.3	3.74	2.39	0.232
	10 9	34.8	3.99	2.80	0.172
	15 59	28.1	3.43	2.05	0.263
	16 55	17.1	2.74	1.25	0.413
	17 27	10.4	2.30	0.93	0.476
21	9 3	22.4	2.78	1.59	0.294
	9 31	27.8	3.09	2.03	0.216
	9 46	30.6	3.23	2.16	0.203
	16 2	27.4	3.00	1.67	0.299
	17 4	15.1	2.63	1.16	0.432
	17 30	9.7	2.20	0.88	0.482
22	8 53	20.4	2.69	1.31	0.377
	9 34	28.3	3.04	1.85	0.253
	10 48	40.6	4.04	3.29	0.094
	15 56	28.5	3.20	2.14	0.206

Tag	Zeit	$h_\odot$	i_1	i_2	P
1953					
Mai 22	16h36m	20°7	2.80	1.57	0.306
	17 7	14.4	2.67	1.33	0.372
	17 34	8.8	2.22	1.00	0.427
23	8 37	17.0	2.60	1.14	0.433
	8 59	21.4	2.89	1.36	0.391
	9 52	31.4	3.36	2.14	0.225
	10 34	38.3	4.01	3.02	0.134
	15 40	31.3	3.25	2.24	0.187
	16 38	20.3	2.91	1.67	0.295
	17 12	13.2	2.58	1.18	0.416
	17 48	5.7	1.79	0.79:	0.437:
24	8 35	16.5	2.52	1.09	0.439
	9 0	21.5	2.85	1.40	0.371
	9 46	30.3	3.25	1.91	0.267
	10 45	39.8	3.62	2.60	0.153
	15 22	34.2	3.11	1.83	0.257
	16 6	26.4	2.96	1.44	0.365
	17 14	12.8	2.56	0.92	0.529
25	9 13	23.9	3.07	1.89	0.255
	10 32	37.7	3.71	2.78	0.137
	11 6	42.5	3.81	2.80	0.136
	11 49	46.9	4.01	3.11	0.104
26	8 12	11.5	2.41	1.18	0.383
	8 44	18.0	2.91	1.67	0.298
	9 30	27.0	3.50	2.39	0.198
	10 30	37.2	4.56	3.55	0.120
	17 20	11.5	2.28	1.07	0.404
28	8 31	15.3	2.41	1.20	0.373
	9 2	21.4	2.71	1.36	0.360
	10 9	33.7	3.62	2.32	0.218
	10 53	40.3	3.86	2.65	0.172
	15 10	35.7	3.62	2.71	0.141
	15 49	29.2	3.52	2.37	0.202
	16 41	19.3	3.04	1.71	0.307
	17 32	8.9	2.28	0.99	0.444
30	8 18	12.4	2.28	0.95	0.461
	8 59	20.7	2.91	1.48	0.355
	10 15	34.4	3.71	2.45	0.202
	11 18	43.2	4.51	3.79	0.076
	15 14	34.9	3.86	2.82	0.153
	16 1	26.8	3.32	2.18	0.218
	16 53	16.7	3.02	1.67	0.318
31	8 19	12.5	2.41	1.11	0.413
	8 40	16.8	2.85	1.46	0.357
	9 25	25.5	3.32	2.05	0.251
	10 30	36.6	4.22	3.18	0.136
	11 6	41.6	4.46	3.59	0.098
	11 39	45.1	4.93	4.19	0.070

Tag	Zeit	$h_\odot$	i_1	i_2	P
1953 Mai 31	$15^h 25^m$	33°0	3.64	2.63	0.161
	16 4	26.1	3.71	2.43	0.220
	16 47	17.8	2.96	1.57	0.338
	17 33	8.5	2.14	0.97	0.424
Jun. 1	8 5	9.5	2.09	0.88	0.458
	8 41	16.8	2.67	1.18	0.429
	9 3	21.1	2.91	1.55	0.331
	10 25	35.7	3.91	2.56	0.204
	10 57	40.2	4.11	2.85	0.168
	11 44	45.3	4.32	3.11	0.139
	12 11	47.2	4.01	2.96	0.123
2	8 19	12.2	2.37	1.11	0.405
	8 55	19.5	3.18	1.77	0.312
	9 30	26.2	3.43	2.22	0.226
	10 30	36.4	3.79	2.85	0.137
	15 30	32.1	3.57	2.45	0.187
	16 12	24.5	3.13	1.97	0.243
	16 52	16.8	2.93	1.54	0.344
	17 40	7.0	2.11	0.84:	0.486:
3	8 14	11.1	2.24	0.90	0.479
	8 49	18.2	2.85	1.38	0.382
	9 30	25.1	3.25	1.83	0.297
	10 10	33.1	3.67	2.32	0.226
	10 41	37.9	3.96	2.71	0.179
	15 35	31.2	3.52	2.37	0.199
	16 45	18.1	3.00	1.59	0.338
	17 20	11.1	2.56	1.14	0.431
4	8 26	13.5	2.32	0.88:	0.503:
	8 58	19.9	2.82	1.27	0.415
	9 32	26.3	3.18	1.71	0.318
	10 26	35.5	3.69	2.41	0.206
	11 13	42.0	3.94	2.74	0.162
	11 41	44.8	4.04	2.93	0.137
	15 31	31.8	3.32	2.35	0.174
	16 5	25.8	3.18	1.97	0.249
	17 1	15.0	2.71	1.35	0.372
	17 34	8.2	2.20	0.90	0.472
5	8 28	13.9	2.35	0.99	0.455
	8 58	19.9	2.91	1.42	0.377
	9 40	27.7	3.50	2.09	0.263
	10 30	36.0	3.86	2.56	0.197
	11 17	42.3	4.16	2.96	0.152
	15 23	33.0	3.71	2.74	0.151
6	8 32	14.6	2.37	1.02	0.444
	9 15	23.0	3.11	1.67	0.325
	9 40	27.6	3.41	1.87	0.306
	10 20	34.4	3.79	2.45	0.213

Tag	Zeit	$h_\odot$	i_1	i_2	P
1953					
Jun. 6	10^h57^m	39°7	3.89	2.58	0.189
	11 35	44.1	4.14	2.91	0.152
	15 23	33.0	3.39	2.35	0.181
	16 10	24.8	3.27	1.97	0.264
	17 26	9.9	2.28	0.90	0.489
7	8 30	14.0	2.30	0.97	0.453
	9 4	20.8	2.80	1.23	0.425
	10 40	37.2	3.64	2.35	0.207
	15 6	35.7	3.18	2.16	0.187
	16 19	23.2	3.11	1.71	0.313
	17 4	14.3	2.58	1.16	0.423
8	10 49	38.4	3.23	2.14	0.193
	11 24	42.7	3.76	2.63	0.158
	11 59	45.7	3.96	2.89	0.132
	15 21	33.2	3.27	2.35	0.164
	16 8	25.3	3.11	1.89	0.259
	17 1	15.0	2.76	1.35	0.382
9	8 46	17.3	2.49	1.16	0.403
	9 24	24.5	2.85	1.73	0.260
	10 37	36.6	3.41	2.49	0.151
	15 43	29.6	3.02	1.87	0.243
	16 15	23.9	2.96	1.69	0.293
	16 59	15.3	2.54	1.18	0.407
	17 31	8.8	2.11	0.82:	0.496:
10	15 33	31.2	2.89	1.93	0.203
	16 14	23.9	2.96	1.67	0.298
	16 46	17.9	2.71	1.29	0.391
	17 29	9.2	2.20	0.80:	0.526:
11	9 9	21.4	2.58	1.18	0.405
	9 31	25.5	2.85	1.46	0.343
	10 59	39.5	3.20	2.20	0.174
	11 44	44.3	3.34	2.32	0.156
	15 21	33.2	3.00	2.18	0.159
	16 4	25.8	3.02	1.75	0.282
	16 59	15.3	2.67	1.25	0.402
	17 34	8.2	2.07	0.71:	0.553:
12	15 29	31.9	2.98	2.09	0.178
	16 15	23.8	2.98	1.71	0.290
	17 12	12.9	2.52	1.09	0.442
13	9 30	25.2	2.74	1.44	0.331
	10 38	36.4	3.52	2.26	0.212
	11 27	42.7	3.94	2.69	0.168
	15 41	29.9	3.23	1.67	0.328
	17 1	14.9	2.80	1.02	0.520
14	15 18	33.6	3.55	2.58	0.158
	16 15	23.9	3.36	1.99	0.274
	16 58	15.6	2.82	1.44	0.359
15	9 43	27.4	2.82	1.65	0.274

Tag	Zeit	$h_\odot$	i_1	i_2	P
1953					
Jun. 15	10^h51^m	38°1	3.57	2.37	0.193
	15 19	33.5	2.93	1.73	0.258
	16 34	20.3	2.71	0.99	0.508
16	9 33	25.5	2.67	1.35	0.349
	10 49	37.7	3.45	2.28	0.196
	15 53	27.8	2.78	1.75	0.238
17	9 0	19.3	2.65	1.35	0.356
	15 32	31.4	3.13	1.99	0.226
	16 53	16.6	2.65	1.25	0.397
	17 31	9.0	2.14	0.70:	0.572:
18	9 22	23.4	2.63	1.20	0.402:
	11 2	39.4	3.52	2.32	0.192
	15 17	33.8	3.04	2.14	0.173
	16 2	26.3	3.02	1.85	0.254
	16 50	17.2	2.71	1.27	0.400
	17 27	9.8	2.20	0.71	0.576
19	9 32	25.2	2.74	1.36	0.358
	10 50	37.7	3.23	2.14	0.195
	15 36	30.8	2.87	1.93	0.200
	17 8	13.7	2.47	0.99	0.478
	17 32	8.8	2.05	0.56:	0.645:
20	9 33	25.4	2.80	1.48	0.328
	10 54	38.3	3.23	2.28	0.163
	11 33	42.8	3.79	2.63	0.161
	12 14	45.9	3.94	2.80	0.142
	15 15	34.2	3.25	2.35	0.160
	16 8	25.3	3.23	1.91	0.273
	17 6	14.2	2.60	1.16	0.427
21	9 18	22.6	2.78	1.35	0.374
	10 46	37.1	3.71	2.39	0.209
	11 28	42.3	3.89	2.74	0.156
	11 54	44.6	3.94	2.78	0.151
	17 3	14.8	2.37	1.11	0.403
22	9 18	22.4	2.78	1.40	0.356
	10 30	34.8	3.74	2.45	0.205
	11 21	41.5	3.94	2.74	0.164
	15 44	29.6	3.50	2.39	0.194
	17 20	11.4	2.58	1.16	0.424
23	8 45	16.1	2.52	1.11	0.431
	9 42	27.0	3.55	1.99	0.296
	10 41	36.4	3.89	2.52	0.208
	12 7	45.4	4.37	3.13	0.140
	15 16	34.1	3.94	2.82	0.165
	16 18	23.6	3.69	2.18	0.275
	17 12	13.1	2.80	1.23	0.436
24	8 49	16.9	2.56	1.11	0.437
	9 38	26.1	3.41	1.87	0.309
	10 41	36.4	3.69	2.37	0.212

Tag	Zeit	$h_{\odot}$	i_1	i_2	P
1953					
Jun. 24	11^h32^m	42°7	4.11	2.80	0.169
	15 26	32.6	3.64	2.52	0.183
	16 24	22.5	3.69	2.14	0.286
	17 5	14.5	2.98	1.42	0.395
	17 33	8.9	2.32	0.95:	0.472:
25	8 39	14.8	2.54	0.99	0.490
	10 3	30.4	3.74	2.16	0.274
	10 48	37.4	4.06	2.60	0.210
	12 3	45.2	4.04	2.87	0.144
	15 26	32.7	3.69	2.60	0.174
	16 14	24.3	3.59	2.14	0.270
	17 25	10.6	2.49	0.99	0.484
Jul. 1	8 45	15.9	3.00	1.54	0.357
	10 3	30.4	3.94	2.56	0.217
	11 0	39.0	4.56	3.34	0.145
	15 37	31.3	4.09	2.89	0.175
	17 12	13.6	3.02	1.63	0.333
2	8 40	15.0	2.67	1.29	0.387
	9 55	29.0	3.86	2.43	0.235
	10 51	37.9	4.51	3.16	0.168
5	9 8	20.5	3.45	1.85	0.328
	10 29	34.7	4.93	3.23	0.205
	11 16	41.2	5.07	3.62	0.153
	15 9	36.2	3.99	2.52	0.220
	16 10	25.9	3.71	1.93	0.334
	17 17	12.9	2.82	1.14	0.475
	17 41	7.7	2.30	0.85:	0.520:
6	8 49	16.8	2.63	1.12	0.446
	9 38	26.1	3.29	1.81	0.307
	10 55	38.6	3.84	2.56	0.190
	11 51	44.8	4.06	2.93	0.138
	15 24	33.8	3.36	2.47	0.152
	16 53	17.8	2.93	1.55	0.340
7	8 48	16.6	2.58	1.14	0.429
	9 50	28.3	3.41	1.93	0.289
	10 52	38.3	4.06	2.71	0.190
	12 44	47.5	4.06	2.87	0.140
	15 25	34.0	3.89	2.76	0.169
	16 11	25.8	3.81	2.30	0.262
	17 1	16.3	3.16	1.65	0.348
	17 35	9.3	2.60	1.18	0.422
8	10 59	39.2	3.62	2.39	0.193
	15 15	35.5	3.89	2.78	0.162
	16 24	23.6	3.27	1.99	0.261
9	10 58	39.2	3.76	2.60	0.172
	11 43	44.4	4.24	2.91	0.161
	15 26	33.8	3.79	2.74	0.160
	16 13	25.7	3.69	2.30	0.246

Tag	Zeit	$h_\odot$	i_1	i_2	P
1953					
Jul. 9	17^h18^m	$13\overset{\circ}{.}0$	2.89	1.35	0.405
10	9 24	23.7	3.29	1.91	0.285
	9 59	30.0	3.79	2.32	0.247
	10 53	38.6	4.40	2.98	0.182
	15 50	29.9	3.79	2.52	0.207
	17 5	15.7	3.23	1.69	0.348
	17 43	7.9	2.43	1.04	0.451
11	9 26	24.1	3.64	2.09	0.289
	10 48	37.9	5.04	3.45	0.179
	15 35	32.5	4.65	3.27	0.175
	16 20	24.6	4.43	2.74	0.251
12	9 49	28.4	3.45	2.05	0.267
	10 58	39.4	3.86	2.63	0.178
	11 47	45.0	3.96	2.80	0.147
	15 37	32.3	3.62	2.52	0.180
	16 23	24.0	3.55	2.07	0.282
	17 21	12.7	2.71	1.27	0.404
14	9 48	28.3	3.67	2.14	0.275
	11 5	40.6	4.81	3.29	0.173
	15 28	33.9	4.06	2.87	0.171
	16 33	22.4	3.67	2.09	0.296
	17 30	11.0	2.76	1.23	0.430

IX. Messungen der Neutralpunkte der Atmosphärischen Polarisation

A = Arago-Punkt, B = Babinet-Punkt, Br = Brewster-Punkt

d = Abstand vom Sonnengegenpunkt beim A-Punkt, Abstand von der Sonne bei den B- und Br-Punkten

Einzelheiten über Beobachtungsbedingungen sind in den gesondert mitgeteilten meteorologischen Anmerkungen gegeben

4039 Messungen

Tag 1952	Zeit	Punkt	Filter	$h_\odot$	d	Anmerkungen
	Beobachtungen auf Farm Voigtland $\varphi = -22°35'$ H = 1890 m					
Jul. 26	$17^h37^m.0$	A	—	+ 9°.8	17°.2	
	17 40.5	B	—	+ 9.1	13.2	relativ gut zu sehen
	17 42.0	A	—	+ 8.7	16.9	
	17 46.0	B	—	+ 7.9	12.3	
	17 57.0	A	—	+ 5.6	16.1	
	17 59.0	B	—	+ 5.1	13.1	
	18 1.5	A	BG7	+ 4.6	18.2	
	18 3.0	A	GG14	+ 4.3	16.5	
	18 6.0	A	—	+ 3.7	16.3	
	18 8.5	B	—	+ 3.1	13.1	
	18 18.0	A	—	+ 1.0	15.5	
	18 20.0	A	BG7	+ 0.6	17.4	
	18 21.5	A	GG14	+ 0.3	15.7	
	18 22.5	A	OG2	+ 0.1	15.1	
	18 25.5	A	—	− 0.6	15.8	
	18 26.7	B	—	− 0.8	14.9	
	18 29.5	A	—	− 1.4	16.0	
	18 30.7	A	BG7	− 1.7	18.1	
	18 35.0	B	BG7	− 2.6	18.5	schwierig
	18 37.5	B	—	− 3.1	17.5	
	18 38.5	A	—	− 3.3	18.5	
	18 40.5	A	BG7	− 3.8	20.0	
	18 46.5	A	—	− 5.0	21.1	
	18 48.8	A	BG7	− 5.5	22.6	
	18 52.0	B	—	− 6.2	19.8	schwierig
	18 55.5	A	—	− 7.0	23.7	
	18 56.5	A	BG7	− 7.2	25.2	
	19 2.0	A	—	− 8.3	24.8	
	19 6.5	A	—	− 9.3	24.0	
	19 11.6	A	—	−10.5	24.6	
27	6 46.0	A	—	− 9.7	25.8	
	6 50.5	A	—	− 8.7	25.1	
	6 56.0	A	—	− 7.5	24.7	
	6 58.0	B	—	− 7.0	23.2	
	7 1.5	A	—	− 6.3	23.3	
	7 3.5	A	BG7	− 5.8	24.9	
	7 5.0	B	—	− 5.5	17.9	
	7 7.5	A	—	− 5.0	22.4	
	7 9.5	A	BG7	− 4.5	22.2	
	7 12.0	B	—	− 4.0	15.5	
	7 14.0	A	BG7	− 3.6	20.1	

Tag 1952	Zeit	Punkt	Filter	$h_{\odot}$	d	Anmerkungen
Jul. 27	$7^h16^m.5$	A	GG14	− 3°.0	19°.6	
	7 18.0	A	OG2	− 2.7	17.6	
	7 19.0	A	BG7	− 2.5	19.0	
	7 22.3	B	—	− 1.8	12.9	
	7 24.8	A	—	− 1.3	16.5	
	7 26.4	A	BG7	− 0.9	18.3	
	7 32.5	B	—	+ 0.4	12.5	
	7 34.5	A	—	+ 0.8	16.6	
	7 36.7	A	BG7	+ 1.3	18.3	
	7 38.0	A	OG2	+ 1.6	15.2	⊙ wird sichtbar
	7 41.0	A	—	+ 2.3	16.8	
	17 46.5	A	—	+ 8.0	18.5	wolkenlos
	17 48.5	A	BG7	+ 7.6	20.7	
	17 51.0	A	GG14	+ 7.0	18.1	
	17 52.5	A	—	+ 6.7	18.9	
	17 57.0	B	—	+ 5.7	11.2	schwer zu sehen
	18 0.5	A	—	+ 5.0	18.0	
	18 5.9	A	BG7	+ 3.9	19.6	
	18 7.3	A	GG14	+ 3.6	17.4	
	18 8.5	A	—	+ 3.3	18.0	
	18 10.0	A	OG2	+ 3.0	16.8	
	18 15.8	A	—	+ 1.8	17.9	
	18 17.0	A	BG7	+ 1.5	19.5	
	18 20.2	B	—	+ 0.8	14.3	
	18 23.0	A	—	+ 0.2	17.1	
	18 25.0	A	BG7	− 0.2	18.7	
	18 26.5	A	GG14	− 0.5	17.6	
	18 28.6	B	GG14	− 1.0	17.0	
	18 31.0	B	OG2	− 1.5	13.6	
	18 33.5	A	BG7	− 2.1	18.6	
	18 34.7	A	GG14	− 2.3	18.4	
	18 36.2	A	—	− 2.7	17.9	
	18 38.8	B	—	− 3.2	15.7	
	18 40.6	A	—	− 3.6	19.7	
	18 42.0	A	BG7	− 3.9	20.4	
	18 44.0	A	BG7	− 4.4	21.6	
	18 45.1	A	—	− 4.6	21.9	
	18 46.5	A	GG14	− 4.9	21.7	
	18 48.5	A	—	− 5.4	22.4	
28	6 46.0	A	—	− 9.6	24.8	
	6 48.0	A	BG7	− 9.1	25.2	
	6 51.3	B	—	− 8.4	30.1	
	6 54.0	A	BG7	− 7.8	25.6	
	7 0.5	B	—	− 6.4	21.2	gut
	7 2.3	B	BG7	− 6.0	20.7	
	7 3.7	A	—	− 5.7	22.7	
	7 5.2	A	GG14	− 5.4	22.6	
	7 6.1	A	BG7	− 5.2	22.6	
	7 8.1	B	—	− 4.8	17.8	

Tag 1952	Zeit	Punkt	Filter	$h_{\odot}$	d	Anmerkungen
Jul. 28	$7^h\ 9^m.7$	B	BG7	$-4^{\circ}.4$	$18^{\circ}.6$	
	7 11.5	B	GG14	− 4.0	17.5	
	7 13.0	A	—	− 3.7	19.4	
	7 16.0	B	—	− 3.1	15.3	
	7 18.8	B	BG7	− 2.5	16.3	
	7 21.5	A	BG7	− 1.9	19.5	
	7 22.6	A	—	− 1.6	17.6	
	7 27.0	B	—	− 0.7	14.0	
	7 28.3	A	—	− 0.4	17.1	
	7 29.7	A	GG14	− 0.1	17.2	
	7 31.2	A	BG7	+ 0.2	18.9	
	7 33.0	B	—	+ 0.6	14.7	
	7 34.4	A	—	+ 0.9	17.7	
	7 37.8	A	BG7	+ 1.7	19.1	
	7 40.4	A	—	+ 2.3	17.1	
	17 21.4	A	—	+13.3	17.8	
	17 23.0	A	BG7	+12.9	18.8	
	17 24.5	A	GG14	+12.7	17.4	
	17 25.8	A	—	+12.4	17.5	
	17 37.4	A	—	+10.0	16.6	
	17 39.0	A	BG7	+ 9.7	18.8	
	17 40.3	A	GG14	+ 9.4	16.7	
	17 43.5	A	—	+ 8.7	16.8	
	17 58.0	A	—	+ 5.6	17.1	
	17 59.4	A	BG7	+ 5.3	19.3	
	18 0.7	A	GG14	+ 5.1	17.6	
	18 5.5	B	—	+ 4.0	12.1	
	18 11.5	A	—	+ 2.8	17.1	
	18 12.8	A	BG7	+ 2.5	19.2	
	18 14.1	A	GG14	+ 2.2	17.0	
	18 17.6	B	—	+ 1.5	13.6	
	18 25.0	A	—	− 0.1	16.4	
	18 29.5	A	—	− 1.1	15.9	
	18 33.0	B	—	− 1.9	14.4	
	18 34.7	A	—	− 2.2	19.1	
	18 40.7	A	—	− 3.5	19.7	
	18 43.0	B	—	− 4.0	16.9	
	18 45.4	A	—	− 4.6	20.1	
	18 48.5	A	—	− 5.3	21.2	
	18 50.7	B	—	− 5.8	18.7	
	18 55.0	A	—	− 6.7	22.2	
	18 58.4	B	—	− 7.4	23.2	
	19 2.0	A	—	− 8.2	21.7	
	19 5.0	A	—	− 8.9	22.3	
29	6 45.0	A	—	− 9.7	23.6	
	6 49.0	B	—	− 8.8	33.6	
	6 52.0	A	—	− 8.2	24.2	
	6 59.0	A	BG7	− 6.6	26.4	
	7 0.5	A	—	− 6.4	23.1	

Tag 1952	Zeit	Punkt	Filter	$h_\odot$	d	Anmerkungen
Jul. 29	$7^h\,3^m.0$	A	GG14	$-5^\circ.8$	$21^\circ.7$	
	7 5.0	B	BG7	− 5.3	20.0	
	7 8.5	A	—	− 4.6	20.3	
	7 11.0	B	—	− 4.1	17.0	
	7 12.4	A	BG7	− 3.8	20.3	
	7 13.6	A	GG14	− 3.5	20.0	
	7 14.7	A	—	− 3.2	20.1	
	7 18.5	B	BG7	− 2.4	15.5	
	7 19.7	A	—	− 2.1	18.9	
	7 22.3	A	OG2	− 1.6	15.8	
	7 23.8	A	BG7	− 1.3	18.9	
	7 26.4	A	—	− 0.7	16.3	
	7 28.5	B	—	− 0.3	14.2	
	7 30.2	A	—	+ 0.1	16.1	
	7 31.9	A	BG7	+ 0.5	18.8	
	7 33.9	B	—	+ 1.0	13.6	
	7 35.7	A	—	+ 1.4	16.7	
	7 39.7	A	BG7	+ 2.2	18.1	
	7 41.0	A	GG14	+ 2.5	16.5	
	7 43.7	A	—	+ 3.1	15.9	
	17 20.5	A	—	+13.6	17.8	
	17 22.7	A	BG7	+13.1	18.4	
	17 23.0	A	GG14	+13.1	17.1	
	17 25.5	B	—	+12.6	12.6	schwer erkennbar
	17 33.0	A	—	+11.0	16.9	
	17 34.0	A	BG7	+10.8	18.3	
	17 35.0	A	GG14	+10.6	16.6	
	17 41.0	B	—	+ 9.4	10.5	
	17 43.5	B	BG7	+ 8.8	15.5	
	17 45.5	B	GG14	+ 8.4	13.0	schwierig
	17 50.5	A	OG2	+ 7.3	15.8	
	17 52.0	A	BG7	+ 7.0	19.1	
	17 53.2	A	GG14	+ 6.8	17.0	
	17 54.5	A	—	+ 6.5	17.1	
	17 59.0	B	—	+ 5.6	13.2	
	18 1.5	B	BG7	+ 5.0	16.5	
	18 6.0	A	—	+ 4.0	17.0	
	18 7.5	A	OG2	+ 3.7	15.8	
	18 8.8	A	BG7	+ 3.4	19.2	
	18 11.0	B	—	+ 3.0	14.9	
	18 15.0	B	BG7	+ 2.1	18.0	
	18 18.5	A	—	+ 1.3	16.7	
	18 20.0	A	BG7	+ 1.0	19.5	
	18 21.3	A	GG14	+ 0.7	16.1	18^h22^m $\odot$ verschwin-
	18 27.3	B	—	− 0.6	14.4	det
	18 31.5	A	—	− 1.5	16.8	
	18 33.0	A	—	− 1.8	20.1	
	18 34.7	A	BG7	− 2.2	20.7	
	18 36.4	A	GG14	− 2.6	19.7	

Tag 1952	Zeit	Punkt	Filter	$h_{\odot}$	d	Anmerkungen
Jul. 29	18^h38^m0	A	OG2	$-2\overset{\circ}{.}9$	$19\overset{\circ}{.}9$	
	18 40.6	B	—	− 3.4	15.8	
	18 44.5	A	—	− 4.3	21.1	
	18 46.0	A	BG7	− 4.6	21.0	
	18 47.3	A	GG14	− 4.9	20.6	
	18 50.7	A	—	− 5.6	22.4	
	18 51.5	A	BG7	− 5.8	23.3	
	18 54.0	A	OG2	− 6.4	21.5	
	18 56.0	B	—	− 6.8	23.1	
	18 58.0	A	—	− 7.2	23.2	
	19 0.3	A	—	− 7.8	22.9	
	19 2.8	B	—	− 8.3	32.1	
30	7 0.0	A	—	− 6.4	23.4	
	7 2.0	B	—	− 5.9	21.6	
	7 4.0	B	BG7	− 5.5	21.4	
	7 5.0	A	BG7	− 5.3	23.2	
	7 11.7	A	—	− 3.8	21.8	
	7 13.0	A	GG14	− 3.5	21.7	
	7 14.2	A	BG7	− 3.3	22.0	
	7 17.9	B	BG7	− 2.4	20.0	
	7 20.8	B	—	− 1.8	16.0	
	7 24.0	A	—	− 1.1	18.0	
	7 25.9	B	—	− 0.7	15.4	
	7 27.8	A	—	− 0.3	17.5	
	7 29.6	A	BG7	+ 0.1	20.3	
	7 30.8	A	GG14	+ 0.4	17.8	
	7 33.0	B	BG7	+ 0.9	19.3	
	7 34.4	A	BG7	+ 1.2	20.5	
	7 36.0	A	GG14	+ 1.5	18.3	
	7 37.7	A	—	+ 1.9	18.7	
	7 40.2	A	BG7	+ 2.4	20.0	
	7 41.9	A	GG14	+ 2.8	18.4	
	7 43.7	B	—	+ 3.2	16.1	
	7 45.5	B	BG7	+ 3.5	18.1	
	7 47.8	A	—	+ 4.0	18.6	
	7 49.0	A	BG7	+ 4.3	19.9	
	7 50.2	A	GG14	+ 4.6	18.6	
	17 19.0	A	—	+13.9	18.6	
	17 22.5	A	BG7	+13.3	20.4	
	17 24.0	A	GG14	+13.0	18.2	
	17 32.4	A	—	+11.2	18.0	
	17 33.7	A	BG7	+11.0	19.9	
	17 34.9	A	OG2	+10.7	17.2	
	17 40.3	A	—	+ 9.6	17.9	
	17 41.8	A	BG7	+ 9.2	19.5	
	17 46.3	A	GG14	+ 8.3	17.3	
	17 48.0	B	—	+ 8.0	12.9	
	17 50.2	B	BG7	+ 7.5	15.8	

Tag 1952	Zeit	Punkt	Filter	$h_\odot$	d	Anmerkungen
Jul. 30	$17^h52^m.0$	B	GG14	$+7^\circ.1$	$13^\circ.2$	
	17 58.3	A	—	+ 5.8	18.1	
	18 1.0	A	BG7	+ 5.2	19.7	
	18 2.8	A	GG14	+ 4.8	17.3	
	18 7.0	B	—	+ 3.9	14.1	
	18 9.0	B	BG7	+ 3.5	17.9	
	18 12.8	B	GG14	+ 2.7	14.5	schwierig
	18 16.4	A	—	+ 1.9	17.7	
	18 17.6	A	BG7	+ 1.7	19.6	
	18 19.0	A	OG2	+ 1.3	16.4	
	18 22.4	A	—	+ 0.6	17.6	⊙ verschwindet
	18 24.0	A	BG7	+ 0.3	20.0	
	18 25.4	A	GG14	− 0.1	17.6	
	18 28.3	B	—	− 0.7	16.8	
	18 30.5	A	—	− 1.1	17.7	
	18 32.4	A	BG7	− 1.6	19.9	
	18 34.3	A	GG14	− 2.0	18.6	
	18 41.0	B	—	− 3.4	18.4	
	18 43.0	A	—	− 3.9	21.8	Gegendämmerung
	18 45.5	A	BG7	− 4.4	21.7	schwach strahlig
	18 46.9	A	OG2	− 4.7	20.5	
	18 50.5	B	—	− 5.5	20.5	
	18 55.5	A	—	− 6.6	23.7	Sehr starke Schatten-
	18 58.0	A	BG7	− 7.2	23.2	strahlen!
	19 1.0	B	—	− 7.8	28.5	
	19 3.5	A	—	− 8.4	23.0	
	19 6.5	A	—	− 9.0	23.1	
31	7 0.8	A	—	− 6.1	23.9	Sehr dünner diffuser
	7 3.0	B	—	− 5.6	21.1	Ci-Streifen links vom
	7 5.1	A	BG7	− 5.1	23.9	A-Punkt.
	7 7.0	A	OG2	− 4.7	21.3	
	7 10.7	B	BG7	− 3.9	22.5	
	7 12.7	B	—	− 3.4	18.8	
	7 14.9	A	—	− 2.9	21.4	Kein Ci in dieser Ge-
	7 16.2	A	BG7	− 2.7	22.1	gend, nur am SE-
	7 19.9	A	GG14	− 1.9	18.8	Horizont.
	7 24.8	A	—	− 0.8	17.8	
	7 27.7	A	GG14	− 0.2	17.2	
	7 29.9	A	BG7	+ 0.3	19.6	
	7 32.4	B	—	+ 0.9	14.6	Dünner Ci-Streifen
	7 34.3	B	BG7	+ 1.3	18.3	10° hoch.
	7 36.0	A	OG2	+ 1.6	17.1	7^h37^m ⊙ wird sichtbar
	7 38.0	A	BG7	+ 2.1	19.9	
	7 40.6	A	GG14	+ 2.6	17.5	
	7 42.0	A	—	+ 2.9	18.4	
	7 44.0	A	BG7	+ 3.3	19.9	
	7 48.0	A	—	+ 4.2	18.5	
	17 37.0	A	—	+10.4	17.5	
	17 38.7	A	BG7	+10.0	19.0	

Tag 1952	Zeit	Punkt	Filter	$h_{\odot}$	d	Anmerkungen
Jul. 31	$17^{h}40^{m}.0$	A	GG14	+ 9°.8	17°.5	
	17 41.0	A	OG2	+ 9.6	16.9	
	17 42.2	A	—	+ 9.3	17.9	
	17 47.3	B	—	+ 8.2	13.8	
	17 54.5	A	—	+ 6.7	18.5	
	17 56.9	A	BG7	+ 6.2	20.2	
	18 4.4	A	BG7	+ 4.5	20.1	
	18 5.7	A	—	+ 4.2	17.6	
	18 6.9	A	GG14	+ 4.0	17.6	
	18 9.7	B	—	+ 3.4	15.0	
	18 11.3	B	BG7	+ 3.0	17.8	
	18 14.4	B	OG2	+ 2.4	13.9	
	18 16.0	A	—	+ 2.1	18.3	
	18 17.5	A	BG7	+ 1.8	20.0	
	18 18.8	A	GG14	+ 1.5	17.8	
	18 27.6	B	—	− 0.4	15.4	
	18 29.0	A	—	− 0.8	18.3	
	18 30.1	A	GG14	− 1.0	17.5	
	18 31.7	A	BG7	− 1.3	20.3	
	18 33.6	A	—	− 1.7	19.2	
	18 38.4	B	—	− 2.8	17.3	
	18 40.5	A	BG7	− 3.3	22.2	
	18 42.0	A	OG2	− 3.6	21.1	
	18 51.3	A	—	− 5.6	22.7	
	18 53.0	A	BG7	− 6.0	24.4	
	18 54.1	A	OG2	− 6.2	22.5	
Aug. 1	7 5.0	A	—	− 5.0	22.0	
	7 13.3	A	—	− 3.1	21.9	
	17 46.8	A	—	+ 8.4	16.9	
	17 48.5	A	BG7	+ 8.0	18.7	
	17 49.8	A	GG14	+ 7.7	16.5	
	18 2.2	B	—	+ 5.1	13.8	
	18 4.8	B	BG7	+ 4.5	16.0	relativ gut
	18 6.7	A	—	+ 4.1	17.1	
	18 8.1	A	BG7	+ 3.8	19.3	
	18 9.4	A	GG14	+ 3.5	16.9	
	18 18.8	B	—	+ 1.5	15.2	gut
	18 20.8	B	BG7	+ 1.1	18.5	gut
	18 23.3	B	GG14	+ 0.6	15.1	$\odot$ verschwunden
	18 30.5	A	—	− 1.0	17.4	
	18 32.1	A	BG7	− 1.3	19.5	
	18 33.7	A	GG14	− 1.7	17.8	
	18 35.3	A	OG2	− 2.1	17.2	
	18 37.5	B	—	− 2.6	16.1	
	18 40.2	B	BG7	− 3.2	22.1	
	18 42.7	B	OG2	− 3.7	17.7	
	18 45.7	A	—	− 4.3	20.2	
	18 46.7	A	BG7	− 4.5	21.1	
	18 48.2	A	GG14	− 4.9	21.0	

Tag 1952	Zeit	Punkt	Filter	$h_{\odot}$	d	Anmerkungen
Aug. 1	$18^{h}52^{m}.3$	B	—	$-5^{\circ}.8$	$19^{\circ}.6$	
	18 54.8	B	BG7	− 6.3	22.1	
	18 56.4	A	—	− 6.7	22.8	
	18 58.2	A	BG7	− 7.1	23.9	
	19 0.0	A	OG2	− 7.4	20.3	
	19 3.5	B	—	− 8.2	28.4	
	19 6.0	A	—	− 8.7	21.7	
	19 8.0	A	—	− 9.1	21.8	
	19 14.0	A	—	−10.4	23.3	
2	7 0.0	A	—	− 6.0	23.5	
	7 1.7	A	OG2	− 5.7	21.6	
	7 3.0	A	BG7	− 5.4	23.1	
	7 5.5	B	—	− 4.9	18.1	
	7 7.4	B	BG7	− 4.5	20.7	
	7 9.5	B	OG2	− 4.0	17.5	
	7 12.3	B	GG14	− 3.4	27.8	
	7 14.5	A	—	− 2.9	20.7	
	7 17.3	A	BG7	− 2.3	20.1	
	7 19.4	A	OG2	− 1.8	17.2	
	7 22.0	B	—	− 1.3	15.0	
	7 24.3	B	BG7	− 0.8	18.2	
	7 27.0	A	—	− 0.2	17.3	
	7 28.2	A	BG7	0.0	19.1	
	7 29.8	A	GG14	+ 0.4	17.4	
	7 32.7	B	—	+ 1.0	15.1	
	7 34.3	B	BG7	+ 1.5	17.1	$7^{h}35^{m}$ $\odot$ sichtbar
	7 38.2	A	—	+ 2.4	17.7	
	7 39.6	A	OG2	+ 2.7	16.5	
	7 41.7	A	BG7	+ 3.1	18.5	
	7 43.2	B	—	+ 3.5	15.0	
	7 45.4	A	—	+ 4.0	18.0	
	17 21.0	A	—	+14.0	17.2	
	17 22.2	A	BG7	+13.7	18.9	
	17 23.4	A	GG14	+13.5	17.5	
	17 26.0	B	—	+12.9	12.5	
	17 27.5	B	BG7	+12.6	15.1	
	17 29.3	B	GG14	+12.2	11.7	
	17 44.0	A	—	+ 9.1	16.9	
	17 45.5	A	BG7	+ 8.8	19.2	
	17 47.4	A	GG14	+ 8.4	16.4	
	17 50.2	B	—	+ 7.8	13.4	
	17 52.3	B	BG7	+ 7.4	16.0	
	17 54.2	B	GG14	+ 7.0	13.9	
	18 4.8	A	—	+ 4.7	17.3	
	18 6.2	A	BG7	+ 4.4	19.5	
	18 7.8	A	GG14	+ 4.1	18.1	
	18 10.5	A	OG2	+ 3.4	16.5	
	18 14.9	B	—	+ 2.5	13.6	
	18 17.0	B	BG7	+ 2.0	16.2	

Tag 1952	Zeit	Punkt	Filter	$h_\odot$	d	Anmerkungen
Aug. 2	$18^h19^m.3$	B	GG14	$+1^\circ.5$	$14^\circ.2$	
	18 22.5	A	—	+ 0.8	17.2	
	18 24.0	A	BG7	+ 0.5	19.4	18^h24^m ⊙ unsichtbar
	18 26.6	A	GG14	0.0	17.4	
	18 27.8	A	OG2	− 0.3	15.8	
	18 32.2	B	—	− 1.3	15.2	
	18 35.2	B	BG7	− 1.9	17.8	
	18 37.3	B	OG2	− 2.4	14.5	
	18 41.0	A	—	− 3.2	20.0	
	18 42.8	A	BG7	− 3.6	20.9	
	18 46.6	A	GG14	− 4.5	20.5	
	18 49.3	B	—	− 5.1	17.5	
	18 56.5	A	—	− 6.7	22.6	
	18 59.0	B	—	− 7.2	24.3	
	19 1.5	A	—	− 7.8	23.6	
3	6 58.0	A	—	− 6.3	25.8	
	7 0.0	B	—	− 5.9	20.3	
	7 2.1	A	BG7	− 5.4	24.7	
	7 4.0	A	GG14	− 5.0	22.4	
	7 6.0	B	BG7	− 4.6	19.1	
	7 10.0	A	—	− 3.7	21.1	
	7 11.6	B	—	− 3.3	15.8	
	7 14.6	B	BG7	− 2.7	17.3	
	7 16.9	B	OG2	− 2.2	14.5	
	7 20.1	A	OG2	− 1.5	16.4	
	7 21.8	A	—	− 1.1	17.3	
	7 24.4	A	GG14	− 0.5	17.2	
	7 25.6	A	BG7	− 0.2	19.1	
	7 27.7	B	—	+ 0.2	14.6	
	7 29.2	B	BG7	+ 0.6	16.5	
	7 30.9	B	OG2	+ 0.9	14.6	
	7 32.0	A	BG7	+ 1.1	19.6	
	7 33.3	A	OG2	+ 1.4	17.4	7^h34^m ⊙ sichtbar
	7 35.3	B	—	+ 1.9	13.9	
	7 37.8	B	BG7	+ 2.4	17.4	
	7 39.5	A	—	+ 2.8	18.2	
	7 41.2	A	BG7	+ 3.2	19.5	
	7 42.4	A	GG14	+ 3.5	18.0	
	7 43.4	A	OG2	+ 3.7	17.0	
	7 45.5	A	—	+ 4.1	18.1	
	7 46.8	B	—	+ 4.4	14.5	
	17 29.0	A	—	+12.4	17.4	
	17 30.0	A	BG7	+12.2	19.4	
	17 31.3	A	OG2	+11.9	16.8	
	17 33.8	B	—	+11.4	12.8	
	17 36.7	B	BG7	+10.8	15.8	
	17 37.9	B	OG2	+10.6	12.8	
	18 7.3	B	—	+ 4.2	14.8	
	18 9.0	B	BG7	+ 3.9	15.9	

Tag 1952	Zeit	Punkt	Filter	$h_\odot$	d	Anmerkungen
Aug. 3	$18^h10^m.4$	B	OG2	+ 3°.5	14°.3	
	18 12.4	A	—	+ 3.1	17.5	
	18 13.7	A	BG7	+ 2.8	20.1	
	18 15.0	A	OG2	+ 2.5	16.5	
	18 27.8	A	—	— 0.2	16.8	
	18 30.2	A	BG7	— 0.8	18.7	
	18 31.7	A	OG2	— 1.1	15.9	
	18 34.8	B	—	— 1.8	15.3	
	18 36.9	B	OG2	— 2.2	13.9	
	18 39.4	B	BG7	— 2.8	17.6	
	18 41.2	A	—	— 3.2	19.7	
	18 42.6	A	BG7	— 3.5	21.0	
	18 44.3	A	OG2	— 3.9	18.6	☽ nahe
4	7 1.5	B	—	— 5.5	18.2	
	7 2.4	B	BG7	— 5.2	19.0	
	7 3.8	B	OG2	— 4.9	16.9	
	7 5.9	A	—	— 4.5	22.2	
	7 7.9	A	BG7	— 4.1	21.4	
	7 9.3	A	OG2	— 3.7	19.9	
	7 12.6	B	—	— 3.0	16.8	
	7 16.0	B	OG2	— 2.3	15.6	
	7 19.7	B	BG7	— 1.4	18.3	
	7 21.7	A	BG7	— 1.0	19.6	
	7 23.1	A	—	— 0.7	17.7	
	7 24.2	A	OG2	— 0.4	16.0	
	7 27.6	B	OG2	+ 0.3	13.7	
	7 29.2	B	—	+ 0.7	14.7	
	7 30.8	B	BG7	+ 1.0	16.4	
	7 33.0	A	—	+ 1.5	17.8	$7^h33^m.5$ ☉ sichtbar
	7 34.5	A	OG2	+ 1.8	16.1	
	7 35.7	A	BG7	+ 2.1	18.5	
	7 37.6	B	—	+ 2.5	15.3	
	7 39.4	B	OG2	+ 2.9	13.1	
	7 41.7	B	BG7	+ 3.4	17.3	
	7 43.6	A	OG2	+ 3.8	16.6	
	7 44.7	A	BG7	+ 4.0	19.1	
	7 45.8	A	—	+ 4.3	17.5	
	17 29.5	A	—	+12.3	17.2	
	17 31.5	A	BG7	+12.0	19.7	
	17 34.8	A	OG2	+11.3	16.2	
	17 39.5	A	BG7	+10.2	18.9	
	17 40.8	A	OG2	+10.0	16.9	
	17 55.3	A	—	+ 6.8	17.4	
	17 56.4	A	BG7	+ 6.6	19.1	
	17 57.4	A	OG2	+ 6.4	16.5	
	17 58.7	B	—	+ 6.1	13.8	
	18 0.3	B	BG7	+ 5.8	16.1	
	18 1.6	B	OG2	+ 5.5	12.7	
	18 6.8	A	—	+ 4.4	16.9	

Tag 1952	Zeit	Punkt	Filter	$h_\odot$	d	Anmerkungen
Aug. 4	$18^h\ 9^m.0$	A	BG7	$+3^\circ.9$	$18^\circ.9$	
	18 10.1	A	OG2	+ 3.7	16.3	
	18 12.8	B	—	+ 3.1	13.9	
	18 14.6	B	BG7	+ 2.8	17.1	
	18 16.5	B	OG2	+ 2.3	13.0	
	18 19.5	A	—	+ 1.7	16.8	
	18 20.7	A	GG14	+ 1.4	16.1	
	18 21.8	A	OG2	+ 1.2	15.7	
	18 23.0	A	BG7	+ 0.9	18.5	
	18 27.4	B	—	— 0.1	14.6	
	18 29.5	B	BG7	— 0.5	17.5	
	18 32.4	B	OG2	— 1.1	13.1	
	18 34.8	A	—	— 1.7	17.1	
	18 36.0	A	BG7	— 2.0	18.9	
	18 37.8	A	OG2	— 2.3	16.6	
	18 43.0	B	—	— 3.5	15.7	schwierig
	18 45.7	B	BG7	— 4.1	18.1	etwas sicherer
	18 48.0	A	—	— 4.6	19.4	
	18 49.2	A	BG7	— 4.9	21.0	
	18 50.3	A	OG2	— 5.2	18.8	☽ stört
5	7 8.1	A	—	— 3.9	21.2	
	7 10.8	A	OG2	— 3.3	19.3	
	7 13.1	A	BG7	— 2.8	21.7	
	7 15.7	B	—	— 2.2	15.5	
	7 17.6	B	OG2	— 1.8	15.2	
	7 20.3	B	BG7	— 1.2	17.5	
	7 25.0	A	BG7	— 0.1	20.2	
	7 26.1	A	OG2	+ 0.1	16.4	
	7 27.3	A	—	+ 0.4	17.7	
	7 28.3	A	BG7	+ 0.6	20.4	
	7 30.0	B	—	+ 0.9	14.4	
	7 31.8	B	OG2	+ 1.3	13.3	
	7 33.1	B	BG7	+ 1.6	17.4	7^h33^m ☉ sichtbar
	7 36.8	A	—	+ 2.4	17.7	
	7 38.0	A	OG2	+ 2.7	16.8	
	7 39.1	A	BG7	+ 2.9	19.5	
	7 41.5	B	—	+ 3.4	14.6	
	7 43.2	B	OG2	+ 3.8	14.0	
	7 46.0	B	BG7	+ 4.4	16.9	
	7 48.0	A	—	+ 4.8	18.7	
	7 49.1	A	OG2	+ 5.1	17.5	
	7 50.0	A	BG7	+ 5.3	19.4	
	7 51.4	A	BG7	+ 5.6	19.9	
	7 53.7	B	—	+ 6.1	14.1	
	7 55.5	B	OG2	+ 6.5	13.8	
	7 57.2	B	BG7	+ 6.8	16.6	
	7 59.6	A	—	+ 7.4	18.8	
	8 0.7	A	OG2	+ 7.6	17.7	
	8 2.1	A	BG7	+ 7.9	20.3	

Tag 1952	Zeit	Punkt	Filter	$h_\odot$	d	Anmerkungen
Aug. 5	$8^h\ 5^m.2$	B	—	+ 8°.5	15°.2	
	8 7.2	B	OG2	+ 9.0	13.5	
	8 8.6	B	BG7	+ 9.3	16.1	
	8 10.8	A	—	+ 9.7	18.9	
	8 12.3	A	OG2	+10.0	18.0	
	8 13.5	A	BG7	+10.3	20.7	
	8 15.8	B	—	+10.8	14.5	
	8 17.2	A	—	+11.1	19.5	
	8 18.4	A	BG7	+11.3	20.5	
	8 19.7	A	OG2	+11.6	18.4	
	8 22.0	A	—	+12.1	18.8	
	8 23.3	A	OG2	+12.4	17.6	
	8 24.6	A	BG7	+12.6	20.3	
	8 28.3	B	—	+13.4	15.3	
	8 29.8	A	—	+13.7	18.6	
	8 31.0	A	OG2	+14.0	18.1	Gebirge stört
	8 32.3	A	BG7	+14.2	19.9	
	16 30.0	B	—	+24.5	10.7	
	16 32.0	B	BG7	+24.1	12.0	
	16 34.2	B	OG2	+23.7	10.3	
	16 35.8	B	—	+23.4	11.1	
	16 53.8	B	—	+19.8	10.8	
	16 55.6	B	OG2	+19.4	10.7	
	16 57.0	B	BG7	+19.1	14.2	
	17 8.5	A	—	+16.8	18.5	
	17 10.2	A	BG7	+16.4	19.6	
	17 12.2	B	—	+16.0	12.1	
	17 13.5	B	BG7	+15.8	13.8	
	17 15.2	A	—	+15.4	18.7	
	17 16.7	A	BG7	+15.1	20.2	
	18 7.7	A	—	+ 4.3	18.2	
	18 8.9	A	BG7	+ 4.1	20.1	
	18 9.9	A	OG2	+ 3.9	16.9	
	18 16.3	B	—	+ 2.5	13.2	
	18 18.3	B	BG7	+ 2.1	16.0	
	18 19.4	A	—	+ 1.8	17.9	
	18 20.6	A	BG7	+ 1.5	18.9	
	18 21.8	A	OG2	+ 1.3	16.6	
	18 27.5	B	—	0.0	15.3	
	18 29.5	B	BG7	− 0.4	17.5	
	18 33.2	B	OG2	− 1.2	14.6	
	18 35.5	A	—	− 1.7	18.2	
	18 37.0	A	BG7	− 2.0	20.0	
	18 38.0	A	BG7	− 2.4	20.3	
	18 40.5	A	OG2	− 2.9	18.3	
	18 43.7	B	—	− 3.6	15.5	
	18 46.4	A	—	− 4.2	20.4	
	18 48.6	A	BG7	− 4.7	21.5	
	18 50.0	A	OG2	− 5.0	21.2	

Tag 1952	Zeit	Punkt	Filter	$h_\odot$	d	Anmerkungen
Aug. 5	$18^h52^m.5$	B	—	$-5°.5$	$17°.9$	
	18 54.8	B	BG7	− 6.0	21.7	
	18 57.0	B	OG2	− 6.6	21.7	
	19 0.3	A	—	− 7.3	24.0	
	19 2.9	B	—	− 7.9	26.5	
	19 4.8	A	—	− 8.3	24.6	
6	7 6.9	A	—	− 4.0	21.3	
	7 8.5	A	OG2	− 3.7	20.0	
	7 10.8	A	BG7	− 3.2	21.2	
	7 14.4	B	—	− 2.4	15.1	
	7 17.6	B	BG7	− 1.7	17.7	
	7 20.9	B	OG2	− 1.0	14.7	
	7 22.9	A	—	− 0.6	17.0	
	7 24.3	A	BG7	− 0.2	19.0	
	7 25.7	A	OG2	+ 0.1	16.1	
	7 28.0	B	—	+ 0.6	15.0	
	7 29.8	B	BG7	+ 1.0	17.5	
	7 32.6	B	OG2	+ 1.6	13.7	7^h32^m $\odot$ sichtbar
	7 35.3	A	—	+ 2.2	17.4	
	7 36.5	A	OG2	+ 2.4	16.3	
	7 37.6	A	BG7	+ 2.7	19.0	
	7 40.3	B	—	+ 3.3	15.9	
	7 42.2	B	OG2	+ 3.7	13.7	
	7 44.2	B	BG7	+ 4.1	16.8	
	7 47.3	A	—	+ 4.8	17.8	
	7 48.3	A	OG2	+ 5.0	16.7	
	7 49.8	A	BG7	+ 5.3	19.5	
	7 52.7	B	—	+ 6.0	14.9	
	7 54.7	B	OG2	+ 6.4	13.6	
	7 56.5	B	BG7	+ 6.8	17.4	
	7 58.8	A	—	+ 7.3	17.5	
	8 0.2	A	OG2	+ 7.6	16.8	
	8 2.1	A	BG7	+ 8.0	19.8	
	8 5.1	B	—	+ 8.6	14.7	
	8 6.6	A	—	+ 8.9	18.2	
	8 7.9	A	OG2	+ 9.2	17.0	
	8 9.3	A	BG7	+ 9.6	19.8	
	8 11.6	B	—	+10.0	15.6	
	8 13.6	A	—	+10.5	18.0	
	8 15.1	A	OG2	+10.8	16.9	
	8 16.6	A	BG7	+11.1	19.7	
	8 19.6	A	—	+11.7	17.8	
	8 21.0	A	OG2	+12.1	17.3	Gebirge stört
	8 22.8	A	BG7	+12.4	19.4	
	10 51.5	B	—	+40.2	8.9	
	11 18.0	B	—	+44.0	7.4	schwierig
	13 1.5	B	—	+50.7	7.4	,,
	15 18.4	B	—	+37.6	10.0	,,
	17 17.2	A	—	+15.3	17.4	

Tag 1952	Zeit	Punkt	Filter	$h_\odot$	d	Anmerkungen
Aug. 6	$17^h19^m.3$	A	BG7	$+14^\circ.8$	$18^\circ.4$	
	17 30.0	A	—	+12.5	17.5	
	17 31.2	A	BG7	+12.3	19.2	
	17 32.2	A	OG2	+12.0	16.3	
	17 35.6	B	—	+11.3	12.9	
	17 38.3	A	—	+10.8	17.2	
	17 39.8	A	OG2	+10.5	16.0	
	17 41.2	A	BG7	+10.2	19.4	
	17 48.1	B	—	+ 8.6	14.1	
	17 49.6	B	BG7	+ 8.3	15.2	
	17 51.1	B	OG2	+ 8.0	13.5	
	17 52.7	A	OG2	+ 7.7	17.1	
	17 53.8	A	BG7	+ 7.4	20.0	
	17 55.0	A	—	+ 7.2	18.1	
	18 10.2	A	—	+ 3.9	18.0	
	18 12.1	A	BG7	+ 3.4	19.5	
	18 13.6	A	OG2	+ 3.1	16.6	
	18 15.9	B	—	+ 2.7	15.1	
	18 18.4	B	BG7	+ 2.1	17.1	
	18 31.2	A	—	− 0.7	17.2	
	18 32.3	A	BG7	− 1.0	19.3	
	18 34.0	A	OG2	− 1.3	16.5	
	18 36.9	B	—	− 1.9	15.8	
	18 40.5	A	—	− 2.8	19.9	
	18 43.5	A	OG2	− 3.4	19.3	
	18 45.3	A	BG7	− 3.8	21.0	
7	7 11.0	A	—	− 3.0	19.8	
	7 12.9	A	OG2	− 2.5	18.8	
	7 14.4	A	BG7	− 2.3	20.8	
	7 16.4	B	—	− 1.8	15.6	
	7 18.7	B	BG7	− 1.3	18.2	
	7 22.8	B	OG2	− 0.4	14.0	
	7 24.7	A	—	0.0	17.4	
	7 26.0	A	BG7	+ 0.3	19.1	
	7 27.2	A	OG2	+ 0.6	16.6	
	7 29.0	B	—	+ 1.0	16.4	
	7 30.6	B	OG2	+ 1.3	13.8	
	7 32.5	B	BG7	+ 1.7	17.4	7^h32^m ⊙ sichtbar
	7 36.4	A	OG2	+ 2.6	16.8	
	7 37.6	A	BG7	+ 2.8	19.2	
	7 38.8	A	—	+ 3.1	18.1	
	7 42.0	B	—	+ 3.8	14.5	
	7 43.8	B	OG2	+ 4.2	12.5	
	7 45.8	B	BG7	+ 4.6	16.1	
	7 48.3	A	—	+ 5.2	18.5	
	7 49.4	A	OG2	+ 5.4	17.3	
	7 50.5	A	BG7	+ 5.7	19.7	
	7 55.7	B	—	+ 6.7	14.6	
	7 58.0	B	OG2	+ 7.3	13.1	

Tag 1952	Zeit	Punkt	Filter	$h_{\odot}$	d	Anmerkungen
Aug. 7	$7^h59^m.7$	B	BG7	+ 7°.6	16°.5	
	8 3.2	A	—	+ 8.4	18.5	
	8 4.9	A	OG2	+ 8.8	17.8	
	8 6.4	A	BG7	+ 9.1	20.9	
	8 8.0	B	—	+ 9.4	13.8	
	8 9.0	B	OG2	+ 9.7	12.9	
	8 12.0	B	BG7	+10.3	15.7	
	8 14.7	A	—	+10.9	19.0	
	8 16.0	A	OG2	+11.2	17.7	
	8 17.3	A	BG7	+11.4	20.9	
	8 19.7	B	—	+11.9	13.4	
	8 21.5	A	OG2	+12.3	18.0	
	8 23.1	A	—	+12.7	18.7	
	8 24.5	A	BG7	+13.0	20.4	
	11 30.8	B	—	+45.8	5.5	
	11 35.8	Br	—	+46.4	−10.6	sehr schwierig
	12 27.5	B	—	+50.4	5.7	
	12 30.5	Br	—	+50.5	− 8.5	sehr schwierig
	16 44.3	B	—	+22.0	10.2	
	17 24.2	A	—	+13.8	18.0	
	17 27.0	A	BG7	+13.2	20.2	
	17 28.0	A	OG2	+13.0	17.8	
	17 29.4	B	—	+12.7	10.9	
	17 34.6	A	—	+11.6	18.4	
	17 36.3	A	OG2	+11.3	17.5	
	17 37.7	A	BG7	+11.0	20.7	
	17 41.9	B	—	+10.1	11.1	
	17 43.3	A	BG7	+ 9.7	20.5	
	17 44.7	A	OG2	+ 9.5	18.0	
	17 46.0	A	—	+ 9.2	19.0	
	17 51.0	B	—	+ 8.1	12.5	
	17 52.6	B	BG7	+ 7.8	15.1	
	17 54.4	B	OG2	+ 7.4	12.2	
	17 57.0	A	—	+ 6.8	18.9	
	17 59.0	A	OG2	+ 6.4	18.2	
	18 0.5	A	BG7	+ 6.1	20.9	
	18 4.0	A	—	+ 5.3	19.0	
	18 5.4	A	BG7	+ 5.0	20.7	
	18 6.6	A	OG2	+ 4.7	18.1	
	18 9.2	B	—	+ 4.2	14.3	
	18 11.4	B	OG2	+ 3.7	13.3	
	18 13.3	B	BG7	+ 3.3	16.2	
	18 15.8	A	—	+ 2.8	19.1	
	18 17.3	A	OG2	+ 2.5	18.2	
	18 19.0	A	BG7	+ 2.1	20.5	
	18 22.1	B	—	+ 1.4	14.2	
	18 27.9	A	—	+ 0.1	18.4	
	18 29.8	A	OG2	− 0.3	17.5	
	18 32.0	A	BG7	− 0.8	19.8	

Tag 1952	Zeit	Punkt	Filter	$h_\odot$	d	Anmerkungen
Aug. 7	$18^h34^m.3$	B	—	$-1.^\circ3$	$15.^\circ6$	
	18 38.2	A	BG7	− 2.1	20.6	
	18 41.2	A	OG2	− 2.8	19.3	
	18 44.1	A	—	− 3.5	21.0	
	18 46.7	B	—	− 4.0	17.1	
	18 49.7	A	—	− 4.6	21.3	
	18 51.0	A	OG2	− 5.0	21.0	
	18 52.9	A	BG7	− 5.3	24.1	
	18 55.4	B	—	− 5.9	19.5	
	18 59.0	A	—	− 6.7	24.8	
	19 1.4	B	—	− 7.3	24.3	
8	7 17.0	A	—	− 1.5	17.9	
	7 18.7	A	BG7	− 1.1	19.7	
	7 20.5	A	OG2	− 0.7	16.7	
	7 23.0	B	—	− 0.2	15.9	
	7 26.0	B	BG7	+ 0.5	18.3	
	7 27.8	B	OG2	+ 0.9	14.1	
	7 29.3	A	—	+ 1.2	17.9	7^h30^m ⊙ sichtbar
	7 31.3	A	OG2	+ 1.7	17.0	
	7 32.8	A	BG7	+ 2.0	20.5	
	7 35.3	B	—	+ 2.5	15.2	
	7 36.9	B	BG7	+ 2.9	17.4	
	7 38.7	B	OG2	+ 3.3	13.4	
	7 40.3	A	BG7	+ 3.6	20.2	
	7 41.7	A	OG2	+ 3.9	17.5	
	7 43.4	A	—	+ 4.3	19.0	
	7 48.6	B	—	+ 5.4	14.5	
	7 50.0	A	—	+ 5.7	19.0	
	7 51.8	A	OG2	+ 6.1	17.6	
	7 53.3	A	BG7	+ 6.4	20.6	
	7 56.4	B	—	+ 7.1	15.0	
	7 58.2	A	OG2	+ 7.5	18.0	
	7 59.7	A	—	+ 7.8	18.8	
	8 0.9	A	BG7	+ 8.1	20.2	
	8 3.4	B	—	+ 8.6	14.9	
	8 5.4	A	OG2	+ 9.1	18.0	
	8 6.9	A	BG7	+ 9.4	20.6	
	8 8.8	A	—	+ 9.8	19.7	
	8 11.3	B	—	+10.3	14.7	
	8 13.4	A	—	+10.8	19.6	
	8 15.0	A	OG2	+11.1	18.1	
	8 16.7	A	BG7	+11.5	20.6	
	8 18.2	B	—	+11.8	14.6	
	8 21.0	A	OG2	+12.4	17.7	Berggipfel nahe
	8 22.7	A	BG7	+12.8	19.8	
	8 24.3	A	—	+13.1	19.4	
	10 44.0	B	—	+39.6	7.3	relativ gut sichtbar
	10 46.0	B	BG7	+39.9	8.2	
	10 51.0	Br	—	+40.7	−12.8	sehr schwierig

Tag 1952	Zeit	Punkt	Filter	$h_\odot$	d	Anmerkungen
Aug. 8	11^h20^m:	B	RG1	$+44^\circ.5$	$5^\circ.7$	RG1 2 mm versuchsweise
	11 48.0	B	—	+47.8	6.8	
	12 50.0	B	—	+51.3	6.2	
	16 39.3	B	—	+23.1	9.9	
	16 41.0	B	BG7	+22.8	12.5	
	16 42.8	B	OG2	+22.4	10.5	
	16 45.0	B	RG1	+22.0	8.5	
	17 17.6	A	—	+15.3	17.5	
	17 18.8	A	BG7	+15.1	19.4	
	17 20.0	A	OG2	+14.8	16.5	
	17 23.8	A	—	+14.0	17.5	
	17 25.3	A	OG2	+13.7	16.4	
	17 26.7	A	BG7	+13.4	18.9	
	17 28.3	A	RG1	+13.1	15.6	
	17 30.3	B	—	+12.7	12.0	
	17 34.6	A	—	+11.8	18.2	
	17 36.3	A	OG2	+11.4	16.7	
	17 37.7	A	BG7	+11.1	20.3	
	17 46.5	A	—	+ 9.3	18.5	
	17 48.2	A	BG7	+ 8.9	20.3	
	17 49.8	A	OG2	+ 8.6	17.3	
	17 54.7	B	—	+ 7.5	12.9	
	17 57.0	B	OG2	+ 7.0	11.4	
	17 59.0	B	BG7	+ 6.6	16.7	
	18 0.3	A	OG2	+ 6.3	17.6	
	18 2.0	A	—	+ 5.9	18.4	
	18 3.6	A	BG7	+ 5.6	20.7	
	18 10.0	A	—	+ 4.2	18.7	
	18 11.5	A	BG7	+ 3.9	20.3	
	18 12.8	A	OG2	+ 3.6	17.6	
	18 15.3	B	—	+ 3.0	14.2	
	18 18.7	B	OG2	+ 2.3	12.3	
	18 20.4	B	BG7	+ 1.9	17.6	
	18 22.8	A	—	+ 1.4	18.7	
	18 24.0	A	OG2	+ 1.1	17.2	18^h25^m ⊙ verschwindet
	18 26.0	A	BG7	+ 0.7	20.0	
	18 27.7	A	RG1	+ 0.3	16.3	
	18 35.3	A	—	− 1.4	17.9	
	18 37.0	A	BG7	− 1.8	20.5	
	18 38.8	A	OG2	− 2.2	18.4	
	18 41.9	B	—	− 2.9	16.7	
	18 47.9	A	—	− 4.2	21.2	
	18 49.5	A	OG2	− 4.6	20.3	
	18 51.0	A	BG7	− 4.9	21.9	
	18 53.7	B	—	− 5.5	20.5	
	18 55.6	A	—	− 6.0	22.6	
	18 58.8	A	BG7	− 6.7	24.6	
	18 59.9	A	OG2	− 6.9	22.2	
9	7 15.0	A	—	− 1.8	19.0	

Tag 1952	Zeit	Punkt	Filter	$h_\odot$	d	Anmerkungen
Aug. 9	$7^h 20^m.3$	A	BG7	$-0^\circ.6$	$20^\circ.2$	
	7 23.1	A	OG2	0.0	17.0	
	7 25.1	B	—	+ 0.5	16.2	
	7 27.0	A	OG2	+ 0.8	17.1	
	7 28.0	A	—	+ 1.1	18.2	
	7 29.5	A	BG7	+ 1.4	20.1	$7^h 29^m$ ⊙ sichtbar
	7 31.4	B	—	+ 1.8	15.8	
	7 33.1	B	OG2	+ 2.2	13.7	
	7 34.6	B	BG7	+ 2.5	17.5	
	7 37.8	A	—	+ 3.2	18.5	
	7 39.0	A	OG2	+ 3.5	17.7	
	7 40.4	A	BG7	+ 3.8	19.9	
	7 48.3	A	—	+ 5.5	18.8	
	7 49.5	A	OG2	+ 5.7	17.9	
	7 50.6	A	BG7	+ 6.0	20.2	
	7 52.1	B	—	+ 6.3	13.9	
	7 56.1	A	—	+ 7.2	18.9	
	7 57.2	A	OG2	+ 7.4	17.9	
	7 58.3	A	BG7	+ 7.6	21.0	
	7 59.6	A	GG14	+ 7.8	18.8	
	8 1.0	A	RG1	+ 8.2	17.3	
	8 2.3	A	—	+ 8.5	19.2	
	8 5.6	B	OG2	+ 9.2	11.4	
	8 7.4	B	—	+ 9.6	14.6	
	8 10.2	B	BG7	+10.2	15.5	
	8 12.1	A	OG2	+10.6	19.0	
	8 13.4	A	—	+10.9	19.6	
	8 14.5	A	BG7	+11.1	21.0	
	8 21.4	A	—	+12.6	18.6	
	8 22.7	A	OG2	+12.9	17.2	Berg stört etwas
	8 24.5	A	BG7	+13.3	20.5	
	11 12.5	B	—	+44.0	6.4	
	11 50.0	B	—	+48.4	5.8	
	12 25.5	B	—	+50.9	5.3	
	12 27.5	B	BG7	+50.9	7.3	
	17 7.5	B	—	+17.6	10.8	
	17 9.6	B	OG2	+17.1	11.0	
	17 11.7	B	BG7	+16.7	13.9	gut
	17 16.0	A	—	+15.8	19.5	
	17 17.7	A	OG2	+15.5	19.0	
	17 19.2	A	BG7	+15.1	21.7	
	17 21.8	A	—	+14.6	19.7	
	17 23.3	A	OG2	+14.3	19.0	
	17 24.5	A	BG7	+14.0	21.3	
	17 26.2	B	—	+13.6	11.5	
	17 27.8	A	—	+13.3	19.5	
	17 29.1	A	OG2	+13.0	18.2	
	17 30.3	A	BG7	+12.8	20.7	
	17 33.9	B	—	+12.0	11.7	

Tag 1952	Zeit	Punkt	Filter	$h_{\odot}$	d	Anmerkungen
Aug. 9	$17^h35^m.6$	A	—	$+11.^\circ7$	$20.^\circ3$	
	17 36.8	A	OG2	+11.4	18.9	
	17 38.0	A	BG7	+11.1	21.0	
	17 39.9	A	RG1	+10.8	18.6	
	17 42.6	A	—	+10.2	19.2	
	17 43.9	A	OG2	+ 9.9	18.7	
	17 45.2	A	BG7	+ 9.6	21.7	
	17 50.2	A	—	+ 8.5	19.5	
	17 51.6	A	OG2	+ 8.3	18.9	
	17 53.2	A	BG7	+ 7.9	22.1	
	17 59.4	B	—	+ 6.6	12.7	
	18 2.3	A	—	+ 6.0	19.3	
	18 3.5	A	OG2	+ 5.7	18.5	
	18 4.8	A	BG7	+ 5.4	21.8	
	18 16.4	A	—	+ 2.9	19.2	
	18 17.6	A	OG2	+ 2.6	18.0	
	18 18.7	A	BG7	+ 2.4	20.9	
	18 19.9	A	RG1	+ 2.2	17.5	
	18 21.4	B	—	+ 1.8	14.9	
	18 22.9	B	OG2	+ 1.4	13.9	
	18 24.4	B	BG7	+ 1.1	18.4	18^h24^m $\odot$ verschwindet
	18 26.9	A	—	+ 0.6	19.1	
	18 28.0	A	OG2	+ 0.3	18.1	
	18 29.2	A	BG7	0.0	20.2	
	18 36.3	A	—	− 1.5	18.7	
	18 37.8	A	OG2	− 1.8	18.0	
	18 39.7	A	BG7	− 2.2	21.7	
	18 41.8	B	—	− 2.7	16.6	
	18 48.7	A	—	− 4.2	21.0	
	18 50.2	A	OG2	− 4.6	21.1	
	18 51.6	A	BG7	− 4.9	22.7	
	18 55.0	B	—	− 5.6	19.8	
	18 58.0	A	—	− 6.4	23.1	
10	7 15.6	A	—	− 1.6	16.9	
	7 18.8	A	BG7	− 0.8	19.8	
	7 20.2	A	OG2	− 0.5	15.9	
	7 22.0	B	—	− 0.1	15.6	
	7 25.4	B	OG2	+ 0.7	13.0	
	7 26.9	B	BG7	+ 0.9	17.2	
	7 28.0	A	—	+ 1.2	17.3	
	7 29.4	A	BG7	+ 1.5	19.3	
	7 30.7	A	OG2	+ 1.8	16.2	
	7 43.8	A	—	+ 4.7	17.7	
	7 45.2	A	OG2	+ 5.0	15.5	
	7 46.8	A	BG7	+ 5.3	19.5	
	7 48.5	B	—	+ 5.7	14.7	
	7 53.3	A	—	+ 6.7	17.2	
	7 54.8	A	OG2	+ 7.0	16.3	
	7 56.0	A	BG7	+ 7.3	19.0	

Tag 1952	Zeit	Punkt	Filter	$h_{\odot}$	d	Anmerkungen
Aug. 10	$7^h57^m.7$	B	—	+ 7°.6	15°.1	
	8 1.6	A	—	+ 8.5	17.9	
	8 3.0	A	OG2	+ 8.8	16.5	
	8 4.3	A	BG7	+ 9.1	19.7	
	8 5.9	B	—	+ 9.4	14.9	
	8 8.2	A	—	+ 9.9	17.7	
	8 9.6	A	OG2	+10.2	16.2	
	8 11.0	A	BG7	+10.5	19.4	
	8 13.8	A	—	+11.1	17.3	
	8 15.1	A	OG2	+11.4	16.4	
	8 16.6	A	BG7	+11.7	19.8	
	11 15.8	B	—	+44.7	5.0	
	11 18.0	B	BG7	+45.0	7.1	
	12 56.0	B	—	+51.9	6.0	
	16 18.5	B	—	+27.6	9.7	
	17 40.8	A	—	+10.6	18.5	
	17 43.4	A	BG7	+10.0	19.7	
	17 47.0	A	OG2	+ 9.3	17.0	
	18 3.5	A	—	+ 5.8	17.5	
	18 5.0	A	OG2	+ 5.4	16.4	
	18 6.5	A	BG7	+ 5.1	19.8	
	18 9.3	B	—	+ 4.5	13.6	
	18 11.0	B	BG7	+ 4.1	15.7	
	18 13.0	B	OG2	+ 3.7	13.0	
	18 14.8	A	BG7	+ 3.4	20.0	
	18 16.0	A	OG2	+ 3.0	17.0	
	18 17.3	A	—	+ 2.8	17.6	
	18 21.5	B	—	+ 1.8	14.3	
	18 23.8	B	OG2	+ 1.3	13.0	
	18 25.6	B	BG7	+ 0.9	16.9	⊙ unsichtbar
	18 29.6	A	—	0.0	17.5	
	18 30.5	A	BG7	− 0.2	19.1	
	18 32.7	A	OG2	− 0.6	16.5	
	18 41.0	A	—	− 2.4	19.6	
	18 42.4	A	BG7	− 2.7	20.5	
	18 44.2	A	OG2	− 3.2	19.7	
	18 46.5	B	—	− 3.6	17.6	
	18 49.3	A	—	− 4.3	20.4	
	18 51.4	A	OG2	− 4.8	20.3	
	18 53.2	A	BG7	− 5.2	22.3	
	18 55.4	B	—	− 5.7	19.6	
	18 58.3	B	BG7	− 6.4	22.1	
	19 1.7	A	—	− 7.2	22.5	
11	6 58.5	A	—	− 5.1	24.4	
	7 0.0	A	BG7	− 4.8	24.3	
	7 0.8	A	OG2	− 4.7	22.7	
	7 7.9	B	—	− 3.1	16.7	
	7 18.8	A	—	− 0.6	18.2	
	7 20.3	A	OG2	− 0.3	16.6	

Tag 1952	Zeit	Punkt	Filter	$h_{\odot}$	d	Anmerkungen
Aug. 11	$7^h21^m.7$	A	BG7	0°0	19°4	
	7 23.2	B	—	+ 0.4	14.9	
	7 24.6	B	OG2	+ 0.7	13.2	
	7 26.0	B	BG7	+ 1.0	17.8	7^h27^m ⊙ sichtbar
	7 27.7	A	—	+ 1.3	17.3	
	7 29.8	A	OG2	+ 1.8	15.8	
	7 31.2	A	BG7	+ 2.1	19.7	
	7 34.5	B	—	+ 2.8	15.1	
	7 36.4	B	BG7	+ 3.2	17.3	
	7 38.3	B	OG2	+ 3.6	13.7	
	7 41.0	B	—	+ 4.2	15.2	
	7 42.4	A	—	+ 4.5	17.7	
	7 43.8	A	OG2	+ 4.8	16.9	
	7 45.2	A	BG7	+ 5.1	19.7	
	7 54.8	B	—	+ 7.2	13.0	
	7 56.3	A	—	+ 7.6	18.8	
	7 57.6	A	BG7	+ 7.9	20.2	
	7 58.9	A	OG2	+ 8.1	17.6	
	8 6.2	A	—	+ 9.7	18.3	
	8 7.6	A	OG2	+10.0	17.4	
	8 8.9	A	BG7	+10.3	19.5	
	8 12.0	B	—	+11.0	13.3	
	8 13.5	A	—	+11.3	19.1	
	8 15.0	A	OG2	+11.6	17.9	
	8 16.3	A	BG7	+11.9	20.3	
	10 49.5	B	—	+41.1	6.8	
	10 51.7	B	BG7	+41.5	8.4	sicher erkennbar
	10 53.6	B	RG1	+41.7	6.4	schwieriger
	12 50.5	B	—	+52.2	6.4	
	16 20.9	B	—	+27.2	6.7	
	17 35.5	B	—	+11.8	11.3	
	17 38.5	A	—	+11.2	19.5	Ci in dieser Gegend
	17 41.0	A	BG7	+10.6	20.8	Ci in dieser Gegend
	17 42.5	A	OG2	+10.3	19.1	Ci
	17 51.3	A	—	+ 8.4	18.9	
	17 53.7	A	BG7	+ 7.9	20.2	Ci kommt nahe
	18 10.4	B	—	+ 4.3	13.9	
	18 11.5	A	—	+ 4.1	17.9	Ci nahe
	18 13.0	A	BG7	+ 3.7	19.3	Ci nahe
	18 14.1	A	OG2	+ 3.5	16.8	Ci nahe
	18 29.5	B	—	+ 0.1	14.2	
	18 31.3	B	BG7	— 0.3	17.8	im Osten noch
	18 33.3	B	OG2	— 0.7	13.9	störender Ci
	18 36.7	A	—	— 1.5	17.1	
	18 38.5	A	OG2	— 1.9	16.1	
	18 40.2	A	BG7	— 2.3	19.9	
	18 44.0	B	—	— 3.1	15.1	
	18 53.5	A	—	— 5.2	19.6	
12	10 6.0	B	—	+34.1	6.9	kleiner Ci nahe

Tag 1952	Zeit	Punkt	Filter	$h_{\odot}$	d	Anmerkungen
Aug. 12	$11^h51^m.0$	B	—	$+49^\circ.3$	$7^\circ.5$	
	18 14.8	A	—	+ 3.5	18.1	
	18 17.0	A	BG7	+ 3.0	20.3	
	18 19.2	A	OG2	+ 2.5	17.8	
	18 29.5	A	—	+ 0.2	17.2	
	18 30.8	A	OG2	− 0.1	16.2	
	18 32.5	A	BG7	− 0.5	18.7	
	18 41.8	A	—	− 2.5	19.7	
	18 43.5	A	BG7	− 2.9	19.7	
	18 45.0	A	OG2	− 3.2	18.9	
	18 48.8	A	—	− 4.1	19.7	
	18 50.4	A	BG7	− 4.4	20.9	
	18 51.7	A	OG2	− 4.7	21.5	sic!
	18 53.0	A	—	− 5.0	22.0	
13	11 38.0	B	—	+48.2	5.9	
	11 39.7	B	BG7	+48.3	6.9	
	11 41.4	B	OG2	+48.5	5.8	
	17 12.4	A	—	+17.0	19.5	
	17 14.6	A	BG7	+16.6	20.7	
	17 17.5	A	OG2	+15.9	18.4	
	17 22.4	A	—	+14.9	19.4	
	17 23.9	A	BG7	+14.6	20.4	
	17 25.5	A	OG2	+14.3	18.8	
	17 45.5	A	—	+10.0	19.5	
	17 46.6	A	BG7	+ 9.8	21.2	
	17 47.9	A	OG2	+ 9.5	18.6	
	17 49.8	B	—	+ 9.1	12.5	
	17 51.5	B	BG7	+ 8.7	14.3	
	17 53.4	B	OG2	+ 8.3	11.8	
	18 5.0	A	—	+ 5.7	18.7	
	18 6.2	A	OG2	+ 5.5	18.5	
	18 8.1	A	BG7	+ 5.1	20.8	
	18 10.0	B	—	+ 4.6	14.3	
	18 20.4	A	—	+ 2.3	19.0	
	18 21.8	A	BG7	+ 2.0	20.4	
	18 23.1	A	OG2	+ 1.7	18.1	18^h26^m $\odot$ unsichtbar
	18 28.0	B	—	+ 0.6	14.7	
	18 30.9	A	—	0.0	18.3	
	18 32.4	A	BG7	− 0.3	19.5	
	18 34.3	A	OG2	− 0.7	16.7	
	18 40.6	B	—	− 2.2	16.4	
	18 44.8	A	—	− 3.1	20.0	
	18 46.6	A	BG7	− 3.5	20.4	
	18 48.5	A	OG2	− 3.9	19.5	
	18 54.8	A	—	− 5.3	23.3	
14	12 6.0	B	—	+51.2	5.1	
	12 11.2	B	BG7	+51.6	5.9	
	12 15.4	B	OG2	+51.9	5.3	
	17 22.4	A	—	+15.0	17.5	

Tag 1952	Zeit	Punkt	Filter	$h_\odot$	d	Anmerkungen
Aug. 14	$17^h24^m.4$	A	OG2	+14°.5	16°.6	
	17 25.7	A	BG7	+14.3	19.4	
	17 40.8	A	—	+11.1	17.4	
	17 42.0	A	OG2	+10.9	16.5	
	17 43.3	A	BG7	+10.6	19.7	
	17 55.5	A	—	+ 8.0	18.2	
	17 56.9	A	OG2	+ 7.7	16.3	
	17 58.4	A	BG7	+ 7.3	19.6	
	18 10.6	A	—	+ 4.6	17.7	
	18 12.2	A	BG7	+ 4.2	19.0	
	18 13.8	A	OG2	+ 3.9	16.2	
	18 22.5	A	—	+ 1.9	17.2	
	18 24.4	A	OG2	+ 1.5	15.7	
	18 26.5	A	BG7	+ 1.0	18.6	18^h26^m ⊙ unsichtbar
	18 34.2	A	—	− 0.7	17.5	
	18 36.0	A	BG7	− 1.1	18.5	
	18 37.5	A	OG2	− 1.4	16.0	
	18 40.7	A	—	− 2.1	18.0	
	18 42.3	A	OG2	− 2.5	16.6	
	18 44.3	A	BG7	− 3.0	19.8	
	18 49.6	A	—	− 4.1	20.6	
	18 51.4	A	OG2	− 4.6	20.1	
	18 52.8	A	BG7	− 4.9	22.3	
15	11 49.5	B	—	+50.1	4.3	schwer zu sehen
	18 22.5	B	—	+ 2.1	16.0	im E Sc, tief im W
	18 25.5	B	BG7	+ 1.4	18.6	einige Ci, ∞
	18 29.0:	B	OG2	+ 0.6	16.3	
	18 40.7	B	—	− 2.0	16.8	
	18 42.5	B	OG2	− 2.5	16.3	
	18 44.6	B	BG7	− 2.9	20.9	
	18 46.0	A	—	− 3.2	20.9	
	18 47.5	A	OG2	− 3.6	21.5	Die Messung des A-
	18 49.0	A	BG7	− 4.0	20.9	Punktes an dunkel-
	18 51.2	A	—	− 4.4	21.2	blauer Stelle, 5° über
	18 52.5	A	OG2	− 4.7	20.5	abziehenden Sc
	18 53.7	A	BG7	− 4.9	21.6	jetzt kleine Sc dicht
16	13 2.3	B	—	+53.7	4.8	dabei
17	6 58.6	A	—	− 4.3	20.4	
	7 0.0	A	OG2	− 4.0	20.1	
	7 1.8	A	BG7	− 3.5	21.2	
	7 3.6	B	—	− 3.1	19.3	
	7 6.0	B	OG2	− 2.6	17.1	durch kleine Wolken
	7 7.4	B	BG7	− 2.3	20.8	gestört
	7 9.3	A	—	− 1.9	17.7	
	7 11.1	A	BG7	− 1.5	20.1	
	7 12.5	A	OG2	− 1.1	17.9	
	7 18.6	A	—	+ 0.2	18.5	
	7 19.8	A	OG2	+ 0.5	18.2	
	7 21.8	A	BG7	+ 0.9	19.6	

Tag 1952	Zeit	Punkt	Filter	$h_{\odot}$	d	Anmerkungen
Aug. 17	$7^h24^m.4$	A	—	$+ 1°.5$	$20°.3$	
	11 38.5	B	—	+49.4	5.7	
	11 41.7	B	BG7	+49.7	6.2	
	17 14.0	A	—	+17.2	22.2	
	17 15.5	A	OG2	+16.8	20.8	
	17 16.7	A	BG7	+16.6	22.6	
	17 22.0	B	—	+15.5	12.2	unsicher, ∞
	17 24.2	A	—	+15.0	22.8	
	17 25.6	A	BG7	+14.7	23.0	
	17 27.0	A	OG2	+14.4	21.9	
	18 10.0	A	—	+ 5.0	22.5	
	18 11.9	A	BG7	+ 4.6	22.6	
	18 13.3	A	OG2	+ 4.2	21.5	
	18 34.5	A	—	− 0.4	19.2	
	18 35.5	A	OG2	− 0.6	18.1	
	18 37.0	A	BG7	− 1.0	20.0	
	18 38.9	B	—	− 1.4	19.9	
	18 40.2	A	—	− 1.8	18.9	
18	12 15.5	B	—	+53.1	5.4	
	12 17.6	B	BG7	+53.2	5.8	
	12 20.0	B	RG1	+53.4	4.5	
	18 31.0	A	—	+ 0.4	18.2	
	18 32.7	A	BG7	0.0	19.4	
	18 34.7	A	OG2	− 0.4	17.9	
	18 38.0	A	—	− 1.2	18.0	
	18 39.5	A	OG2	− 1.5	17.3	
	18 40.8	A	BG7	− 1.8	19.1	
	18 45.0	A	—	− 2.7	19.6	
	18 47.0	A	BG7	− 3.2	20.1	
	18 48.4	A	OG2	− 3.5	19.1	
	18 53.4	A	—	− 4.6	21.0	
	18 56.3	A	—	− 5.3	21.9	
20	10 48.0	B	—	+43.3	7.4	
	10 50.0	B	BG7	+43.6	7.4	
	18 18.2	B	—	+ 3.5	13.8	
	18 21.2	B	BG7	+ 2.7	16.9	
	18 23.1	B	OG2	+ 2.4	13.9	
	18 34.2	A	—	− 0.2	17.8	jetzt frei von Ci
	18 35.6	A	OG2	− 0.5	17.2	
	18 37.0	A	BG7	− 0.8	19.2	
	18 38.7	B	—	− 1.2	16.9	
	18 42.2	A	—	− 2.0	18.5	
	18 43.7	A	OG2	− 2.3	18.6	
	18 45.5	A	BG7	− 2.7	20.1	
	18 46.8	B	—	− 3.0	18.2	
	18 48.3	A	—	− 3.3	20.3	
21	13 19.0	B	—	+54.9	5.0	
	13 21.0	B	BG7	+54.8	5.8	
	18 50.5	B	—	− 3.8	14.0	

Tag 1952	Zeit	Punkt	Filter	$h_\odot$	d	Anmerkungen
Aug. 21	$18^h52^m.7$	A	—	$-4^\circ.3$	$19^\circ.5$	
22	12 49.0	B	—	+55.7	4.1	
	12 51.0	B	BG7	+55.7	6.4	
	13 30.0	Br	—	+54.5	−10.5	
	18 3.1	A	—	+ 6.9	17.4	
	18 4.4	A	BG7	+ 6.6	18.4	
	18 5.7	A	OG2	+ 6.3	15.4	
	18 8.3	B	—	+ 5.8	14.1	
	18 9.9	B	BG7	+ 5.4	15.7	
	18 11.6	B	OG2	+ 5.0	12.9	
	18 18.0	A	—	+ 3.6	17.1	
	18 19.5	A	OG2	+ 3.3	15.8	
	18 20.9	A	BG7	+ 3.0	18.4	
	18 29.9	A	—	+ 0.9	16.0	⊙ versinkt
	18 31.8	A	BG7	+ 0.5	18.2	
	18 33.4	A	OG2	+ 0.1	15.4	
	18 35.0	B	—	− 0.2	14.8	
	18 40.9	A	—	− 1.5	17.0	
	18 43.1	A	BG7	− 2.0	19.0	
	18 44.8	A	OG2	− 2.3	16.7	
	18 47.3	B	—	− 3.0	14.2	
	18 49.4	A	—	− 3.4	19.3	
	18 51.0	A	BG7	− 3.8	19.8	
	18 52.8	A	OG2	− 4.2	19.2	
	18 54.6	B	—	− 4.6	13.4	
	18 56.2	A	—	− 5.0	21.2	
23	13 15.0	B	—	+55.7	4.4	nicht leicht zu sehen
25	13 34.1	B	—	+55.2	5.5	
	13 35.8	B	BG7	+55.1	6.2	
	13 37.9	B	RG1	+55.0	4.7	
	17 41.6	A	—	+11.9	20.6	
	17 44.3	A	BG7	+11.3	22.2	
	17 45.7	A	OG2	+11.0	20.5	
	17 57.0	A	—	+ 8.5	21.1	
	17 58.8	A	BG7	+ 8.1	22.0	
	18 0.6	A	OG2	+ 7.7	19.7	
	18 4.7	A	—	+ 6.8	20.8	
	18 6.4	A	BG7	+ 6.4	21.7	
	18 8.1	A	OG2	+ 6.0	20.1	
	18 12.2	A	BG7	+ 5.1	21.0	
	18 13.7	A	—	+ 4.8	21.0	
	18 15.2	A	OG2	+ 4.4	20.6	leichte Ci jetzt auch in
	18 23.3	A	—	+ 2.7	20.2	der Nähe des
	18 25.0	A	OG2	+ 2.2	19.0	A-Punktes
	18 26.5	A	BG7	+ 1.9	20.6	
	18 28.2	A	—	+ 1.6	19.9	
	18 29.7	B	—	+ 1.2	16.1	⊙ unsichtbar
	18 38.4	A	—	− 0.8	17.9	
	18 39.9	A	OG2	− 1.1	16.3	

Tag 1952	Zeit	Punkt	Filter	$h_\odot$	d	Anmerkungen
Aug. 25	$18^h 41^m\!.8$	A	BG7	$-1\overset{\circ}{.}5$	$19\overset{\circ}{.}0$	
	18 43.3	A	—	− 1.9	17.9	
	18 46.5	B	—	− 2.6	16.2	
	18 49.5	A	—	− 3.3	19.0	
	18 50.6	A	OG2	− 3.5	19.8	
	18 52.3	A	BG7	− 3.9	19.7	
	18 53.8	A	—	− 4.3	20.6	
26	18 35.1	A	—	0.0	18.5	
	18 36.7	A	BG7	− 0.3	19.1	
	18 38.1	A	OG2	− 0.7	16.8	
	18 39.2	A	—	− 0.9	18.1	
	18 49.1	A	—	− 3.1	18.3	
	18 50.3	A	BG7	− 3.4	18.9	
	18 51.7	A	OG2	− 3.8	18.6	
	18 52.9	A	—	− 4.0	19.8	
27	17 35.0	B	—	+13.5	12.9	
	17 37.5	B	BG7	+13.0	14.2	
	17 41.8	B	OG2	+12.1	11.2	
	17 44.5	A	—	+11.5	16.8	Ci nahe
	17 46.0	A	BG7	+11.2	17.9	
	17 47.5	A	OG2	+10.8	16.0	
	17 51.3	A	—	+10.0	16.8	
	17 53.9	A	BG7	+ 9.4	18.2	
	17 56.1	A	OG2	+ 8.9	14.7	
	17 57.3	A	—	+ 8.6	15.2	
	18 3.1	A	—	+ 7.4	15.8	
	18 4.9	A	BG7	+ 6.9	18.0	
	18 6.3	A	OG2	+ 6.6	14.4	
	18 7.8	A	—	+ 6.3	16.1	
	18 11.3	B	—	+ 5.5	11.9	
	18 17.0	A	—	+ 4.2	16.3	Sehr schwacher Ci dicht dabei
	18 18.7	A	BG7	+ 3.8	17.5	
	18 19.8	A	OG2	+ 3.6	14.1	
	18 21.6	A	—	+ 3.2	16.4	
	18 26.5	A	—	+ 2.0	15.2	
	18 27.8	A	BG7	+ 1.8	17.3	
	18 29.3	A	OG2	+ 1.5	14.4	
	18 30.9	A	—	+ 1.1	15.2	⊙ unsichtbar
	18 33.5	A	—	+ 0.5	15.6	
	18 35.1	A	BG7	+ 0.1	17.6	
	18 36.7	A	OG2	− 0.2	14.9	
	18 38.6	A	—	− 0.7	15.1	
	18 46.9	A	—	− 2.5	20.2	
	18 48.5	A	BG7	− 2.9	19.8	
	18 50.0	A	OG2	− 3.3	19.2	
	18 51.5	A	—	− 3!6	19.9	
	18 53.5	B	—	− 4.0	14.6	
	18 55.8	A	—	− 4.6	21.3	
28	12 44.0	B	—	+57.7	3.8	

Tag 1952	Zeit	Punkt	Filter	$h_{\odot}$	d	Anmerkungen
Aug. 28	$12^h46^m.5$	B	BG7	+57°.8	5°.2	
	18 26.4	A	—	+ 2.2	16.4	
	18 28.2	A	BG7	+ 1.8	18.5	
	18 29.5	A	OG2	+ 1.5	15.3	
	18 37.3	A	—	− 0.3	16.4	
	18 38.6	A	BG7	− 0.6	18.0	
	18 39.9	A	OG2	− 0.9	15.0	
	18 46.2	A	—	− 2.3	18.4	
	18 48.3	A	BG7	− 2.8	20.4	
	18 50.1	A	OG2	− 3.3	19.0	
	18 51.9	A	—	− 3.6	19.9	
	18 53.7	A	BG7	− 4.0	20.2	
	18 55.6	A	OG2	− 4.5	19.3	
	18 57.5	A	—	− 4.9	20.5	
	19 1.9	A	—	− 5.9	21.9	
	19 3.0	A	BG7	− 6.2	23.0	
	19 4.5	A	OG2	− 6.5	20.1	
	19 8.2	A	—	− 7.4	22.3	
29	18 11.6	A	—	+ 5.6	17.0	
	18 13.2	A	BG7	+ 5.2	18.1	
	18 14.6	A	OG2	+ 4.9	15.2	
30	13 42.6	B	—	+56.1	4.1	
	13 45.5	B	BG7	+55.9	5.3	
	13 46.5	B	RG1	+55.8	3.5	
	17 39.5	A	—	+12.8	16.8	
	17 41.0	A	BG7	+12.5	18.0	
	17 42.2	A	OG2	+12.2	15.3	
	17 50.8	A	—	+10.3	17.4	
	17 51.9	A	OG2	+10.1	15.3	
	17 54.0	A	BG7	+ 9.6	18.3	
	18 5.5	A	BG7	+ 7.1	19.1	
	18 7.5	A	—	+ 6.6	17.4	
	18 8.8	A	OG2	+ 6.3	14.9	
	18 19.4	A	—	+ 3.9	17.3	
	18 20.8	A	OG2	+ 3.6	15.2	
	18 22.3	A	BG7	+ 3.2	19.1	
	18 31.6	A	—	+ 1.2	17.2	⊙ verschwindet
	18 32.8	A	BG7	+ 0.9	19.2	
	18 34.1	A	OG2	+ 0.6	15.8	
	18 41.4	A	—	− 1.1	18.2	
	18 43.2	A	BG7	− 1.5	19.3	
	18 45.4	A	OG2	− 2.0	16.8	Im Erdschatten sind
	18 58.6	A	—	− 5.1	21.5	die Interferenzstreifen
31	12 46.5	B	—	+58.8	4.2	erheblich verstärkt.
	12 49.0	B	BG7	+58.8	4.9	Nicht leicht zu sehen
	12 54.0	Br	—	+58.8	− 9.9	
	17 51.6	A	—	+10.2	17.4	
	17 52.7	A	BG7	+10.0	19.0	
	17 54.0	A	OG2	+ 9.7	16.0	

Tag 1952	Zeit	Punkt	Filter	$h_{\odot}$	d	Anmerkungen
Aug. 31	$18^h\ 1^m.7$	A	—	+ 8°.0	18°.0	
	18 4.3	A	BG7	+ 7.4	19.1	
	18 5.9	A	OG2	+ 7.0	16.7	
	18 13.0	A	—	+ 5.4	17.9	
	18 14.3	A	OG2	+ 5.1	16.0	
	18 15.6	A	BG7	+ 4.8	19.0	
	18 17.1	B	—	+ 4.5	13.9	
	18 24.2	B	—	+ 2.9	14.4	
	18 25.6	A	—	+ 2.6	17.4	
	18 27.5	A	OG2	+ 2.1	15.9	
	18 29.2	A	BG7	+ 1.8	19.2	
	18 30.6	A	—	+ 1.4	18.0	$18^h 33^m$ ⊙ verschwindet
	18 35.6	A	—	+ 0.3	17.5	
	18 36.8	A	BG7	+ 0.1	19.2	
	18 38.4	A	OG2	− 0.3	16.0	
	18 43.3	A	—	− 1.4	18.2	
	18 44.9	A	OG2	− 1.8	16.6	
	18 46.6	A	BG7	− 2.2	19.9	
	18 50.9	A	—	− 3.2	20.4	
Sep. 1	12 50.5	B	—	+59.2	4.7	
	12 52.7	B	BG7	+59.2	5.1	
	13 23.0	Br	—	+58.1	−10.4	
	13 26.0	Br	BG7	+57.9	− 9.5	
	17 25.7	A	BG7	+16.1	17.7	
	17 37.0	A	—	+13.6	17.1	
	17 38.6	A	BG7	+13.3	18.2	
	17 39.7	A	OG2	+13.0	16.9	
	17 51.0	A	—	+10.5	17.1	
	17 52.2	A	OG2	+10.2	15.5	
	17 53.6	A	BG7	+ 9.9	18.6	
	17 54.8	A	RG1	+ 9.6	14.3	
	17 56.0	A	—	+ 9.4	17.4	
	18 2.4	A	—	+ 7.9	17.7	
	18 3.8	A	OG2	+ 7.6	16.5	
	18 5.2	A	BG7	+ 7.3	19.4	
	18 6.6	A	RG1	+ 7.0	15.5	
	18 15.0	A	—	+ 5.1	17.9	
	18 16.3	A	BG7	+ 4.8	19.7	
	18 17.6	A	OG2	+ 4.5	17.3	
	18 21.9	A	—	+ 3.5	18.5	⊙ zwischen Ci
	18 23.7	A	BG7	+ 3.1	20.7	
	18 25.5	A	OG2	+ 2.7	17.8	
	18 37.1	A	—	0.0	16.9	
	18 38.3	A	BG7	− 0.2	19.0	
	18 39.5	A	OG2	− 0.5	15.5	
	18 42.6	A	—	− 1.2	18.2	dünner Ci dicht dabei
	18 44.7	A	BG7	− 1.6	20.0	
	18 46.6	A	OG2	− 2.1	18.2	
	18 52.0	A	—	− 3.3	20.4	

Tag 1952	Zeit	Punkt	Filter	$h_{\odot}$	d	Anmerkungen
Sep. 1	$18^h53^m.4$	A	BG7	$-3°.7$	20°.6	
	18 54.6	A	OG2	-3.9	19.6	
	18 55.6	A	—	-4.2	21.4	
2	18 28.9	A	—	$+2.0$	17.8	☽ stört
	18 30.5	A	BG7	$+1.7$	19.8	
	18 32.9	A	GG14	$+1.1$	17.9	
	18 36.6	A	OG2	$+0.3$	16.9	
	18 37.7	A	—	0.0	18.0	
	18 39.1	A	BG7	-0.3	19.5	
	18 46.7	A	—	-2.1	19.0	
	18 47.9	A	OG2	-2.3	17.9	
	18 49.8	A	BG7	-2.8	20.5	Ci kommt nahe
3	6 40.4	A	—	-5.1	21.9	
	6 42.2	A	BG7	-4.7	22.6	
	6 44.4	A	OG2	-4.2	20.4	
	6 47.5	B	—	-3.5	16.4	
	6 49.3	B	OG2	-3.1	14.7	
	6 51.9	B	BG7	-2.5	19.0	
	6 54.4	A	—	-1.9	19.7	
	6 56.7	A	BG7	-1.4	20.3	
	6 59.9	A	OG2	-0.7	16.5	
	7 1.3	B	—	-0.3	14.1	
	7 3.5	B	OG2	$+0.2$	12.4	
	7 5.3	B	BG7	$+0.6$	17.9	
	7 9.0	A	—	$+1.4$	19.1	
	7 10.4	A	OG2	$+1.8$	17.2	
	7 11.7	A	BG7	$+2.0$	20.1	
	7 13.5	B	—	$+2.5$	14.5	⊙ wird sichtbar
	7 15.2	B	OG2	$+2.9$	11.8	
	7 16.9	B	BG7	$+3.2$	16.0	
	7 19.5	A	—	$+3.8$	18.5	
	7 20.7	A	OG2	$+4.1$	17.4	
	7 21.9	A	BG7	$+4.4$	20.2	
	7 23.4	A	—	$+4.7$	19.0	
	12 30.0	B	—	$+59.5$	5.1	
	12 33.0	B	BG7	$+59.6$	6.3	
	12 36.0	B	RG1	$+59.6$	4.0	
	16 22.5	B	—	$+30.0$	8.1	
	17 27.0	A	—	$+16.0$	17.1	
	17 28.9	A	BG7	$+15.6$	19.1	
	17 32.8	B	—	$+14.8$	10.5	
	17 34.7	A	—	$+14.3$	18.5	
	17 36.4	A	OG2	$+13.9$	16.5	
	17 38.6	A	BG7	$+13.5$	19.8	
	17 46.7	A	—	$+11.7$	18.5	
	17 47.9	A	OG2	$+11.4$	17.3	
	17 49.1	A	BG7	$+11.1$	20.2	
	17 56.1	B	—	$+9.5$	11.3	
	17 59.2	A	—	$+8.8$	18.6	

Tag 1952	Zeit	Punkt	Filter	$h_{\odot}$	d	Anmerkungen
Sep. 3	$18^h\ 0^m.6$	A	OG2	$+8^\circ.5$	$17^\circ.5$	
	18 1.9	A	BG7	+ 8.2	20.6	
	18 8.1	A	—	+ 6.8	19.2	
	18 9.5	A	OG2	+ 6.5	18.4	
	18 10.7	A	BG7	+ 6.2	20.6	
	18 12.6	B	—	+ 5.8	13.4	
	18 14.4	B	OG2	+ 5.4	12.1	
	18 16.2	B	BG7	+ 5.0	15.5	
	18 19.1	A	—	+ 4.3	18.5	
	18 20.5	A	BG7	+ 4.0	18.1	
	18 22.0	A	RG1	+ 3.6	17.8	
	18 23.7	A	OG2	+ 3.3	20.8	
	18 43.8	A	—	− 1.4	18.2	
	18 53.8	A	—	− 3.7	19.9	
	18 55.3	A	OG2	− 4.0	19.2	
	18 56.3	A	BG7	− 4.3	20.6	
	19 2.0	A	—	− 5.6	22.9	
4	6 49.8	A	—	− 2.8	20.4	
	6 51.7	A	BG7	− 2.3	21.0	
	6 58.9	A	OG2	− 0.6	17.0	
	7 0.1	A	—	− 0.3	18.1	
	7 1.3	B	—	− 0.1	14.9	} schwer zu sehen
	7 2.7	B	OG2	+ 0.2	13.9	}
	7 4.2	B	BG7	+ 0.6	16.9	besser zu erkennen
	7 6.1	A	—	+ 1.0	18.3	
	7 7.4	A	BG7	+ 1.3	20.4	
	7 8.7	A	OG2	+ 1.6	17.1	
	7 12.1	B	—	+ 2.4	14.4	
	7 14.0	B	OG2	+ 2.8	13.0	
	7 15.7	B	BG7	+ 3.2	16.1	$\odot$ sichtbar
	7 18.9	A	—	+ 3.9	18.0	
	7 21.3	A	OG2	+ 4.4	17.1	
	7 22.8	A	BG7	+ 4.8	19.5	
	7 26.5	A	—	+ 5.4	18.2	
	7 27.8	A	OG2	+ 5.7	16.5	
	7 29.4	A	BG7	+ 6.3	20.1	
	7 33.5	A	—	+ 7.2	18.2	
	7 35.3	A	OG2	+ 7.6	17.1	
	7 37.3	A	BG7	+ 8.1	19.9	
	7 41.8	B	—	+ 9.1	14.6	
	7 43.3	A	—	+ 9.4	18.6	
	7 45.2	A	OG2	+ 9.8	17.3	
	7 46.9	A	BG7	+10.2	19.8	
	7 50.4	A	—	+11.0	18.5	
	7 51.8	A	OG2	+11.3	16.6	
	7 53.7	A	BG7	+11.7	19.9	
	7 57.2	A	—	+12.5	18.1	
	11 25.5	B	—	+53.8	4.0	

Tag 1952	Zeit	Punkt	Filter	$h_{\odot}$	d	Anmerkungen
Sep. 4	$11^h27^m.0$	B	BG7	+54°.0	5°.9	Brewster-Pt nicht [sicher erkennbar
	18 15.4	A	—	+ 5.2	19.0	
	18 16.9	A	BG7	+ 4.9	20.6	
	18 18.3	A	OG2	+ 4.6	18.6	
	18 20.6	B	—	+ 4.1	14.2	
	18 25.1	A	—	+ 3.0	18.7	
	18 26.4	A	BG7	+ 2.7	20.0	
	18 27.8	A	OG2	+ 2.4	18.4	
	18 34.6	A	—	+ 0.9	18.8	⊙ verschwindet
	18 36.2	A	OG2	+ 0.5	17.6	
	18 37.6	A	BG7	+ 0.2	19.8	
	18 40.8	B	—	− 0.5	16.6	
	18 53.3	A	—	− 3.5	20.4	
	18 54.8	A	BG7	− 3.8	20.2	
	18 56.3	A	OG2	− 4.1	18.9	
	18 58.1	B	—	− 4.6	17.4	
	18 59.6	A	—	− 4.9	20.9	
5	6 59.9	A	—	− 0.1	18.2	
	7 1.7	A	OG2	+ 0.2	16.4	
	7 3.1	A	BG7	+ 0.6	20.1	
	7 6.4	B	—	+ 1.3	13.2	
	7 7.7	B	BG7	+ 1.6	17.5	
	7 9.2	B	OG2	+ 1.9	13.4	
	7 11.0	A	—	+ 2.4	19.5	$7^h11^m.5$ ⊙ erscheint
	7 13.3	A	OG2	+ 2.9	17.8	
	7 15.2	A	BG7	+ 3.3	20.6	
	7 16.8	A	—	+ 3.7	19.0	
	7 22.0	A	—	+ 4.9	19.0	
	7 23.5	A	OG2	+ 5.2	18.2	
	7 24.9	A	BG7	+ 5.5	21.3	
	7 26.4	B	—	+ 5.8	12.9	
	7 29.0	A	—	+ 6.4	19.8	
	7 30.0	A	OG2	+ 6.7	18.3	
	7 31.2	A	BG7	+ 6.9	21.5	
	7 34.2	A	—	+ 7.6	19.6	
	17 32.6	A	—	+15.0	20.0	
	17 34.0	A	BG7	+14.6	21.9	
	17 35.8	A	OG2	+14.2	19.0	
	17 41.0	A	—	+13.1	20.9	
	17 42.6	A	OG2	+12.7	19.6	
	17 44.0	A	BG7	+12.4	22.1	
	17 52.3	A	—	+10.5	20.4	
	17 54.1	A	BG7	+10.1	22.4	
	17 55.7	A	OG2	+ 9.7	20.2	
	18 5.3	A	—	+ 7.6	20.5	
	18 6.8	A	OG2	+ 7.3	20.1	
	18 8.4	A	BG7	+ 6.9	22.0	
	18 19.6	A	—	+ 4.4	20.0	
	18 21.5	A	OG2	+ 3.9	19.4	

Tag 1952	Zeit	Punkt	Filter	$h_{\odot}$	d	Anmerkungen
Sep. 5	$18^h22^m.8$	A	BG7	+ 3°.6	21°.8	
	18 51.4	A	—	− 3.0	20.9	
6	7 15.4	A	—	+ 3.6	19.6	
	7 17.0	A	OG2	+ 3.9	18.1	
	7 18.6	A	BG7	+ 4.3	21.2	
	7 21.2	B	—	+ 4.8	14.5	
	7 25.5	A	—	+ 5.8	19.7	
	7 27.0	A	OG2	+ 6.2	19.6	
	7 28.4	A	BG7	+ 6.5	21.7	
	7 30.7	B	—	+ 7.0	12.6	
	7 32.7	B	OG2	+ 7.5	11.8	
	7 34.7	B	BG7	+ 7.9	14.7	
	7 37.8	A	—	+ 8.7	20.4	
	7 39.3	A	OG2	+ 9.0	19.1	
	7 40.9	A	BG7	+ 9.4	21.9	
	7 43.2	B	—	+ 9.9	13.2	
	7 45.8	A	—	+10.5	20.5	
	7 47.5	A	OG2	+10.9	19.9	
	7 49.0	A	BG7	+11.2	21.6	
	7 52.9	A	—	+12.0	20.4	
	7 54.4	A	OG2	+12.4	18.7	
	7 55.8	A	BG7	+12.7	21.9	
	7 58.8	A	—	+13.4	20.0	
	8 0.2	A	—	+13.7	19.8	
	13 3.0	B	—	+60.9	4.3	
	13 5.0	B	BG7	+60.9	5.2	
	17 37.9	A	—	+13.8	20.7	
	17 39.5	A	BG7	+13.5	21.9	
	17 41.6	A	OG2	+13.0	20.0	
	17 42.8	A	—	+12.7	20.9	
	17 50.0	A	—	+11.1	20.8	
	17 51.8	A	OG2	+10.7	20.4	
	17 53.6	A	BG7	+10.3	23.0	
	17 55.3	A	—	+ 9.9	21.5	
	18 5.2	A	—	+ 7.7	21.7	
	18 6.4	A	BG7	+ 7.4	22.1	
	18 7.5	A	OG2	+ 7.1	20.5	
	18 8.9	A	—	+ 6.8	20.7	
	18 21.5	A	—	+ 3.9	20.0	
	18 23.3	A	BG7	+ 3.5	20.9	
	18 25.0	A	OG2	+ 3.1	19.7	
	18 35.1	A	—	+ 0.8	19.0	⊙ verschwindet
	18 36.7	A	OG2	+ 0.5	17.7	
	18 38.2	A	BG7	+ 0.1	19.8	
	18 43.7	A	—	− 1.1	18.8	
	18 46.0	A	OG2	− 1.6	17.6	
	18 47.4	A	BG7	− 2.0	19.6	
	18 49.6	A	—	− 2.4	19.7	
7	6 35.3	A	—	− 5.5	22.8	

Tag 1952	Zeit	Punkt	Filter	$h_\odot$	d	Anmerkungen
Sep. 7	$6^h37^m.6$	B	—	$-4^\circ.9$	$18^\circ.0$	
	6 43.4	A	—	− 3.6	20.1	
	6 44.9	A	OG2	− 3.3	19.3	
	6 46.4	A	BG7	− 2.9	19.4	
	6 47.8	A	—	− 2.6	18.2	Wolken kommen herauf
	6 53.1	B	—	− 1.4	18.0	Hier noch einiger-
	6 54.8	B	OG2	− 1.0	17.2	maßen frei
	6 56.3	B	BG7	− 0.7	20.1	
	6 57.8	B	—	− 0.3	17.6	
	7 1.7	B	—	+ 0.6	18.0	
	7 3.0	B	BG7	+ 0.9	19.4	
	7 4.4	B	OG2	+ 1.2	16.8	
	7 6.0	B	—	+ 1.6	17.6	leichte Ci nahe;
	18 12.5	A	—	+ 6.0	22.3	7^h9^m ⊙ sichtbar
	18 14.0	A	BG7	+ 5.7	21.9	
	18 15.3	A	·OG2	+ 5.4	21.0	
	18 16.5	A	—	+ 5.1	21.3	
	18 17.9	B	—	+ 4.8	14.7	
	18 19.6	B	BG7	+ 4.4	16.5	
	18 21.2	B	OG2	+ 4.0	14.8	
	18 26.8	A	—	+ 2.8	20.5	
	18 28.6	A	OG2	+ 2.3	19.6	
	18 30.2	A	BG7	+ 2.0	20.6	
	18 32.0	A	—	+ 1.6	19.8	
	18 33.4	B	—	+ 1.3	17.4	
	18 42.3	A	—	− 0.7	18.2	
8	6 52.8	A	—	− 1.2	18.6	
	6 57.5	B	—	− 0.2	16.5	
	6 59.3	A	BG7	+ 0.3	20.8	
	7 1.4	A	OG2	+ 0.8	18.9	
	7 3.3	A	—	+ 1.2	19.7	
	7 8.0	B	—	+ 2.3	15.2	⊙ wird sichtbar
	7 16.2	A	OG2	+ 4.2	19.9	
	7 17.7	A	BG7	+ 4.5	21.8	
	7 19.5	A	—	+ 5.0	20.7	
	13 31.8	B	—	+60.1	4.1	
	18 27.2	A	—	+ 2.8	17.5	Ci nahe
	18 29.2	A	BG7	+ 2.3	18.9	
	18 30.8	A	OG2	+ 2.0	16.5	
	18 42.2	A	—	− 0.6	17.0	hier frei von Ci, im W
	18 43.6	A	OG2	− 0.9	15.2	zu viel Ci
	18 45.0	A	BG7	− 1.3	18.1	
	18 50.7	A	—	− 2.6	16.9	
	18 52.7	A	OG2	− 3.1	16.1	
	18 54.7	A	BG7	− 3.5	18.5	
	19 1.5	A	—	− 5.2	18.7	
	19 2.8	A	OG2	− 5.4	18.0	
	19 4.4	A	BG7	− 5.8	20.6	
	19 5.5	A	—	− 6.0	20.7	

Tag 1952	Zeit	Punkt	Filter	$h_\odot$	d	Anmerkungen
Sep. 9	$6^h49^m.5$	A	—	$-1^\circ.8$	$18^\circ.8$	
	6 54.5	A	OG2	− 0.6	17.2	
	6 56.3	A	BG7	− 0.2	21.0	
	6 57.7	A	—	+ 0.2	18.3	
	6 59.3	B	—	+ 0.5	15.0	
	7 0.7	B	OG2	+ 0.9	14.7	
	7 2.3	B	BG7	+ 1.2	18.1	
	7 10.0	A	—	+ 3.0	18.5	
	7 11.3	A	OG2	+ 3.3	17.5	
	7 12.5	A	BG7	+ 3.6	19.6	
	7 17.4	B	—	+ 4.7	14.1	
	7 19.0	B	OG2	+ 5.1	12.7	
	7 20.8	B	BG7	+ 5.5	15.6	
	7 27.8	A	—	+ 7.1	18.6	
	7 29.2	A	OG2	+ 7.4	17.0	
	7 30.6	A	BG7	+ 7.7	20.0	
	7 34.0	A	—	+ 8.5	18.9	
	7 35.6	A	OG2	+ 8.9	18.0	
	7 37.4	A	BG7	+ 9.3	20.6	
	7 39.0	B	—	+ 9.6	13.8	
	7 42.0	A	—	+10.3	19.1	
	7 43.4	A	OG2	+10.6	17.9	
	7 44.8	A	BG7	+11.0	20.7	
	7 47.0	A	—	+11.5	18.7	
	7 48.9	A	OG2	+11.9	18.3	
	7 50.5	A	BG7	+12.2	20.6	
	7 53.0	A	—	+12.8	19.9	
	12 10.4	B	—	+60.7	4.3	
	12 11.7	B	BG7	+60.8	5.2	
	12 14.5	Br	—	+61.0	− 9.2	schwierig
	12 16.6	Br	BG7	+61.1	−10.1	schwierig
	17 19.0	B	—	+18.3	10.5	
	17 48.0	A	—	+11.8	18.9	
	17 49.8	A	BG7	+11.4	20.6	
	17 51.5	A	OG2	+11.0	17.8	
	17 55.8	A	—	+10.0	19.0	
	17 57.4	A	BG7	+ 9.6	20.7	
	17 59.0	A	OG2	+ 9.3	17.8	
	18 5.4	A	—	+ 7.9	18.9	
	18 6.7	A	BG7	+ 7.6	20.6	
	18 8.3	A	OG2	+ 7.2	18.0	
	18 10.3	B	—	+ 6.8	12.3	
	18 11.9	B	OG2	+ 6.4	11.3	unsicher
	18 13.6	B	BG7	+ 6.0	15.6	
	18 18.6	A	—	+ 4.8	18.8	
	18 19.9	A	OG2	+ 4.6	17.7	
	18 21.7	A	BG7	+ 4.1	20.3	
	18 33.4	A	—	+ 1.5	17.9	
	18 34.8	A	OG2	+ 1.1	16.8	

Tag 1952	Zeit	Punkt	Filter	$h_\odot$	d	Anmerkungen
Sep. 9	$18^h36^m.2$	A	BG7	$+0^\circ.8$	$19^\circ.1$	⊙ verschwindet
	18 43.5	A	—	− 0.8	17.6	
	18 45.2	A	OG2	− 1.2	15.8	
	18 47.3	A	BG7	− 1.7	19.1	
	18 53.4	A	—	− 3.1	19.7	
10	6 41.8	A	—	− 3.2	20.7	
	6 43.8	A	BG7	− 2.8	20.8	
	6 46.7	A	OG2	− 2.1	17.4	
	6 49.2	B	—	− 1.5	15.0	
	6 52.7	A	—	− 0.7	17.8	
	6 55.6	A	BG7	0.0	19.7	
	6 56.8	A	OG2	+ 0.3	16.4	
	7 5.8	B	—	+ 2.3	14.1	gut erkennbar
	7 7.3	A	—	+ 2.7	18.8	
	7 8.8	A	OG2	+ 3.0	17.2	
	7 10.2	A	BG7	+ 3.3	19.8	
	7 11.5	A	—	+ 3.6	18.5	
	18 6.7	A	—	+ 7.6	18.7	
	18 8.6	A	OG2	+ 7.1	17.8	
	18 10.1	A	BG7	+ 6.8	20.3	
	18 14.5	B	—	+ 5.8	12.9	
	18 16.3	B	OG2	+ 5.4	11.0	
	18 17.8	B	BG7	+ 5.1	15.0	
	18 21.4	A	—	+ 4.2	18.2	
	18 23.0	A	BG7	+ 3.8	20.1	
	18 26.4	A	OG2	+ 3.0	17.3	
	18 35.6	A	—	+ 1.0	17.5	
	18 37.0	A	OG2	+ 0.7	16.5	⊙ verschwindet
	18 38.5	A	BG7	+ 0.3	18.8	
	18 44.6	A	—	− 1.3	18.0	
	18 48.5	A	OG2	− 2.0	17.4	
	18 50.5	A	BG7	− 2.5	20.2	
11	7 21.3	A	—	+ 6.0	18.4	
	7 22.8	A	OG2	+ 6.4	17.6	
	7 24.5	A	BG7	+ 6.8	20.5	
	7 26.6	B	—	+ 7.2	13.0	
	7 28.5	B	OG2	+ 7.7	12.0	
	7 30.7	B	BG7	+ 8.2	14.7	
	7 34.0	A	—	+ 9.0	19.2	dicht über dem
	18 0.8	A	—	+ 9.1	18.0	[Ci-Rand
	18 2.4	A	OG2	+ 8.7	16.7	
	18 4.0	A	BG7	+ 8.3	19.7	
	18 24.4	A	—	+ 3.6	17.1	
	18 26.0	A	OG2	+ 3.3	16.3	
	18 27.5	A	BG7	+ 2.9	19.0	
	18 42.8	A	—	− 0.6	16.5	
	18 59.3	A	—	− 3.1	21.3	
	19 0.3	A	OG2	− 4.6	20.3	
	19 1.7	A	BG7	− 4.9	22.6	

Tag 1952	Zeit	Punkt	Filter	$h_{\odot}$	d	Anmerkungen
Sep. 11	$19^h\ 3^m.0$	A	—	$-5°.3$	$21°.1$	
12	12 23.0	B	BG7	+62.7	4.2	
	12 25.2	B	—	+62.8	3.4	
	12 32.0	Br	—	+63.1	− 9.8	
	17 33.5	B	—	+15.2	11.2	
	17 38.0	A	—	+14.3	16.4	
	17 39.2	A	BG7	+14.0	18.5	
	17 40.7	A	OG2	+13.7	16.0	
	17 46.8	A	—	+12.3	17.2	
	17 48.3	A	BG7	+11.9	18.6	
	17 50.1	A	OG2	+11.5	16.2	
	17 54.0	A	—	+10.6	17.5	
	17 59.2	A	BG7	+ 9.4	19.3	
	18 0.7	A	OG2	+ 9.1	16.5	
	18 5.8	A	—	+ 7.9	17.8	
	18 7.3	A	BG7	+ 7.6	19.4	
	18 8.2	A	OG2	+ 7.3	16.5	
	18 15.2	A	—	+ 5.7	17.5	
	18 17.3	A	BG7	+ 5.3	19.2	
	18 18.4	A	OG2	+ 5.0	17.1	
	18 26.0	A	—	+ 3.3	17.4	
	18 27.6	A	BG7	+ 2.9	18.8	
	18 29.0	A	OG2	+ 2.6	16.3	
	18 31.3	B	—	+ 2.1	13.1	
	18 33.8	B	BG7	+ 1.5	16.0	
	18 41.6	A	—	− 0.3	16.4	
	18 42.9	A	OG2	− 0.6	15.2	
	18 44.1	A	BG7	− 0.9	18.4	
	18 49.4	A	—	− 2.1	18.3	
	18 52.6	A	BG7	− 2.8	20.1	
	18 55.5	A	OG2	− 3.5	18.0	
13	18 20.3	A	—	+ 4.7	16.9	
	18 22.1	A	BG7	+ 4.3	18.4	
	18 23.4	A	OG2	+ 4.0	15.6	
	18 32.4	A	—	+ 1.9	16.3	
	18 33.8	A	OG2	+ 1.5	14.9	
	18 35.3	A	BG7	+ 1.2	18.6	18^h37^m ⊙ im Verschwinden
	18 39.8	B	—	+ 0.2	14.0	
	18 41.3	B	OG2	− 0.1	13.7	
	18 43.1	B	BG7	− 0.6	17.0	
	18 49.5	A	—	− 2.0	17.1	
	18 52.6	A	OG2	− 2.7	16.4	
	18 55.3	A	BG7	− 3.4	19.8	
14	12 23.0	B	—	+63.4	2.7	
	12 25.0	B	BG7	+63.5	3.8	
	18 34.6	A	—	+ 1.5	17.4	
	18 35.8	A	BG7	+ 1.2	18.7	
	18 37.3	A	OG2	+ 0.9	16.5	
	18 42.4	B	—	− 0.3	12.9	

Tag 1952	Zeit	Punkt	Filter	$h_\odot$	d	Anmerkungen
Sep. 14	$18^h 46^m.8$	A	—	− 1°.3	17°.8	
	18 48.4	A	OG2	− 1.7	16.0	
	18 50.0	A	BG7	− 2.1	19.5	
15	18 37.2	A	—	+ 1.0	17.5	
	18 38.6	A	BG7	+ 0.7	19.2	
	18 40.4	A	OG2	+ 0.3	15.8	
	18 43.7	B	—	− 0.4	14.2	
	18 45.5	A	—	− 0.9	18.6	Abgebrochen, Störung durch Wind
16	17 59.0	A	—	+ 9.9	18.6	
	18 3.2	A	BG7	+ 8.9	19.9	
	18 4.3	A	OG2	+ 8.6	17.4	
	18 5.7	B	—	+ 8.3	11.8	
	18 7.2	B	BG7	+ 7.9	15.0	
	18 9.0	B	OG2	+ 7.5	11.4	
	18 10.2	A	—	+ 7.2	18.6	
	18 11.7	A	OG2	+ 6.9	16.6	
	18 13.1	A	BG7	+ 6.6	20.1	
	18 27.4	A	—	+ 3.3	17.4	
	18 28.4	A	OG2	+ 3.1	16.5	
	18 30.1	A	BG7	+ 2.7	19.1	
	18 44.1	A	—	− 0.5	17.2	
	18 45.3	A	OG2	− 0.8	15.5	
	18 46.7	A	BG7	− 1.1	18.4	
	18 58.7	A	—	− 3.8	19.9	
	19 0.8	A	BG7	− 4.3	21.4	
	19 2.4	A	OG2	− 4.7	20.4	
17	18 8.4	A	—	+ 7.7	17.6	
	18 10.0	A	OG2	+ 7.4	16.4	
	18 11.6	A	BG7	+ 7.0	19.4	
	18 52.8	A	—	− 2.6	19.2	
	18 55.0	B	—	− 3.1	15.4	
	18 56.5	A	—	− 3.4	18.8	
	19 2.8	A	—	− 4.8	21.7	
18	17 59.5	A	—	+10.0	19.0	
	18 2.6	A	BG7	+ 9.2	20.0	
	18 4.0	A	OG2	+ 8.9	17.6	
	18 7.0	A	—	+ 8.2	19.5	
	18 8.6	A	OG2	+ 7.8	18.4	
	18 9.7	A	BG7	+ 7.6	20.9	
	18 19.0	A	—	+ 5.4	18.8	
	18 20.7	A	OG2	+ 5.0	17.5	
	18 22.0	A	BG7	+ 4.7	19.2	
	18 35.5	A	—	+ 1.6	18.6	
	18 36.7	A	OG2	+ 1.3	17.5	
	18 38.0	A	BG7	+ 1.1	19.3	
19	18 4.3	A	—	+ 8.9	18.4	
	18 7.0	A	OG2	+ 8.3	18.3	
	18 8.7	A	BG7	+ 7.9	20.1	
	18 28.9	A	—	+ 3.2	18.0	

Tag 1952	Zeit	Punkt	Filter	$h_\odot$	d	Anmerkungen
Sep. 19	$18^h30^m.2$	A	OG2	+ 2°.9	17°.1	
	18 31.9	A	BG7	+ 2.5	19.3	
24	18 27.1	B	—	+ 3.9	13.5	
	18 29.9	B	BG7	+ 3.3	15.9	
	18 31.3	B	OG2	+ 3.0	12.0	
	18 36.5	A	—	+ 1.8	16.9	über abziehendem Ac
	18 39.0	A	OG2	+ 1.2	15.3	
	18 40.7	A	BG7	+ 0.8	18.6	⊙ unsichtbar
	18 48.3	A	—	− 1.0	16.6	
	18 49.7	A	OG2	− 1.3	15.6	
	18 51.3	A	BG7	− 1.7	18.4	
	19 2.0	A	—	− 4.1	19.6	
	19 3.7	A	OG2	− 4.5	19.6	
	19 5.1	A	BG7	− 4.8	22.3	
	19 6.5	B	—	− 5.2	17.6	
25	13 16.0	B	—	+66.9	3.2	
	18 11.2	A	—	+ 7.6	17.0	
	18 12.5	A	OG2	+ 7.4	16.1	
	18 13.8	A	BG7	+ 7.1	18.8	
	18 16.3	B	—	+ 6.5	13.1	
	18 17.6	B	OG2	+ 6.2	11.8	
	18 18.9	B	BG7	+ 5.9	15.3	
	18 26.9	A	—	+ 4.0	17.7	
	18 28.7	A	OG2	+ 3.6	15.5	
	18 30.0	A	BG7	+ 3.3	18.7	
	18 31.3	B	—	+ 2.9	12.8	
	19 2.2	A	—	− 4.0	19.7	
	19 3.7	A	OG2	− 4.4	19.5	
	19 5.5	A	BG7	− 4.8	21.6	
29	18 57.9	A	—	− 2.9	18.4	
	19 1.3	A	—	− 3.6	20.2	
	19 3.7	B	—	− 4.2	15.1	
	19 5.2	A	—	− 4.6	20.9	
	19 7.4	A	—	− 5.0	22.3	
30	6 9.4	A	—	− 6.1	24.6	
	6 16.5	A	—	− 4.5	22.4	
	6 18.6	A	BG7	− 4.0	20.3	
	6 20.1	A	OG2	− 3.7	18.3	
	6 22.0	B	—	− 3.2	14.0	
	6 28.8	A	—	− 1.7	16.6	
	6 30.5	A	OG2	− 1.3	14.9	
	6 32.0	A	BG7	− 0.9	18.4	
	6 33.5	B	—	− 0.6	13.9	
	6 34.9	B	BG7	− 0.2	16.6	
	6 36.4	B	OG2	+ 0.1	12.5	
	6 39.5	A	—	+ 0.8	16.5	
	6 40.8	A	BG7	+ 1.1	17.9	6^h42^m ⊙ sichtbar
	6 42.5	A	OG2	+ 1.5	14.7	
	6 46.2	A	—	+ 2.3	16.4	

Tag 1952	Zeit	Punkt	Filter	$h_\odot$	d	Anmerkungen
Sep. 30	$6^h47^m.5$	A	OG2	$+2°.6$	$15°.0$	
	6 48.8	A	BG7	+ 2.9	18.6	
	6 51.1	A	—	+ 3.5	16.5	Bäume werden
	6 52.6	A	OG2	+ 3.8	15.1	hinderlich
	6 54.1	A	BG7	+ 4.2	18.5	
	18 15.8	A	—	+ 6.9	17.3	
	18 17.7	A	BG7	+ 6.4	18.8	
	18 19.1	A	OG2	+ 6.1	15.9	
	18 34.1	B	—	+ 2.6	12.6	
	18 35.3	A	—	+ 2.3	16.4	
	18 36.5	A	OG2	+ 2.0	15.4	
	18 37.8	A	BG7	+ 1.8	18.6	
	18 46.3	A	—	− 0.2	16.7	⊙ unsichtbar
	18 47.8	A	BG7	− 0.5	18.5	
	18 49.0	A	OG2	− 0.8	15.7	
	19 1.8	A	—	− 3.7	19.6	
	19 3.1	A	OG2	− 4.0	18.8	
	19 4.5	A	BG7	− 4.3	21.0	
Okt. 1	6 48.8	A	—	+ 3.2	17.3	
	6 50.5	A	OG2	+ 3.6	16.7	
	6 52.2	A	BG7	+ 4.0	19.7	
	7 2.5	A	—	+ 6.4	18.3	
	7 3.7	A	BG7	+ 6.7	20.0	
	7 5.2	A	OG2	+ 7.0	17.6	
	7 10.0	A	—	+ 8.1	18.2	
	7 11.4	A	BG7	+ 8.4	20.3	
	7 12.7	A	OG2	+ 8.7	17.3	
	7 15.6	A	—	+ 9.4	18.3	
	7 16.9	A	OG2	+ 9.7	17.7	
	7 18.3	A	BG7	+10.0	20.1	
	7 21.3	A	—	+10.7	18.6	
	7 22.5	A	BG7	+11.0	20.5	
	7 23.7	A	OG2	+11.2	17.5	
	7 26.2	A	—	+11.8	18.2	
	7 27.3	A	OG2	+12.1	17.1	
	7 28.8	A	BG7	+12.4	20.2	
	7 32.2	A	—	+13.2	17.9	
	11 16.0	B	—	+61.5	4.8	
	11 18.0	B	BG7	+62.0	5.7	
2	6 41.0	A	—	+ 1.7	19.0	zwischen Wolken
	Beobachtungsort Voigtsgrund $\varphi = -24°50'$ H = 1275 m					
4	18 22.1	A	—	+ 5.9	19.3	
	18 24.2	A	OG2	+ 5.4	17.7	
	18 25.6	A	BG7	+ 5.1	20.4	
	18 33.0	A	—	+ 3.5	19.4	
	18 34.8	A	OG2	+ 3.0	18.0	
	18 36.5	A	BG7	+ 2.7	20.7	
5	6 8.0	A	—	− 5.0	21.1	

Tag 1952	Zeit	Punkt	Filter	$h_{\odot}$	d	Anmerkungen
Okt. 5	$6^{h}\ 9^{m}.8$	A	OG2	$-4^{\circ}.6$	$19^{\circ}.3$	
	6 12.0	A	BG7	− 4.1	20.4	
	6 18.3	A	—	− 2.7	18.7	
	6 20.1	A	BG7	− 2.3	19.7	
	6 21.8	A	OG2	− 1.9	18.4	
	6 27.7	B	—	− 0.6	14.4	$\odot$ sichtbar
	6 29.4	B	OG2	− 0.2	14.1	schwierig
	6 30.7	B	BG7	+ 0.1	17.5	sehr viel deutlicher
	6 33.1	A	—	+ 0.6	18.6	[als im Orange
	6 34.5	A	OG2	+ 1.0	18.0	
	6 36.2	A	BG7	+ 1.3	20.0	
	6 39.5	A	—	+ 2.1	19.2	
	17 30.2	A	—	+17.7	20.9	
	17 32.0	A	BG7	+17.3	21.9	
	17 33.6	A	OG2	+16.9	20.0	
	17 45.4	A	—	+14.3	20.6	
	17 46.6	A	OG2	+14.0	19.1	
	17 47.8	A	BG7	+13.8	22.0	
	18 14.2	A	—	+ 7.7	20.3	
	18 15.7	A	OG2	+ 7.4	19.5	
	18 17.5	A	BG7	+ 7.0	21.8	
	18 43.6	A	—	+ 1.1	19.6	
	18 45.1	A	OG2	+ 0.8	18.4	
	18 46.6	A	BG7	+ 0.5	20.6	
	19 2.3	A	—	− 3.1	19.4	
	19 4.6	A	OG2	− 3.7	18.3	
	19 6.0	A	BG7	− 4.0	20.5	
	19 7.5	B	—	− 4.3	16.6	
6	6 31.8	A	—	+ 0.7	19.5	
	6 33.9	A	OG2	+ 1.1	19.2	
	6 35.7	A	BG7	+ 1.5	20.5	
	6 41.9	B	—	+ 2.9	14.6	
	6 43.6	B	BG7	+ 3.3	16.5	
	6 45.1	B	OG2	+ 3.7	14.6	unsicher
	6 47.0	A	—	+ 4.1	20.6	
	6 48.5	A	OG2	+ 4.4	20.5	
	6 50.0	A	BG7	+ 4.8	22.1	
	6 53.6	B	—	+ 5.6	13.8	
	6 55.2	A	—	+ 5.9	21.4	
	6 56.9	A	OG2	+ 6.3	20.5	
	6 58.3	A	BG7	+ 6.6	22.1	
	7 1.8	B	—	+ 7.4	13.0	
	7 6.8	A	—	+ 8.6	21.7	
	7 8.4	A	OG2	+ 8.9	21.0	
	7 9.9	A	BG7	+ 9.3	22.9	
	7 12.8	B	—	+10.0	12.5	unsicher
	7 14.7	A	—	+10.4	21.9	
	7 16.2	A	OG2	+10.7	21.5	
	7 18.0	A	BG7	+11.1	23.4	

Tag 1952	Zeit	Punkt	Filter	$h_\odot$	d	Anmerkungen
Okt. 6	$18^h 23^m.5$	A	—	+ 5°.7	18°.1	
	18 27.5	A	OG2	+ 4.8	18.8	
	18 28.8	A	BG7	+ 4.5	21.8	
	19 0.5	A	—	— 2.7	17.4	
	19 2.5	A	BG7	— 3.2	18.6	
	19 4.0	A	OG2	— 3.5	17.7	
9	6 14.2	A	—	— 2.6	18.2	
	6 15.9	A	OG2	— 2.3	18.1	A-Punkt sehr deutlich
	6 18.0	A	BG7	— 1.8	19.4	
	6 20.1	A	—	— 1.3	18.5	
	6 24.8	B	—	— 0.3	18.1	⊙ Aufgang
	6 26.4	B	OG2	+ 0.1	15.4	
	6 28.5	B	BG7	+ 0.6	19.3	
	6 32.0	A	—	+ 1.4	19.5	
	6 33.4	A	OG2	+ 1.7	18.9	
	6 35.4	A	BG7	+ 2.1	21.3	
	6 37.4	B	—	+ 2.6	15.4	
	6 38.9	B	OG2	+ 2.9	14.5	
	6 40.2	B	BG7	+ 3.2	16.8	
	6 43.0	A	—	+ 3.9	20.7	
	6 44.4	A	OG2	+ 4.2	20.4	
	6 45.9	A	BG7	+ 4.5	22.3	
	6 48.2	B	—	+ 5.0	14.7	
	6 50.0	A	—	+ 5.4	20.9	
	6 51.2	A	OG2	+ 5.7	20.7	
	6 52.6	A	BG7	+ 6.0	22.5	
	18 34.5	A	—	+ 3.5	18.9	
	18 35.9	A	OG2	+ 3.2	18.2	
	18 38.0	A	BG7	+ 2.7	20.8	
	18 40.6	B	—	+ 2.1	14.6	
	18 51.7	A	—	— 0.4	17.9	
	18 53.1	A	OG2	— 0.8	16.8	
	18 54.3	A	BG7	— 1.0	19.1	
	18 55.8	B	—	— 1.4	15.4	
	19 0.9	A	—	— 2.5	19.2	
	19 2.8	A	OG2	— 2.9	18.6	
	19 4.0	A	BG7	— 3.2	20.2	
10	17 9.4	B	—	+22.8	8.5	
	17 57.8	A	—	+11.9	19.1	
	17 59.0	A	OG2	+11.6	16.8	
	18 0.2	A	BG7	+11.3	20.3	
	18 2.7	B	—	+10.8	12.1	
	18 5.3	A	—	+10.2	19.0	
	18 6.7	A	OG2	+ 9.9	17.7	
	18 8.2	A	BG7	+ 9.5	20.6	
	18 16.4	A	—	+ 7.7	18.9	
	18 18.0	A	OG2	+ 7.3	17.7	
	18 19.3	A	BG7	+ 7.0	20.9	
	18 24.6	A	—	+ 5.8	19.7	

Tag 1952	Zeit	Punkt	Filter	$h_\odot$	d	Anmerkungen
Okt. 10	$18^h 26^m.0$	A	OG2	+ 5°.5	17°.8	
	18 27.9	A	BG7	+ 5.0	20.5	
	18 31.6	B	—	+ 4.2	13.7	
	18 36.3	A	—	+ 3.1	18.5	
	18 37.6	A	OG2	+ 2.9	17.5	
	18 38.8	A	BG7	+ 2.6	20.4	
	18 40.0	A	RG1	+ 2.3	16.4	
	18 50.2	A	—	0.0	17.9	
	18 51.7	A	OG2	− 0.3	16.6	
	18 53.0	A	BG7	− 0.6	19.5	
	18 55.0	B	—	− 1.0	15.7	
	19 7.0	A	—	− 3.7	19.4	
	19 8.4	A	OG2	− 4.0	18.9	
	19 9.6	A	BG7	− 4.3	20.8	
11	17 45.2	A	—	+14.9	19.2	
	17 46.5	A	BG7	+14.6	19.8	
	17 48.0	A	OG2	+14.2	17.3	
	17 49.2	A	RG1	+13.9	16.4	
	18 14.0	A	—	+ 8.3	18.5	
	18 15.6	A	OG2	+ 7.9	16.7	
	18 17.0	A	BG7	+ 7.6	19.8	
	18 19.5	B	—	+ 7.0	13.1	
	18 21.0	B	OG2	+ 6.7	12.0	
	18 22.2	B	BG7	+ 6.4	15.4	
	18 33.2	A	—	+ 3.9	18.3	
	18 34.4	A	OG2	+ 3.7	16.7	
	18 35.7	A	BG7	+ 3.4	19.6	
	18 37.0	B	—	+ 3.1	13.5	
	18 53.2	A	—	− 0.5	17.2	
	18 54.7	A	OG2	− 0.9	15.8	
	18 56.0	A	BG7	− 1.2	18.7	
	19 9.0	A	—	− 4.0	19.4	
12	18 48.6	A	—	+ 0.6	17.5	
	18 49.7	A	BG7	+ 0.4	19.3	
	18 51.7	A	OG2	− 0.1	17.0	
	18 59.2	B	—	− 1.8	14.7	
	19 5.8	A	—	− 3.2	20.0	
	19 7.6	A	OG2	− 3.6	19.1	
	19 9.1	A	BG7	− 3.9	21.2	
16	18 22.2	B	—	+ 6.9	12.3	in E Cu
	18 24.0	B	BG7	+ 6.5	16.1	
	18 25.7	B	OG2	+ 6.2	12.3	
	18 40.8	A	—	+ 2.8	18.3	
	18 43.0	A	BG7	+ 2.3	19.7	
	18 44.3	A	OG2	+ 2.0	16.7	
	18 49.5	A	—	+ 0.9	18.5	
	18 50.7	A	OG2	+ 0.6	16.2	
	18 52.3	A	BG7	+ 0.3	19.9	

Tag 1952	Zeit	Punkt	Filter	$h_{\odot}$	d	Anmerkungen
Okt. 17	$18^h38^m.9$	A	—	$+3^\circ.3$	$18^\circ.5$	Wolken nahe (insgesamt $^1/_{10}$ Ci und Ac)
	18 40.3	A	OG2	+ 3.0	17.1	
	18 41.6	A	BG7	+ 2.7	20.0	
	18 52.0	A	—	+ 0.4	17.6	
	18 53.2	A	OG2	+ 0.2	16.2	
	18 54.5	A	BG7	− 0.1	19.5	
18	18 7.6	A	—	+10.4	18.6	
	18 9.1	A	BG7	+10.0	19.9	
	18 10.7	A	OG2	+ 9.7	17.0	
	18 18.0	A	—	+ 8.0	18.5	
	18 19.6	A	OG2	+ 7.7	17.0	
	18 21.2	A	BG7	+ 7.3	20.2	
	18 53.3	A	—	+ 0.3	17.6	
	18 54.5	A	OG2	0.0	16.3	
	18 55.8	A	BG7	− 0.3	19.0	
	18 57.6	B	—	− 0.7	15.2	einige Ci in W
	19 2.6	A	—	− 1.9	18.8	
	19 5.8	A	OG2	− 2.6	17.7	
	19 7.8	A	BG7	− 3.1	19.8	
19	18 20.5	A	—	+ 7.6	18.5	
	18 22.4	A	OG2	+ 7.2	16.3	
	18 23.5	A	BG7	+ 6.9	19.9	
	18 28.7	A	—	+ 5.7	17.6	
	18 29.9	A	OG2	+ 5.5	16.2	
	18 31.0	A	BG7	+ 5.2	19.8	
	18 34.2	A	—	+ 4.5	17.8	
	18 35.5	A	BG7	+ 4.2	20.5	
	18 36.8	A	OG2	+ 3.9	16.6	
24	17 51.3	A	—	+14.7	18.8	fast wolkenlos, nur am Horizont in N und NW Cu, in SW ∞ — Streifen
	17 52.4	A	OG2	+14.4	16.9	
	17 54.0	A	BG7	+14.1	20.0	
	17 56.3	B	—	+13.6	12.0	
	18 11.3	A	—	+10.2	18.7	
	18 12.7	A	OG2	+ 9.9	18.1	
	18 14.0	A	BG7	+ 9.6	20.8	
	18 15.3	B	—	+ 9.3	12.1	
	18 20.5	A	—	+ 8.1	18.6	
	18 21.9	A	OG2	+ 7.8	17.8	
	18 23.7	A	BG7	+ 7.5	20.5	
	18 24.9	B	—	+ 7.2	12.5	
	18 30.5	A	—	+ 6.0	18.1	
	18 31.6	A	OG2	+ 5.7	17.2	
	18 32.8	A	BG7	+ 5.5	19.9	
	18 33.9	B	—	+ 5.2	11.7	
	18 41.7	A	—	+ 3.5	17.8	
	18 42.9	A	OG2	+ 3.2	17.0	
	18 44.4	A	BG7	+ 2.9	20.2	
	18 45.8	B	—	+ 2.6	12.9	
	18 47.2	B	OG2	+ 2.3	11.8	

Tag 1952	Zeit	Punkt	Filter	$h_\odot$	d	Anmerkungen
Okt. 24	$18^h48^m.6$	B	BG7	$+2°.0$	$16°.5$	
	18 50.0	A	—	+ 1.6	18.4	
	18 51.1	A	OG2	+ 1.4	17.3	
	18 52.4	A	BG7	+ 1.1	20.0	
	18 54.1	B	—	+ 0.7	14.1	
	18 55.3	B	BG7	+ 0.4	17.2	18^h56^m ⊙ ver-
	19 0.2	A	—	− 0.7	18.1	schwindet
	19 1.4	A	OG2	− 0.9	16.3	
	19 2.6	A	BG7	− 1.2	19.1	
	19 11.1	A	—	− 3.1	19.1	
	19 12.2	A	OG2	− 3.3	18.5	
	19 13.3	A	BG7	− 3.5	19.8	
27	11 47.5	B	—	+73.7	5.2	schwierig
	11 51.5	B	BG7	+74.3	5.8	
	18 26.5	A	—	+ 7.2	19.2	
	18 27.8	B	—	+ 6.9	13.7	
	18 37.2	A	—	+ 4.8	18.9	
	18 39.3	A	OG2	+ 4.3	18.5	
	18 40.5	A	BG7	+ 4.0	19.6	
	18 43.2	B	—	+ 3.5	14.0	
	18 47.7	A	—	+ 2.5	18.6	
	18 49.0	A	OG2	+ 2.2	17.5	
	18 50.3	A	BG7	+ 1.9	19.7	
	19 0.4	A	—	− 0.3	18.0	
	19 2.0	A	OG2	− 0.7	16.3	
	19 3.3	A	BG7	− 0.9	19.1	
	19 11.7	A	—	− 2.8	18.8	
28	17 52.5	A	—	+14.9	16.6	
	17 55.7	A	BG7	+14.2	18.8	
	18 4.8	A	—	+12.2	16.7	
	18 7.7	A	OG2	+11.5	14.4	
	18 9.7	A	BG7	+11.1	18.1	
	18 19.3	A	—	+ 8.9	17.3	
	18 21.0	A	OG2	+ 8.5	15.0	
	18 22.2	A	BG7	+ 8.2	18.7	
	18 34.4	A	—	+ 5.5	17.0	
	18 36.6	A	OG2	+ 5.0	14.5	
	18 37.9	A	BG7	+ 4.7	18.6	
	18 49.0	A	—	+ 2.3	17.0	
	18 50.8	A	OG2	+ 1.9	15.2	
	18 52.3	A	BG7	+ 1.6	18.8	
	19 1.2	A	—	− 0.4	16.5	
	19 3.3	A	—	− 0.8	17.2	
	19 4.5	A	OG2	− 1.1	15.8	
	19 5.9	A	BG7	− 1.4	18.2	
	19 11.9	A	—	− 2.7	18.5	
	19 13.7	A	BG7	− 3.1	19.2	
	19 15.0	A	OG2	− 3.4	16.9	
29	17 53.5	A	—	+14.8	16.5	

Tag 1952	Zeit	Punkt	Filter	$h_{\odot}$	d	Anmerkungen
Okt. 29	$17^h55^m.2$	A	BG7	$+14^\circ.4$	$17^\circ.6$	
	18 2.0	A	—	+12.9	15.8	
	18 4.7	A	OG2	+12.3	14.7	
	18 7.4	A	BG7	+11.6	17.7	
	18 24.4	A	—	+ 7.9	16.5	
	18 26.3	A	OG2	+ 7.5	14.2	
	18 27.8	A	BG7	+ 7.1	18.0	
	18 33.5	A	—	+ 5.9	16.7	
	18 35.8	A	OG2	+ 5.4	15.0	
	18 37.3	A	BG7	+ 5.0	17.8	
	18 42.3	A	—	+ 3.9	16.4	
	18 43.8	A	OG2	+ 3.6	15.4	
	18 45.0	A	BG7	+ 3.3	18.1	
	18 51.8	A	—	+ 1.8	16.2	
	18 53.3	A	OG2	+ 1.5	15.6	
	18 54.9	A	BG7	+ 1.1	17.7	
	19 3.3	A	—	— 0.7	15.9	
	19 4.8	A	OG2	— 1.1	15.1	
	19 6.5	A	BG7	— 1.4	18.0	
30	17 48.3	B	—	+16.1	11.8	
	17 50.5	B	BG7	+15.6	13.6	
	17 52.0	A	—	+15.3	16.7	
	17 53.3	A	BG7	+15.0	17.9	
	17 59.8	A	—	+13.5	16.7	
	18 0.9	A	BG7	+13.3	18.2	
	18 2.6	A	OG2	+12.9	15.4	
	18 8.0	A	—	+11.7	16.5	
	18 9.2	A	OG2	+11.4	14.6	
	18 10.6	A	BG7	+11.1	18.8	
	18 18.3	A	—	+ 9.4	16.4	
	18 19.9	A	OG2	+ 9.0	14.9	
	18 21.3	A	BG7	+ 8.7	18.7	
	18 38.8	A	—	+ 4.8	16.7	
	18 40.8	A	BG7	+ 4.3	18.5	
	18 42.4	A	OG2	+ 4.0	15.0	
	18 52.0	A	—	+ 1.9	16.5	
	18 53.3	A	OG2	+ 1.6	14.9	
	18 54.6	A	BG7	+ 1.3	17.9	
	19 4.0	A	—	— 0.8	16.9	
	19 5.1	A	OG2	— 1.0	14.7	
	19 6.1	A	BG7	— 1.3	17.9	
Nov. 2	5 35.4	A	—	— 6.8	25.5	
	5 38.2	A	BG7	— 6.2	24.7	
	5 40.8	A	OG2	— 5.6	22.2	
	5 44.0	B	—	— 4.9	12.7	Über Wolkenbank
	5 46.2	B	OG2	— 4.4	11.7	
	5 48.3	B	BG7	— 3.9	15.1	
	5 50.7	A	—	— 3.4	17.8	
	5 52.4	A	OG2	— 3.0	17.7	

Tag 1952	Zeit	Punkt	Filter	$h_\odot$	d	Anmerkungen
Nov. 2	$5^h54^m.4$	A	BG7	$-2^\circ.6$	$19^\circ.6$	
	5 56.7	B	—	− 2.1	14.1	
	5 58.2	A	—	− 1.7	17.0	
	18 25.9	A	—	+ 8.0	17.2	
	18 28.0	A	OG2	+ 7.6	16.1	
	18 29.3	A	BG7	+ 7.3	18.9	
	18 37.4	A	—	+ 5.5	16.8	
	18 38.5	A	OG2	+ 5.2	15.8	
	18 39.9	A	BG7	+ 4.9	18.5	
	18 49.7	A	—	+ 2.8	15.9	
	18 51.0	A	OG2	+ 2.5	15.5	
	18 52.3	A	BG7	+ 2.2	18.1	
	18 53.5	A	—	+ 1.9	17.0	
	19 0.3	A	—	+ 0.4	17.0	
	19 1.6	A	OG2	+ 0.1	15.4	
	19 2.8	A	BG7	− 0.1	17.9	
	19 4.1	B	—	− 0.4	13.8	
3	5 33.5	B	—	− 7.2	17.1	relativ sichere Messungen, der Punkt gut sichtbar und zwar in allen 3 Farben!
	5 36.0	B	OG2	− 6.5	18.0	
	5 38.0	B	BG7	− 6.1	17.8	
	5 40.1	B	—	− 5.5	14.4	
	5 43.0	A	—	− 5.0	20.8	sehr gut definiert
	5 44.7	A	OG2	− 4.6	18.6	
	5 46.6	A	BG7	− 4.1	20.1	
	5 48.2	A	—	− 3.8	19.2	
	5 50.8	B	—	− 3.2	13.6	
	5 53.0	B	OG2	− 2.7	13.7	
	5 55.5	B	BG7	− 2.2	18.0	
	5 57.6	B	—	− 1.7	14.2	
	6 0.2	A	—	− 1.1	16.8	
	6 1.7	A	OG2	− 0.8	15.9	
	6 3.5	A	BG7	− 0.4	19.1	$6^h3^m.5$ ⊙ Aufgang
	6 5.5	A	—	+ 0.1	17.0	
	6 7.7	B	—	+ 0.6	14.1	
	6 9.5	A	—	+ 0.9	17.1	etwas Ci tief in NW
	19 9.7	B	—	− 1.4	14.5	
	19 11.9	B	OG2	− 1.9	13.9	
	19 13.7	B	BG7	− 2.4	19.0	Ci dicht darüber
	19 19.9	B	—	− 3.7	14.3	
	19 21.2	B	BG7	− 4.0	17.6	
	19 22.8	B	OG2	− 4.3	14.1	
	19 24.8	B	—	− 4.7	13.7	
4	18 8.8	A	—	+12.0	17.1	einige kleine Ac dicht darunter
	18 10.4	A	BG7	+11.5	18.8	
	18 12.4	B	—	+11.2	12.1	
	18 18.8	A	—	+ 9.8	16.7	
	18 20.3	A	OG2	+ 9.4	15.9	
	18 21.6	A	BG7	+ 9.2	18.8	
	18 28.8	A	—	+ 7.6	17.7	

Tag 1952	Zeit	Punkt	Filter	$h_\odot$	d	Anmerkungen
Nov. 4	$18^h31^m.2$	A	OG2	+ 7°.1	15°.6	
	18 32.6	A	BG7	+ 6.8	19.0	
	18 36.6	A	—	+ 5.9	17.2	
	18 38.6	A	OG2	+ 5.4	15.6	
	18 39.9	A	BG7	+ 5.2	18.6	
	18 46.1	A	—	+ 3.8	17.2	
	18 50.1	A	OG2	+ 2.9	15.7	
	18 51.7	A	BG7	+ 2.5	18.6	
	18 53.3	B	—	+ 2.2	14.4	einige Ac lent in W und SW
	18 54.6	B	BG7	+ 1.9	17.2	
	18 55.9	B	OG2	+ 1.7	13.2	
	18 57.6	A	—	+ 1.3	17.4	
	18 59.0	A	OG2	+ 1.0	16.4	
	19 0.1	A	BG7	+ 0.7	18.9	
	19 4.0	B	—	− 0.1	14.7	
	19 10.8	A	—	− 1.6	17.1	
	19 12.3	A	OG2	− 1.9	16.3	
	19 14.0	A	BG7	− 2.3	19.2	
	19 15.5	B	—	− 2.6	15.3	
	19 17.4	B	OG2	− 3.0	14.7	
	19 18.8	B	BG7	− 3.3	18.3	
	19 20.6	A	—	− 3.7	19.3	
5	5 27.3	B	—	− 8.0	18.8	
	5 29.9	B	OG2	− 7.4	17.0	
	5 32.2	B	BG7	− 6.9	17.3	
	5 33.9	A	—	− 6.6	23.6	
	5 36.0	A	OG2	− 6.2	22.4	
	5 37.8	A	BG7	− 5.7	24.0	
	5 39.7	A	—	− 5.3	23.0	
	5 41.7	B	—	− 4.8	14.1	Schattenstrahlen in E
	5 46.0	A	—	− 3.9	18.6	
	5 47.4	A	OG2	− 3.5	17.5	
	5 49.0	A	BG7	− 3.2	19.2	
	5 52.2	B	—	− 2.7	15.6	
	5 54.9	A	—	− 2.2	17.2	
	5 56.4	A	OG2	− 1.7	15.2	
	5 58.0	A	BG7	− 1.4	18.2	
	6 0.4	B	—	− 0.8	13.5	
	6 2.2	A	—	− 0.4	17.3	⊙ Aufgang
	6 3.8	A	OG2	− 0.1	15.7	
	6 5.3	A	BG7	+ 0.3	18.6	
	6 8.0	B	—	+ 0.8	13.5	
	18 3.5	A	—	+13.3	17.3	
	18 4.8	A	OG2	+13.0	16.2	
	18 6.2	A	BG7	+12.7	18.1	
	18 8.9	B	—	+12.1	12.6	
	18 28.5	A	—	+ 7.8	17.2	
	18 29.8	A	OG2	+ 7.5	16.4	
	18 31.0	A	BG7	+ 7.2	19.1	

Tag 1952	Zeit	Punkt	Filter	$h_{\odot}$	d	Anmerkungen
Nov. 5	$18^h37^m.8$	B	—	$+5^\circ.8$	$13^\circ.3$	
	18 39.1	B	OG2	+ 5.5	11.7	
	18 40.2	B	BG7	+ 5.2	15.6	
	18 41.5	A	—	+ 4.9	17.5	
	18 42.7	A	OG2	+ 4.6	15.9	
	18 44.1	A	BG7	+ 4.4	19.1	
	18 48.7	B	—	+ 3.3	13.4	
	18 51.6	A	—	+ 2.7	16.4	
	18 52.6	A	OG2	+ 2.4	15.2	
	18 54.1	A	BG7	+ 2.2	18.6	
	18 57.3	B	—	+ 1.5	13.5	
	18 58.9	B	OG2	+ 1.1	12.1	
	19 0.3	B	BG7	+ 0.8	15.9	19^h3^m ⊙ verschwindet
	19 8.1	A	—	− 0.9	16.8	
	19 9.3	A	OG2	− 1.1	16.7	
	19 10.7	A	BG7	− 1.4	18.4	
	19 17.5	A	OG2	− 2.9	18.8	
	19 18.9	A	BG7	− 3.2	19.4	
	19 20.6	A	—	− 3.6	18.0	
6	5 17.2	A	—	− 9.9	26.7	
	5 25.0	A	—	− 8.2	27.3	
	5 28.3	B	—	− 7.5	18.6	
	5 31.0	B	OG2	− 6.9	18.5	
	5 35.3	B	BG7	− 6.0	17.5	
	5 37.6	A	BG7	− 5.5	23.4	
	5 39.4	A	OG2	− 5.1	21.4	
	5 41.2	A	—	− 4.7	21.0	
	5 43.8	B	—	− 4.2	13.9	
	5 46.5	B	OG2	− 3.6	13.3	
	5 48.7	B	BG7	− 3.1	16.1	
	5 58.6	B	—	− 1.0	13.6	
	6 0.1	A	—	− 0.6	17.2	$6^h1^m.3$ ⊙ Aufgang
	6 2.7	A	OG2	− 0.1	15.3	
	6 4.4	A	BG7	+ 0.3	18.0	
	6 6.0	A	—	+ 0.6	16.5	
	18 52.5	A	—	+ 2.6	16.5	
	18 54.4	A	OG2	+ 2.2	15.4	
	18 55.8	A	BG7	+ 1.9	18.5	
	19 0.5	B	—	+ 0.9	13.9	
	19 2.6	A	—	+ 0.4	16.7	
	19 3.8	A	OG2	+ 0.2	15.1	
	19 5.0	A	BG7	− 0.1	18.3	⊙ verschwindet
	19 9.1	A	—	− 1.0	16.9	
	19 10.1	A	OG2	− 1.2	15.8	
	19 11.2	A	BG7	− 1.4	18.6	
	19 17.6	A	—	− 2.8	18.1	
	19 20.9	B	—	− 3.5	15.1	
7	5 21.7	A	—	− 8.8	26.8	
	5 24.5	A	BG7	− 8.2	25.6	

Tag 1952	Zeit	Punkt	Filter	$h_\odot$	d	Anmerkungen
Nov. 7	$5^h26^m.8$	A	—	$-7^\circ.7$	$25^\circ.7$	
	5 29.6	A	BG7	− 7.1	26.2	
	5 32.2	A	OG2	− 6.5	21.9	
	5 34.7	B	—	− 6.0	17.3	
	5 37.2	B	OG2	− 5.4	15.5	
	5 40.1	B	BG7	− 4.8	17.7	
	5 42.5	A	—	− 4.3	19.3	
	5 45.2	A	OG2	− 3.9	18.6	
	5 46.2	A	BG7	− 3.5	19.9	
	5 48.5	B	—	− 3.0	15.1	
	18 3.7	A	—	+13.5	16.1	
	18 5.2	A	OG2	+13.2	15.2	
	18 6.5	A	BG7	+13.0	18.6	
	18 25.1	A	—	+ 8.9	17.2	
	18 26.4	A	OG2	+ 8.6	15.2	
	18 28.0	A	BG7	+ 8.2	19.4	
	18 30.1	B	—	+ 7.7	12.6	
	18 31.8	A	—	+ 7.4	17.9	
	18 32.9	A	OG2	+ 7.2	15.7	
	18 34.1	A	BG7	+ 6.9	19.3	
	18 41.9	A	—	+ 5.2	17.2	
	18 43.2	A	OG2	+ 4.9	15.8	
	18 44.8	A	BG7	+ 4.5	18.3	
	18 54.7	A	—	+ 2.4	16.5	
	18 55.9	A	OG2	+ 2.1	15.4	
	18 57.2	A	BG7	+ 1.8	18.6	
	19 2.4	A	—	+ 0.7	16.7	
	19 3.7	A	OG2	+ 0.4	14.8	
	19 4.8	A	BG7	+ 0.2	18.6	
	19 6.1	B	—	− 0.1	13.7	
	19 22.8	A	—	− 3.8	19.1	
	19 24.1	B	—	− 4.1	14.0	
8	18 20.7	A	—	+ 9.9	16.9	
	18 22.0	A	OG2	+ 9.7	15.9	
	18 23.7	A	BG7	+ 9.3	18.9	
	18 30.0	B	—	+ 7.9	14.0	
	18 32.9	A	—	+ 7.3	16.9	
	18 34.1	A	OG2	+ 7.0	16.2	
	18 35.8	A	BG7	+ 6.6	19.4	
	18 40.0	B	—	+ 5.6	13.5	
	18 48.8	A	—	+ 3.8	16.9	
	18 50.4	A	OG2	+ 3.4	15.7	
	18 52.2	A	BG7	+ 3.0	18.7	
	19 3.0	A	—	+ 0.7	16.7	$\odot$ verschwindet
	19 4.6	A	OG2	+ 0.4	15.7	
	19 6.0	A	BG7	0.0	18.8	
	19 7.9	B	—	− 0.4	14.4	
	19 10.0	A	—	− 0.9	16.5	
9	17 40.0	B	—	+19.1	11.9	

Tag 1952	Zeit	Punkt	Filter	$h_\odot$	d	Anmerkungen
Nov. 9	$18^h18^m.8$	A	—	$+10^\circ.4$	$17^\circ.9$	
	18 20.4	A	BG7	+10.1	19.2	
	18 21.7	A	OG2	+ 9.8	17.1	
	18 28.2	A	—	+ 8.4	17.8	
	18 29.5	A	OG2	+ 8.1	16.9	
	18 30.7	A	BG7	+ 7.9	19.1	
	19 12.7	A	—	− 1.2	17.3	
	19 15.3	A	OG2	− 1.8	16.2	
	19 16.5	A	BG7	− 2.1	19.6	
	19 20.6	A	—	− 2.9	18.8	
	19 23.0	A	OG2	− 3.5	19.0	
	19 24.9	A	BG7	− 3.8	21.3	
10	18 41.8	A	—	+ 5.6	17.7	
	18 43.2	A	BG7	+ 5.3	18.9	
	18 45.3	A	OG2	+ 4.8	16.3	
	18 53.5	A	—	+ 3.0	17.3	
	18 55.9	A	OG2	+ 2.5	15.2	
	18 57.2	A	BG7	+ 2.2	18.1	
	19 3.3	A	—	+ 0.9	17.1	
	19 4.8	A	OG2	+ 0.6	15.3	
	19 6.3	A	BG7	+ 0.3	18.5	⊙ unsichtbar
	19 8.7	B	—	− 0.2	13.9	
	19 9.9	B	BG7	− 0.5	17.0	
	19 11.8	A	—	− 0.9	16.9	
24	18 43.5	B	—	+ 7.2	14.3	zwischen Ci in klarer Lücke
	18 46.3	B	BG7	+ 6.6	17.6	
25	18 21.0	A	—	+12.1	17.4	
	18 22.6	A	OG2	+11.7	16.0	
	18 24.0	A	BG7	+11.4	18.8	4/10 dünne Schönwetter Ci, nicht an der Meßstelle
	18 29.7	A	—	+10.2	17.5	
	18 31.2	A	OG2	+ 9.9	15.9	
	18 32.6	A	BG7	+ 9.6	18.7	
	18 36.7	A	—	+ 8.7	17.9	
	18 38.0	A	OG2	+ 8.5	17.0	
	18 40.3	A	BG7	+ 7.9	20.3	
	18 41.8	A	—	+ 7.6	19.3	abgebrochen, da Ci
	18 58.0	A	—	+ 4.2	18.7	zwischen Ci [nahe
	18 59.3	A	OG2	+ 3.9	16.4	zwischen Ci
	19 0.9	A	BG7	+ 3.6	19.0	
	19 2.1	A	—	+ 3.3	17.5	
	19 12.4	A	—	+ 1.2	19.9	Große Lücke im Ci
	19 14.0	A	OG2	+ 0.9	18.6	
	19 15.2	A	BG7	+ 0.6	21.1	
	19 17.7	A	—	+ 0.1	20.6	
26	18 16.3	A	—	+13.1	16.1	
	18 18.5	A	OG2	+12.7	14.7	
	18 19.6	A	BG7	+12.5	17.9	
	18 24.7	A	—	+11.4	16.8	
	18 26.3	A	OG2	+11.1	15.7	

Tag 1952	Zeit	Punkt	Filter	$h_{\odot}$	d	Anmerkungen
Nov. 26	$18^h28^m.6$	A	BG7	$+10^{\circ}.6$	$18^{\circ}.9$	
	18 38.1	A	—	+ 8.6	17.8	
	18 39.9	A	OG2	+ 8.3	16.4	
	18 41.2	A	BG7	+ 8.0	18.9	
	18 50.6	A	—	+ 6.0	17.7	
	18 52.3	A	OG2	+ 5.6	16.0	
	18 54.5	A	BG7	+ 5.1	18.8	
	19 4.0	A	—	+ 3.1	17.1	
	19 5.9	A	OG2	+ 2.7	16.2	
	19 7.5	A	BG7	+ 2.3	19.1	
	19 13.6	A	—	+ 1.1	16.9	
	19 15.2	A	OG2	+ 0.8	16.1	
	19 16.7	A	BG7	+ 0.5	19.0	
	19 20.9	A	—	− 0.4	17.3	
	19 22.1	A	OG2	− 0.7	16.0	
	19 23.3	A	BG7	− 0.9	18.7	
27	18 41.2	A	—	+ 8.1	17.1	
	18 42.7	A	OG2	+ 7.8	16.3	
	18 44.5	A	BG7	+ 7.4	18.9	
	18 50.1	A	—	+ 6.2	17.8	
	18 51.6	A	OG2	+ 5.9	16.4	
	18 53.3	A	BG7	+ 5.5	19.1	
	19 1.3	A	—	+ 3.8	17.1	
	19 3.7	A	OG2	+ 3.3	16.1	
	19 5.4	A	BG7	+ 3.0	18.9	
	19 11.7	A	—	+ 1.7	17.0	
	19 13.2	A	OG2	+ 1.3	15.9	
	19 14.9	A	BG7	+ 1.0	18.7	
	19 20.0	A	—	− 0.1	16.9	
	19 21.6	A	OG2	− 0.4	16.3	
	19 23.0	A	BG7	− 0.7	18.5	
Dez. 1	18 50.7	A	—	+ 6.7	17.1	
	18 52.5	A	OG2	+ 6.3	16.2	
	18 53.8	A	BG7	+ 6.1	18.2	
	18 59.3	B	—	+ 5.0	12.4	
	19 0.8	A	—	+ 4.7	17.3	
	19 2.1	A	OG2	+ 4.4	16.3	
	19 4.4	A	BG7	+ 4.0	19.1	
	19 6.7	B	—	+ 3.4	14.5	
	19 10.6	A	—	+ 2.6	17.1	
	19 11.9	A	OG2	+ 2.4	15.9	
	19 13.7	A	BG7	+ 2.0	19.6	
	19 15.2	B	—	+ 1.7	13.7	Wind stört
2	5 55.7	A	—	− 0.2	14.6	
	5 58.7	A	OG2	+ 0.4	14.4	
	6 0.9	A	BG7	+ 0.9	18.4	
	6 3.2	A	—	+ 1.4	16.3	
	18 24.0	A	—	+12.4	17.5	

Tag 1952	Zeit	Punkt	Filter	$h_{\odot}$	d	Anmerkungen
Dez. 2	$18^h 24^m.9$	A	OG2	$+12^\circ.2$	$16^\circ.3$	
	18 27.3	A	BG7	+11.7	18.8	
	18 31.8	A	—	+10.8	17.6	
	18 33.0	A	OG2	+10.5	15.3	
	18 34.3	A	BG7	+10.2	18.7	
	18 49.5	A	—	+ 7.1	16.3	
	18 50.8	A	OG2	+ 6.8	15.6	
	18 53.0	A	BG7	+ 6.4	19.1	
	18 59.5	B	—	+ 5.1	15.1	
	19 4.3	A	—	+ 4.1	18.1	
	19 6.1	A	OG2	+ 3.7	16.6	
	19 7.0	A	BG7	+ 3.5	18.8	
	19 8.6	B	—	+ 3.2	13.8	
	19 21.5	A	—	+ 0.5	17.1	
	19 24.0	A	OG2	- 0.1	15.6	
	19 25.3	A	BG7	− 0.3	18.3	
3	5 42.0	A	—	− 3.0	18.1	
	5 44.1	A	OG2	− 2.6	16.1	
	5 45.3	A	BG7	− 2.3	18.3	
	5 49.2	B	—	− 1.5	13.1	
	5 50.5	B	OG2	− 1.3	11.6	
	5 51.6	B	BG7	− 1.0	15.9	
	5 52.8	A	—	− 0.8	16.5	
	5 53.9	A	OG2	− 0.6	15.0	
	5 55.0	A	BG7	− 0.2	17.9	$5^h 55^m.5$ ⊙ Aufgang
	5 57.7	B	—	+ 0.2	14.5	
	6 0.8	A	—	+ 0.9	17.2	
	6 2.7	A	OG2	+ 1.3	16.4	
	6 4.0	A	BG7	+ 1.6	18.8	
	6 6.5	B	—	+ 2.1	14.1	
	6 7.6	B	BG7	+ 2.3	16.8	
	6 8.9	B	OG2	+ 2.6	12.8	
	6 11.3	A	—	+ 3.1	18.0	
	6 12.7	A	OG2	+ 3.4	16.1	
	6 14.2	A	BG7	+ 3.7	19.0	
	6 17.5	B	—	+ 4.4	14.3	
	6 19.3	A	—	+ 4.8	17.8	
	6 21.4	A	OG2	+ 5.2	16.7	
	6 22.7	A	BG7	+ 5.5	19.3	
	6 28.5	A	—	+ 6.7	17.9	
	6 29.7	A	OG2	+ 7.0	16.4	
	6 31.0	A	BG7	+ 7.3	19.6	
	6 32.6	B	—	+ 7.6	13.8	
6	18 17.7	A	—	+14.2	17.3	
	18 19.5	A	BG7	+13.8	18.5	
	18 21.3	B	—	+13.5	14.5	
	18 32.1	A	—	+11.2	17.4	
	18 33.7	A	OG2	+10.8	16.0	
	18 34.9	A	BG7	+10.6	18.7	

Tag 1952	Zeit	Punkt	Filter	$h_{\odot}$	d	Anmerkungen
Dez. 6	$18^h42^m.1$	A	—	$+9°.0$	$17°.5$	
	18 43.6	A	OG2	+ 8.7	15.8	
	18 44.7	A	BG7	+ 8.5	18.6	
	18 46.3	B	—	+ 8.2	13.7	
	18 48.0	B	BG7	+ 7.8	15.2	
	18 54.4	A	—	+ 6.5	17.3	
	18 58.5	A	OG2	+ 5.6	16.1	
	19 0.0	A	BG7	+ 5.3	18.9	
	19 3.8	A	—	+ 4.5	17.2	
	19 5.5	A	OG2	+ 4.2	16.3	
	19 6.7	A	BG7	+ 3.9	18.6	
	19 13.5	B	—	+ 2.5	13.7	
	19 15.2	A	OG2	+ 2.2	15.7	
	19 16.4	A	BG7	+ 1.9	18.7	
	19 17.6	A	—	+ 1.7	17.3	
	19 20.4	B	—	+ 1.1	14.5	
	19 21.6	A	OG2	+ 0.8	14.9	
	19 22.7	A	BG7	+ 0.6	18.3	
	19 24.0	A	—	+ 0.3	16.7	
7	5 26.0	A	—	− 6.2	25.0	
	5 27.8	A	BG7	− 5.9	25.5	
	5 29.7	A	OG2	− 5.5	23.0	
	5 33.5	B	—	− 4.7	15.9	einige Schattenstrah-
	5 34.7	B	OG2	− 4.5	15.3	len tief in E
	5 36.1	B	BG7	− 4.2	19.4	
	5 38.4	A	—	− 3.7	19.9	
	5 39.7	A	OG2	− 3.5	18.4	
	5 41.0	A	BG7	− 3.2	20.0	
	5 44.6	B	—	− 2.5	16.3	
	5 46.2	B	OG2	− 2.2	14.8	
	5 47.5	B	BG7	− 1.9	17.2	
	5 50.2	A	—	− 1.3	17.5	
	5 51.4	A	OG2	− 1.1	16.1	
	5 52.8	A	BG7	− 0.8	19.0	
	5 54.4	B	—	− 0.5	14.9	
	5 55.6	A	—	− 0.2	17.1	5^h56^m ⊙ Aufgang
	5 57.3	A	OG2	+ 0.1	15.6	
	5 58.4	A	BG7	+ 0.3	18.6	am E-Himmel Ci
	5 59.7	B	—	+ 0.6	14.9	
	6 1.5	A	—	+ 1.0	16.8	
	18 49.5	B	—	+ 7.7	14.2	
	18 51.5	B	OG2	+ 7.2	14.0	
	18 53.0	B	BG7	+ 6.9	16.1	
	18 58.5	B	—	+ 5.7	14.8	
	19 0.0	B	OG2	+ 5.4	13.2	
	19 1.1	B	BG7	+ 5.2	16.3	
	19 9.7	B	—	+ 3.4	14.0	
	19 10.9	B	OG2	+ 3.2	12.7	
	19 12.0	B	BG7	+ 2.9	16.0	

Tag 1952	Zeit	Punkt	Filter	$h_{\odot}$	d	Anmerkungen
Dez. 7	$19^h16^m.2$	B	—	+ 2°.0	13°.6	
	19 17.4	B	OG2	+ 1.8	12.0	einzelne Ci, doch Ge-
	19 18.7	B	BG7	+ 1.5	16.5	gend der ⊙ und
	19 21.1	B	—	+ 1.0	14.1	des B-Punktes frei
	19 22.3	B	OG2	+ 0.8	12.2	
	19 23.5	B	BG7	+ 0.5	16.0	
8	18 49.2	B	—	+ 7.8	13.4	zwischen Ac
	18 51.3	B	BG7	+ 7.4	16.6	
	18 52.7	B	OG2	+ 7.2	13.1	
	19 5.0	B	—	+ 4.5	14.8	
	19 6.7	B	OG2	+ 4.2	12.4	
	19 9.5	B	BG7	+ 3.6	16.4	
	19 14.6	B	—	+ 2.6	14.6	
	19 16.1	B	OG2	+ 2.2	13.5	
	19 17.4	B	BG7	+ 1.9	16.8	
	19 21.4	B	—	+ 1.1	14.5	
	19 22.8	B	OG2	+ 0.8	13.4	
	19 24.2	B	BG7	+ 0.5	16.9	
	19 25.6	B	—	+ 0.2	14.6	
9	20 6.0	B	—	− 7.7	22.7	
	20 8.0	B	BG7	− 8.1	28.4	
10	18 51.6	A	—	+ 7.6	18.7	
	18 53.2	A	OG2	+ 7.3	17.1	
	18 54.8	A	BG7	+ 6.9	19.5	
	18 56.1	B	—	+ 6.6	14.5	
	19 5.8	A	—	+ 4.7	18.5	
	19 7.2	A	OG2	+ 4.3	17.4	
	19 8.4	A	BG7	+ 4.1	19.3	
	19 14.6	B	—	+ 2.8	14.8	
	19 20.5	A	—	+ 1.5	17.4	
	19 21.8	A	OG2	+ 1.3	15.9	
	19 23.1	A	BG7	+ 1.0	19.2	
	19 52.4	A	—	− 5.0	20.6	
	19 55.5	A	BG7	− 5.6	22.5	
	20 5.7	A	—	− 7.5	24.1	
19	18 23.3	A	—	+14.7	18.2	
	18 24.5	A	OG2	+14.4	17.4	
	18 26.0	A	BG7	+14.1	19.6	
	18 27.3	A	—	+13.8	18.2	
	18 55.3	A	—	+ 8.0	17.0	
	18 56.5	A	OG2	+ 7.7	16.3	
	18 58.0	A	BG7	+ 7.4	19.2	
	19 16.7	A	—	+ 3.5	17.3	
	19 18.8	A	OG2	+ 3.0	16.0	
	19 20.4	A	BG7	+ 2.7	18.8	
	19 25.5	A	—	+ 1.7	17.2	
29	17 57.3	B	—	+21.1	11.1	
	17 59.0	B	BG7	+20.7	12.9	
	18 0.5	B	OG2	+20.4	9.1	

Tag 1952	Zeit	Punkt	Filter	$h_\odot$	d	Anmerkungen
Dez. 29	18ʰ24ᵐ.2	B	—	+15°.4	11°.1	
	18 53.2	B	—	+ 9.2	12.9	
	18 57.0	A	—	+ 8.4	18.6	Wolken (Ac) nahe
	18 58.7	A	OG2	+ 8.1	17.1	Wolken (Ac) nahe
	18 59.9	A	BG7	+ 7.8	19.3	
	19 7.8	A	—	+ 6.2	17.9	
	19 9.0	A	OG2	+ 6.0	16.8	
	19 10.4	A	BG7	+ 5.7	18.6	
	19 15.7	A	—	+ 4.5	17.2	
	19 16.8	A	OG2	+ 4.5	16.2	
	19 18.0	A	BG7	+ 4.1	18.4	
	20 6.0	A	—	− 5.6	23.0	
	20 7.3	B	—	− 5.9	16.6	
31	18 29.0	A	—	+14.7	19.0	
	18 30.4	A	OG2	+14.4	17.9	
	18 31.6	A	BG7	+14.1	19.7	
	18 39.3	A	—	+12.5	19.4	
	18 41.6	A	OG2	+12.0	18.1	
	18 43.0	A	BG7	+11.7	20.5	
	18 50.5	A	—	+10.1	19.3	
	18 51.8	A	OG2	+ 9.8	18.7	
	18 54.8	A	BG7	+ 9.2	20.2	
	19 5.5	A	—	+ 6.9	19.1	
	19 7.0	A	OG2	+ 6.6	18.0	
	19 8.4	A	BG7	+ 6.3	20.3	
	19 16.2	A	—	+ 4.6	19.1	
	19 17.5	A	OG2	+ 4.4	18.4	
	19 18.9	A	BG7	+ 4.2	20.2	B-Punkt nicht zuver-
	19 23.5	A	—	+ 3.1	19.0	lässig beobachtbar
	19 25.0	A	OG2	+ 2.8	17.7	
	19 26.2	A	BG7	+ 2.6	20.3	
	20 6.1	A	—	− 5.5	22.2	
	20 7.5	A	OG2	− 5.8	21.9	
	20 10.6	A	BG7	− 6.4	24.8	
	20 15.2	A	—	− 7.3	25.6	
	20 17.6	B	—	− 7.8	21.9	
Jan. 1	18 34.1	A	—	+13.6	17.8	
1953	18 36.5	A	OG2	+13.1	16.2	
	18 38.3	A	BG7	+12.7	18.9	
	18 43.2	A	—	+11.7	17.9	
	18 44.4	A	OG2	+11.4	16.4	
	18 47.4	A	BG7	+10.8	19.1	
	18 54.4	A	—	+ 9.3	17.3	
	18 55.6	A	OG2	+ 9.0	15.9	
	18 56.7	A	BG7	+ 8.8	18.8	
	19 1.8	A	—	+ 7.7	17.5	
	19 3.1	A	OG2	+ 7.4	16.2	
	19 4.6	A	BG7	+ 7.1	19.0	
	19 16.5	A	—	+ 4.6	17.7	

Tag 1953	Zeit	Punkt	Filter	$h_{\odot}$	d	Anmerkungen
Jan. 1	$19^{h}17^{m}.8$	A	OG2	+ 4°.3	16°.1	
	19 19.0	A	BG7	+ 4.1	19.1	
	19 20.5	B	—	+ 3.8	13.6	nicht leicht erkennbar
	19 24.0	A	—	+ 3.1	17.8	
	19 25.2	A	OG2	+ 2.8	16.2	
	19 26.5	A	BG7	+ 2.6	18.9	
	20 7.7	A	—	− 5.7	22.7	
	20 9.2	B	—	− 6.1	16.1	
	20 12.7	A	—	− 6.8	24.5	
	Beobachtungsort Farm Dornfontein $\varphi = -23°23'$ H = 1320 m					
9	19 12.9	A	—	+ 4.8	18.4	
	19 15.0	A	BG7	+ 4.3	19.3	
	19 16.6	A	OG2	+ 4.0	16.5	
	19 31.0	A	—	+ 0.9	17.7	
	19 32.6	A	BG7	+ 0.6	19.2	
	19 36.9	A	OG2	− 0.4	15.3	
	19 38.3	B	—	− 0.7	15.1	
	19 45.0	A	—	− 2.1	18.5	
	19 47.3	A	BG7	− 2.5	19.8	
	19 48.8	A	OG2	− 2.8	17.2	
	19 52.6	B	—	− 3.6	16.1	
	19 54.0	B	BG7	− 3.9	19.1	
	19 55.6	B	OG2	− 4.2	16.1	
	20 2.5	A	—	− 5.6	22.4	
	20 4.0	B	—	− 6.0	20.7	
10	19 26.4	A	—	+ 1.9	16.6	
	19 29.1	A	BG7	+ 1.3	18.6	
	19 30.4	A	OG2	+ 1.0	14.8	
	19 32.3	B	—	+ 0.6	13.5	
	19 36.1	A	—	− 0.2	16.5	
	19 37.4	A	OG2	− 0.5	14.8	
	19 38.7	A	BG7	− 0.8	18.1	
	19 46.9	A	—	− 2.4	18.1	
	19 49.5	A	OG2	− 3.0	16.9	
	19 51.1	A	BG7	− 3.4	19.3	
17	19 13.7	A	—	+ 4.7	17.3	
	19 15.2	A	BG7	+ 4.3	18.9	
	19 16.5	A	OG2	+ 4.0	15.9	
	19 21.7	A	—	+ 2.9	17.6	
	19 23.3	A	OG2	+ 2.5	16.0	
	19 24.5	A	RG1	+ 2.3	15.3	
	19 26.0	A	BG7	+ 2.0	19.3	
	19 28.9	A	—	+ 1.4	17.0	
	19 30.0	A	OG2	+ 1.1	16.1	
	19 31.4	A	RG1	+ 0.8	15.6	
	19 33.5	A	BG7	+ 0.4	19.0	
	19 41.4	A	—	− 1.3	17.4	
	19 42.7	A	OG2	− 1.6	15.9	

Tag 1953	Zeit	Punkt	Filter	$h_\odot$	d	Anmerkungen
Jan. 17	$19^h44^m.0$	A	RG1	− 1°.9	15°.6	
	19 46.0	A	BG7	− 2.3	19.3	
	19 53.4	A	—	− 3.8	19.7	
	19 54.8	A	OG2	− 4.1	18.1	
	19 56.4	A	BG7	− 4.4	20.4	
22	18 43.2	A	—	+11.0	17.1	
	18 44.8	A	OG2	+10.7	16.5	
	18 46.2	A	BG7	+10.3	18.5	
	18 53.1	A	—	+ 8.9	17.0	
	18 54.3	A	OG2	+ 8.6	16.0	
	18 55.7	A	BG7	+ 8.3	18.6	
	19 17.3	A	—	+ 3.6	16.6	
	19 18.7	A	OG2	+ 3.3	15.7	
	19 19.9	A	BG7	+ 3.1	17.7	
	19 36.1	A	—	− 0.4	15.3	
	19 37.2	A	OG2	− 0.7	14.5	
	19 38.4	A	BG7	− 1.0	17.9	
	19 50.9	A	—	− 3.6	18.5	
	19 52.3	A	OG2	− 4.0	18.1	
	19 53.9	A	BG7	− 4.3	19.7	
	19 57.3	A	—	− 5.1	20.3	
	19 58.4	A	OG2	− 5.3	20.1	
	19 59.9	A	BG7	− 5.6	22.8	
	20 2.6	A	—	− 6.2	22.5	
	20 4.5	A	—	− 6.6	23.9	
23	18 59.8	A	—	+ 7.5	17.2	
	19 1.7	A	OG2	+ 7.1	16.4	
	19 3.1	A	BG7	+ 6.7	18.8	
	19 5.9	A	RG1	+ 6.2	15.5	
	19 10.4	A	—	+ 5.1	16.9	
	19 11.6	A	OG2	+ 4.9	16.3	
	19 14.0	A	BG7	+ 4.4	18.5	
	19 15.9	A	RG1	+ 4.0	15.1	
	19 23.1	A	—	+ 2.5	17.4	
	19 24.6	A	OG2	+ 2.1	16.4	
	19 27.0	A	BG7	+ 1.6	18.6	
	19 42.9	A	—	− 1.8	17.8	
	19 45.2	A	OG2	− 2.3	16.4	
	19 47.8	A	BG7	− 2.8	20.5	
	19 50.8	A	—	− 3.5	19.3	
	19 53.5	A	OG2	− 4.1	18.9	
	19 55.0	A	BG7	− 4.4	20.4	
26	18 57.2	A	—	+ 8.0	17.7	
	18 58.7	A	OG2	+ 7.7	16.3	
	18 59.9	A	BG7	+ 7.4	19.3	
	19 4.5	A	—	+ 6.3	17.8	
	19 6.2	A	OG2	+ 6.0	17.1	
	19 7.5	A	BG7	+ 5.7	19.8	
	19 8.8	A	RG1	+ 5.4	16.8	

Tag 1953	Zeit	Punkt	Filter	$h_\odot$	d	Anmerkungen
Jan. 26	$19^h 17^m.5$	A	—	+ 3°.5	19°.0	
	19 19.3	A	OG2	+ 3.1	16.9	
	19 20.6	A	BG7	+ 2.9	19.7	
	19 21.9	A	RG1	+ 2.6	17.1	
	19 29.9	A	—	+ 0.9	17.2	⊙ verschwindet
	19 31.4	A	OG2	+ 0.6	16.7	
	19 33.9	A	BG7	0.0	19.2	
	19 37.5	A	—	− 0.8	17.7	
	19 38.9	A	OG2	− 1.1	16.3	
	19 40.6	A	BG7	− 1.5	18.9	
	19 42.9	A	RG1	− 2.0	15.4	
	19 44.3	A	—	− 2.3	18.2	
	19 46.2	B	—	− 2.7	15.5	
	19 51.1	A	—	− 3.7	19.5	
	19 52.6	A	OG2	− 4.0	19.0	
	19 54.2	A	BG7	− 4.4	21.3	
	19 56.9	A	—	− 5.0	21.2	
	19 58.6	A	OG2	− 5.3	21.6	
	20 0.3	A	BG7	− 5.7	23.3	
	20 1.8	A	—	− 6.0	23.4	
29	19 24.5	A	—	+ 1.8	15.4	Ci nahe
	19 31.4	A	—	+ 0.3	15.6	Ci nahe
	19 42.0	A	—	− 2.0	15.8	
	19 47.0	A	—	− 3.1	16.8	
	19 53.3	A	—	− 4.4	17.4	
Feb. 6	19 45.7	A	—	− 3.6	15.4	
	19 47.8	A	—	− 4.0	16.2	
9	19 8.7	A	—	+ 4.2	16.6	
	19 9.9	A	OG2	+ 4.0	15.7	
	19 11.3	A	BG7	+ 3.6	18.4	
	19 19.6	A	—	+ 1.8	15.9	
	19 21.8	A	OG2	+ 1.3	14.5	
	19 23.8	A	BG7	+ 0.9	18.6	
	19 27.6	A	—	0.0	16.0	
	19 29.0	A	OG2	− 0.3	14.5	
	19 30.3	A	BG7	− 0.6	18.6	
	19 38.6	A	—	− 2.4	17.4	
	19 39.8	A	OG2	− 2.7	17.3	
	19 42.3	A	BG7	− 3.2	19.8	
	19 45.2	A	—	− 3.9	19.3	
	19 46.4	A	OG2	− 4.1	19.2	
	19 47.8	A	BG7	− 4.5	20.7	
10	18 35.5	A	—	+11.5	16.6	
	18 37.3	A	OG2	+11.0	14.9	
	18 39.6	A	BG7	+10.6	18.2	
	18 45.5	A	—	+ 9.2	16.6	
	18 48.8	A	OG2	+ 8.5	15.2	
	18 50.3	A	BG7	+ 8.1	18.7	
	18 58.9	A	—	+ 6.2	17.0	

Tag 1953	Zeit	Punkt	Filter	$h_\odot$	d	Anmerkungen
Feb. 10	$19^h\ 4^m.3$	A	OG2	$+\ 5^\circ.0$	$15^\circ.1$	
	19 8.6	A	BG7	+ 4.0	18.1	
	19 13.6	A	—	+ 2.9	16.5	
	19 15.0	A	OG2	+ 2.6	15.3	
	19 16.3	A	BG7	+ 2.3	18.0	
	19 22.5	A	—	+ 1.0	16.7	
	19 23.7	A	OG2	+ 0.7	15.6	
	19 25.1	A	BG7	+ 0.4	18.4	
	19 45.8	A	—	− 4.1	20.1	
	19 47.2	A	OG2	− 4.5	20.1	
	19 48.5	A	BG7	− 4.7	22.5	
	19 50.3	A	—	− 5.2	21.9	
22	18 54.3	A	—	+ 5.5	17.4	
	18 56.2	A	BG7	+ 5.1	18.7	
	18 57.7	A	OG2	+ 4.8	16.7	
	19 2.3	A	—	+ 3.7	17.2	
	19 3.5	A	OG2	+ 3.5	15.8	
	19 6.5	A	BG7	+ 2.8	18.1	
	19 9.2	A	—	+ 2.2	17.0	
	19 10.5	A	OG2	+ 1.9	15.6	
	19 11.8	A	BG7	+ 1.6	17.9	
	19 17.5	A	—	+ 0.3	16.2	
	19 18.9	A	OG2	− 0.1	14.7	
	19 20.1	A	BG7	− 0.3	17.7	
	19 25.3	A	—	− 1.5	15.9	
	19 26.5	A	OG2	− 1.8	13.8	
	19 28.1	A	BG7	− 2.1	16.7	
	19 39.4	A	—	− 4.7	17.4	
	Beobachtungsort: Farm Bergweide $\varphi = -19^\circ 50'$ H = 1400 m					
Apr. 3	19 0.0	A	—	− 3.6	20.2	
	19 6.8	A	—	− 5.2	21.0	
	19 17.3	B	—	− 7.7	23.5	
	19 30.0	B	—	−10.6	36.0	schwierig
6	18 1.7	A	—	+ 9.4	20.0	
	18 3.0	A	OG2	+ 9.1	18.6	
	18 4.3	A	BG7	+ 8.8	21.5	
	18 7.5	B	—	+ 8.1	11.3	
	18 11.3	A	—	+ 7.2	20.1	
	18 13.2	A	OG2	+ 6.8	18.7	
	18 14.8	A	BG7	+ 6.5	21.8	
	18 21.8	B	—	+ 4.8	12.4	
	18 24.9	A	—	+ 4.1	20.1	
	18 26.1	A	OG2	+ 3.7	19.4	
	18 27.8	A	BG7	+ 3.3	22.1	
	18 35.5	B	—	+ 1.5	13.5	
	18 38.7	A	—	+ 0.8	21.9	
	18 39.9	A	OG2	+ 0.5	20.4	
	18 46.9	A	—	− 1.1	19.3	

Tag 1953	Zeit	Punkt	Filter	$h_{\odot}$	d	Anmerkungen
Apr. 6	$18^h 51^m.7$	A	OG2	− 2°.2	21°.5	
	18 53.5	A	BG7	− 2.6	19.9	
	18 59.5	B	—	− 4.0	15.7	
	19 3.6	A	—	− 5.0	23.3	
	19 5.1	A	OG2	− 5.4	23.2	
	19 6.7	A	BG7	− 5.7	24.9	
	19 11.8	B	—	− 6.9	23.6	
	19 14.5	B	—	− 7.5	27.1	
	19 18.6	B	—	− 8.5	32.7	
	19 19.2	A	—	− 8.7	26.1	
9	18 47.5	B	—	− 1.8	15.3	zwischen Fractocu
	18 52.7	A	—	− 3.1	16.6	dicht über Cu-Gipfel
	18 54.2	A	BG7	− 3.4	18.0	
	19 0.1	A	—	− 4.8	18.4	dicht über Sc
10	18 22.6	A	—	+ 3.7	20.2	
	18 25.6	A	BG7	+ 3.0	21.7	
	18 27.1	A	OG2	+ 2.7	19.1	
	18 28.6	A	RG1	+ 2.3	18.1	
	18 30.0	A	—	+ 2.0	19.3	
	18 31.6	B	—	+ 1.6	15.2	nicht leicht zu sehen
	18 34.4	A	—	+ 1.0	18.9	
	18 37.4	A	—	+ 0.3	17.0	
	18 47.0	A	—	− 1.9	18.6	
	18 48.5	A	OG2	− 2.3	19.0	
	18 50.2	A	BG7	− 2.7	19.5	
	18 53.0	B	—	− 3.3	15.6	
	18 56.2	A	—	− 4.0	22.6	
	18 57.7	A	OG2	− 4.4	22.8	
	18 59.3	A	BG7	− 4.8	22.7	
	19 1.5	B	—	− 5.3	20.5	
	19 3.6	A	—	− 5.8	23.9	
	19 6.6	B	—	− 6.4	23.7	
	19 10.5	B	—	− 7.4	27.1	
13	18 39.3	A	—	− 0.6	17.8	
	18 40.5	A	OG7	− 0.9	17.2	
	18 42.2	A	BG2	− 1.3	20.5	
	18 43.2	A	—	− 1.5	18.9	
	18 44.5	B	—	− 1.8	15.5	
	18 45.9	B	BG7	− 2.1	17.0	
	18 47.2	B	OG2	− 2.4	14.3	
	18 49.2	A	—	− 2.8	20.7	
	18 53.3	B	—	− 3.8	14.5	
	18 54.8	A	OG2	− 4.1	21.4	
	18 56.4	A	BG7	− 4.4	23.2	
	18 57.8	B	—	− 4.8	15.7	
	18 59.4	A	—	− 5.1	23.3	
17	18 16.0	A	—	+ 3.9	18.3	
	18 18.2	A	OG2	+ 3.3	17.2	
	18 19.5	A	BG7	+ 3.0	20.0	

Tag 1953	Zeit	Punkt	Filter	$h_\odot$	d	Anmerkungen
Apr. 17	$18^h 20^m.6$	A	—	+ 2°.8	18°.4	
	18 25.2	A	—	+ 1.8	17.8	
	18 28.6	A	OG2	+ 1.0	16.6	
	18 30.2	A	BG7	+ 0.6	19.5	
	18 33.8	A	—	— 0.2	17.4	
	18 35.6	A	OG2	— 0.6	16.3	
	18 36.9	A	BG7	— 0.9	20.3	
	18 43.5	A	—	— 2.4	19.0	
	18 45.0	A	OG2	— 2.7	18.3	
	18 46.7	A	BG7	— 3.1	19.6	
	18 52.4	A	—	— 4.5	20.9	
	18 54.4	A	OG2	— 4.9	21.9	
	18 55.7	A	BG7	— 5.2	22.8	
	18 57.1	A	—	— 5.6	23.9	
20	18 20.0	A	—	+ 2.5	21.9	
	18 21.7	A	OG2	+ 2.1	20.0	
	18 24.8	A	BG7	+ 1.4	22.5	
	18 27.6	A	—	+ 0.8	19.9	
	18 30.5	B	—	+ 0.1	14.8	schwer zu sehen
	18 32.7	A	—	— 0.4	19.2	
	18 34.5	A	OG2	— 0.8	19.4	
	18 36.0	A	BG7	— 1.1	23.7	
	18 37.3	A	—	— 1.4	19.8	⊙ verschwunden
	18 38.8	B	—	— 1.8	17.5	
	18 41.7	A	—	— 2.5	22.6	
	18 43.8	A	OG2	— 3.0	24.4	
	18 46.6	A	—	— 3.6	21.2	
	18 48.0	A	BG7	— 3.9	20.7	
	18 51.0	B	—	— 4.6	18.6	
	18 54.5	A	—	— 5.4	23.9	
	18 57.0	B	—	— 6.0	19.2	
21	17 54.7	A	—	+ 8.1	23.8	
	17 56.8	A	BG7	+ 7.6	25.2	
	17 58.5	A	OG2	+ 7.2	23.5	
	18 1.5	A	—	+ 6.5	24.1	
	18 3.4	A	BG7	+ 6.1	25.1	
	18 4.6	A	OG2	+ 5.9	23.7	
	18 6.0	A	RG1	+ 5.5	23.3	
	18 8.5	A	—	+ 5.0	24.3	
	18 12.0	A	—	+ 4.2	25.6	
	18 13.5	A	BG7	+ 3.8	26.4	
	18 15.0	A	OG2	+ 3.5	24.1	
	18 18.0	B	—	+ 2.8	16.6	schwer zu sehen we-
	18 19.8	A	—	+ 2.4	25.0	[gen der Struktur
	18 21.3	A	BG7	+ 2.0	25.8	A-Punkt gut definiert
	18 23.0	A	OG2	+ 1.6	23.5	
	18 31.1	B	—	— 0.3	17.9	schwer zu sehen
	18 35.4	A	—	— 1.2	19.1	
	18 37.0	A	BG7	— 1.6	19.7	

Tag 1953	Zeit	Punkt	Filter	$h_{\odot}$	d	Anmerkungen
Apr. 21	$18^h38^m.2$	A	OG2	− 1°.8	20°.1	
	18 41.3	A	—	− 2.5	21.2	
	18 42.7	A	BG7	− 2.8	21.4	
	18 44.3	A	OG2	− 3.2	23.8	die hohen Orange-
	18 45.9	A	—	− 3.6	22.5	Werte sind reell!
	18 47.1	A	OG2	− 3.9	25.4	
	18 50.3	B	—	− 4.6	19.9	
	18 51.7	A	—	− 4.9	22.6	
	18 53.1	A	OG2	− 5.3	22.6	
	18 55.8	A	—	− 5.9	24.9	
	18 58.0	B	—	− 6.4	22.0	
22	18 5.8	B	—	+ 5.4	14.2	
	18 12.5	B	—	+ 3.9	13.6	am Osthimmel
	18 22.0	B	—	+ 1.7	13.1	Wolken
	18 29.7	B	—	0.0	13.8	
	18 30.9	B	BG7	− 0.3	18.4	⊙ verschwindet
	18 32.5	B	OG2	− 0.7	14.9	
	18 33.8	B	—	− 1.0	15.3	
	18 34.9	A	—	− 1.2	19.0	Über Wolken
	18 36.8	A	BG7	− 1.6	18.6	(Sc vesperalis)
	18 38.0	A	OG2	− 2.0	18.2	
	18 40.1	B	—	− 2.5	15.6	
	18 41.8	A	—	− 2.8	19.1	
	18 43.1	A	OG2	− 3.2	20.6	
	18 44.7	A	BG7	− 3.5	20.1	
	18 46.2	A	OG2	− 3.9	21.3	
	18 47.7	A	—	− 4.2	21.3	
	18 50.5	B	—	− 4.9	19.0	B-Punkt jetzt viel
	18 53.3	A	—	− 5.5	25.4	[deutlicher
	18 56.1	B	—	− 6.1	20.4	
23	18 21.2	A	—	+ 1.8	22.1	
	18 22.6	A	BG7	+ 1.5	23.3	
	18 24.0	A	OG2	+ 1.1	20.5	
	18 26.0	A	RG1	+ 0.7	20.3	
	18 27.3	A	—	+ 0.4	21.2	
	18 30.5	B	—	− 0.3	16.9	⊙ verschwindet
	18 32.2	A	—	− 0.8	20.5	
	18 33.5	A	BG7	− 1.0	20.6	
	18 34.8	A	OG2	− 1.3	18.6	
	18 37.8	A	—	− 2.0	19.2	
	18 39.8	A	BG7	− 2.5	20.1	
	18 42.0	A	OG2	− 3.0	22.0	
	18 43.7	A	—	− 3.4	21.7	
	18 45.6	A	RG1	− 3.9	23.3	
	18 47.4	A	BG7	− 4.3	21.4	
	18 49.7	A	—	− 4.8	23.2	
	18 51.5	B	—	− 5.2	19.5	
24	17 36.5	A	—	+11.8	22.7	
	17 37.9	A	OG2	+11.5	21.5	

Tag 1953	Zeit	Punkt	Filter	$h_\odot$	d	Anmerkungen
Apr. 24	$17^h39^m.1$	A	BG7	+11°.1	23°.8	
	17 40.4	A	—	+10.9	23.5	
	17 43.0	B	—	+10.3	11.8	
	18 10.0	A	—	+ 4.2	23.1	
	18 11.2	A	OG2	+ 3.9	22.4	
	18 12.4	A	BG7	+ 3.6	24.7	
	18 13.7	A	RG1	+ 3.3	22.7	
	18 14.9	A	—	+ 3.1	24.5	
	18 17.2	B	—	+ 2.5	15.7	schwer zu erkennen
	18 21.2	A	—	+ 1.6	24.7	
	18 22.6	A	OG2	+ 1.3	23.6	
	18 24.2	A	BG7	+ 0.9	24.7	
	18 27.2	A	—	+ 0.2	21.9	
	18 28.5	A	OG2	0.0	20.7	
	18 30.2	A	BG7	− 0.5	21.5	
	18 31.3	A	—	− 0.7	19.9	⊙ verschwindet
	18 33.5	A	—	− 1.2	19.8	
	18 35.2	A	—	− 1.6	19.8	
	18 37.6	A	OG2	− 2.1	20.4	
	18 39.0	A	BG7	− 2.4	20.2	Am W-Himmel Ac.
	18 40.7	A	—	− 2.8	21.2	B-Punkt nicht zu
	18 43.8	A	—	− 3.6	22.1	sehen
25	17 50.7	A	—	+ 8.4	21.5	
	17 51.9	A	OG2	+ 8.1	20.7	
	17 53.0	A	BG7	+ 7.8	22.5	
	18 0.5	A	—	+ 6.2	21.8	
	18 1.6	A	OG2	+ 5.9	20.5	
	18 2.9	A	BG7	+ 5.6	22.5	
	18 4.3	A	—	+ 5.3	21.9	
	18 10.7	A	—	+ 3.9	21.0	
	18 12.2	A	OG2	+ 3.5	20.2	
	18 13.7	A	BG7	+ 3.2	23.0	
	18 15.0	A	—	+ 2.9	21.2	
	18 19.4	A	—	+ 1.9	20.9	
	18 21.6	A	OG2	+ 1.4	19.5	
	18 23.0	A	BG7	+ 1.1	21.9	
	18 24.4	A	—	+ 0.8	19.3	
	18 26.0	B	—	+ 0.4	15.5	
	18 27.4	A	—	+ 0.1	19.7	
	18 29.4	A	OG2	− 0.4	18.7	⊙ verschwindet
	18 30.8	A	BG7	− 0.8	20.7	
	18 34.0	A	—	− 1.5	18.8	
	18 41.3	A	—	− 3.1	20.8	
	18 43.2	A	OG2	− 3.6	21.5	
	18 44.8	A	BG7	− 3.9	20.8	
	18 48.3	A	—	− 4.8	23.0	
	18 53.3	A	—	− 5.9	25.3	
	18 54.8	B	—	− 6.3	21.2	B-Punkt jetzt besser
	18 56.8	B	—	− 6.7	21.0	erkennbar als vorher

Tag 1953	Zeit	Punkt	Filter	$h_\odot$	d	Anmerkungen
Apr. 26	$18^h 32^m.3$	A	—	$-1^\circ.2$	$19^\circ.5$	
	18 34.1	A	OG2	− 1.7	18.8	
	18 35.3	A	BG7	− 1.9	20.3	
	18 38.7	A	—	− 2.7	21.9	
	18 41.0	A	OG2	− 3.2	25.0	
	18 43.1	A	BG7	− 3.7	21.7	
	18 44.7	A	OG2	− 4.0	24.3	
	18 46.9	A	OG2	− 4.5	23.2	
	18 48.8	A	—	− 5.0	23.3	
	18 53.1	B	—	− 6.0	21.7	gut definiert
	18 54.8	B	OG2	− 6.4	25.6	sic!
	18 56.2	B	BG7	− 6.7	22.5	sic!
	19 57.7	B	—	− 7.0	23.9	
29	17 40.3	B	—	+10.0	13.3	
	17 42.5	A	—	+ 9.6	21.1	Wolken stören
	18 1.5	A	—	+ 5.3	19.8	
	18 2.8	A	OG2	+ 5.0	17.6	
	18 4.1	A	BG7	+ 4.7	20.6	
	18 5.8	B	—	+ 4.3	13.6	
	18 12.6	A	—	+ 2.8	18.9	
	18 13.9	A	OG2	+ 2.5	17.2	
	18 15.3	A	BG7	+ 2.2	20.7	
	18 16.6	A	—	+ 1.9	18.6	
	18 18.0	B	—	+ 1.6	14.3	
	18 21.0	A	—	+ 0.9	19.0	
	18 22.5	A	OG2	+ 0.6	17.7	
	18 23.9	A	BG7	+ 0.3	20.5	
	18 25.3	A	—	− 0.1	18.2	
	18 26.6	B	—	− 0.4	15.2	$\odot$ verschwindet
	18 30.0	A	—	− 1.2	18.2	
	18 31.5	A	OG2	− 1.5	17.4	
	18 33.1	A	BG7	− 1.9	19.3	
	18 34.6	A	—	− 2.2	18.2	
	18 36.6	B	—	− 2.7	15.5	
	18 38.1	A	—	− 3.0	19.5	
	18 39.3	A	OG2	− 3.3	20.2	
	18 40.7	A	BG7	− 3.6	20.8	
	18 42.0	A	—	− 3.9	21.6	
	18 43.9	B	—	− 4.3	16.8	
	18 46.6	A	—	− 4.9	23.0	
	18 48.2	A	OG2	− 5.3	22.9	
	18 49.5	A	BG7	− 5.6	24.1	
	18 51.1	A	—	− 6.0	24.4	
	18 53.3	B	—	− 6.5	21.9	
30	6 41.1	A	—	− 6.0	24.8	
	6 43.7	A	OG2	− 5.5	23.0	
	6 45.4	A	BG7	− 5.1	24.0	
	6 48.0	B	—	− 4.5	17.8	
	6 50.7	A	—	− 3.9	20.9	

Tag 1953	Zeit	Punkt	Filter	$h_\odot$	d	Anmerkungen
Apr. 30	$6^h52^m.3$	A	OG2	− 3.5	20.6	
	6 53.7	A	BG7	− 3.2	20.4	
	7 5.6	B	—	− 0.5	15.1	
	7 6.8	A	—	− 0.2	19.1	
	7 8.3	A	OG2	+ 0.1	17.3	
	7 9.5	A	BG7	+ 0.4	20.3	
	7 11.6	A	—	+ 0.8	19.3	7^h12^m ⊙ Aufgang
	7 13.4	B	—	+ 1.3	14.0	
	7 14.8	A	—	+ 1.5	19.5	
	7 16.2	A	OG2	+ 1.9	18.2	
	7 17.5	A	BG7	+ 2.2	20.8	
	7 19.3	A	—	+ 2.6	19.2	
	7 26.8	A	—	+ 4.3	19.5	
	7 28.2	A	OG2	+ 4.6	19.1	
	7 29.4	A	BG7	+ 4.9	21.7	
	7 30.9	B	—	+ 5.2	13.5	
	7 32.5	A	—	+ 5.6	20.0	
	16 58.3	B	—	+19.1	11.0	
	17 7.1	A	—	+17.1	19.2	
	17 8.2	A	BG7	+16.9	20.5	
	17 14.4	B	—	+15.6	11.5	
	17 15.7	A	—	+15.3	19.3	
	17 17.3	A	OG2	+14.9	17.8	
	17 18.6	A	BG7	+14.6	20.0	
	17 20.0	A	RG1	+14.4	17.1	
	17 28.3	A	—	+12.5	18.9	
	17 29.7	A	OG2	+12.2	17.7	
	17 31.2	A	BG7	+11.9	20.6	
	17 33.2	B	—	+11.5	12.2	
	17 36.7	A	—	+10.7	19.4	
	17 37.9	A	OG2	+10.4	17.6	
	17 39.0	A	BG7	+10.2	20.3	
	17 40.5	A	RG1	+ 9.8	16.8	
	17 42.0	A	—	+ 9.5	19.5	
	17 51.7	A	—	+ 7.4	19.2	
	17 53.1	A	OG2	+ 7.0	18.3	
	17 55.2	A	BG7	+ 6.6	20.5	
	17 58.6	B	—	+ 5.8	13.0	Am W-Himmel diffuse Streifen, Ci oder ∞
	18 1.4	A	—	+ 5.2	19.3	
	18 3.7	A	OG2	+ 4.7	17.8	
	18 5.3	A	BG7	+ 4.3	20.7	
	18 7.2	A	—	+ 3.9	19.1	
	18 15.9	A	—	+ 2.0	18.6	
	18 17.0	A	OG2	+ 1.7	17.1	
	18 18.3	A	BG7	+ 1.4	19.7	
	18 19.8	A	—	+ 1.1	18.1	
	18 21.8	B	—	+ 0.6	15.0	
	18 25.0	A	—	− 0.1	18.4	18^h26^m ⊙ verschwindet
	18 27.2	A	OG2	− 0.6	17.6	

Tag 1953	Zeit	Punkt	Filter	$h_{\odot}$	d	Anmerkungen
Apr. 30	$18^h28^m.4$	A	BG7	$-0.^\circ9$	$20.^\circ4$	
	18 32.5	B	—	− 1.9	15.1	in W bis 5° Höhe
	18 40.7	A	—	− 3.7	20.6	dunkle ∞ Streifen
	18 42.3	A	OG2	− 4.1	21.0	A-Punkt jetzt gut
	18 43.8	A	BG7	− 4.4	22.0	definiert
	18 45.5	A	—	− 4.8	22.2	
	18 47.3	B	—	− 5.2	18.6	
Mai 1	6 47.8	B	—	− 4.7	16.4	
	6 50.7	A	—	− 4.0	22.1	
	6 52.4	A	OG2	− 3.6	21.1	☽ dicht beim A-
	6 54.2	A	BG7	− 3.2	21.5	Punkt stört
	7 0.3	B	—	− 1.8	15.8	
	7 2.2	A	—	− 1.3	18.9	
	7 5.6	A	OG2	− 0.6	17.5	
	7 7.1	A	BG7	− 0.2	20.6	
	7 8.6	A	RG1	+ 0.1	17.1	
	7 10.0	A	—	+ 0.4	18.5	jetzt vom ☽ frei.
	7 12.6	B	—	+ 1.0	14.1	7^h11^m ⊙ Aufgang
	17 5.0	A	—	+17.4	18.5	
	17 7.0	B	—	+17.0	11.4	
	17 10.4	A	—	+16.2	18.1	
	17 12.3	A	BG7	+15.8	20.0	
	17 14.6	A	—	+15.3	18.5	
	17 35.7	A	—	+10.8	18.9	
	17 37.3	A	BG7	+10.4	20.5	
	17 39.8	A	OG2	+ 9.9	17.7	
	17 42.0	A	—	+ 9.4	18.4	
	17 43.7	A	OG2	+ 9.0	17.7	
	17 45.2	A	BG7	+ 8.6	20.1	
	17 46.7	A	BG7	+ 8.3	20.5	
	17 48.1	A	—	+ 8.0	18.4	
	17 49.2	A	OG2	+ 7.7	17.9	
	17 50.8	B	—	+ 7.4	13.7	
	17 54.7	A	—	+ 6.5	18.4	
	17 56.2	A	OG2	+ 6.2	17.5	
	17 58.1	A	BG7	+ 5.8	20.2	
	18 0.0	B	—	+ 5.4	13.8	
	18 8.3	A	—	+ 3.5	18.9	
	18 13.5	A	OG2	+ 2.3	17.4	
	18 16.2	A	BG7	+ 1.7	20.1	
	18 17.5	A	—	+ 1.4	18.4	
	18 24.3	B	—	− 0.1	14.5	18^h26^m ⊙ ver-
	18 29.8	A	—	− 1.3	19.3	schwindet
	18 32.3	A	OG2	− 1.9	18.1	
	18 33.4	A	—	− 2.2	19.0	
	18 34.5	A	OG2	− 2.4	19.1	
	18 39.3	B	—	− 3.5	16.2	
	18 40.7	A	—	− 3.8	22.3	
	18 42.0	A	BG7	− 4.1	22.0	

Tag 1953	Zeit	Punkt	Filter	$h_\odot$	d	Anmerkungen
Mai 1	$18^h43^m.3$	A	OG2	$-4°.5$	$22°.3$	
	18 47.0	B	—	− 5.3	18.7	
	18 51.4	B	—	− 6.3	20.6	
2	6 49.8	B	—	− 4.3	16.2	wegen Struktur nicht
	6 51.7	A	—	− 3.8	21.7	[leicht zu sehen
	6 53.8	A	BG7	− 3.4	20.7	
	6 56.4	A	OG2	− 2.7	21.2	
	6 57.9	A	—	− 2.4	20.5	
	7 4.9	B	—	− 0.8	15.0	
	7 6.3	A	—	− 0.5	19.1	
	7 7.7	A	OG2	− 0.2	17.8	
	7 14.1	A	—	+ 1.3	19.5	7^h13^m ⊙ Aufgang
	7 15.7	A	BG7	+ 1.6	21.8	
	7 17.0	A	OG2	+ 1.9	19.5	
	7 18.7	A	—	+ 2.3	20.0	
	7 21.4	B	—	+ 2.9	12.1	Struktur immer noch
	7 23.5	A	—	+ 3.4	20.7	[deutlich
	7 24.9	A	BG7	+ 3.7	22.9	
	7 26.3	A	OG2	+ 4.0	20.1	
	7 28.1	A	—	+ 4.4	20.2	
	7 29.6	B	—	+ 4.7	13.7	
	7 31.6	A	—	+ 5.2	21.0	
	7 32.7	A	OG2	+ 5.4	19.7	
	7 34.3	A	BG7	+ 5.8	22.8	
	7 36.3	A	—	+ 6.2	20.8	
	7 38.3	B	—	+ 6.8	13.5	Struktur noch sicht-
	7 39.9	A	—	+ 7.1	21.2	bar
	17 31.3	A	—	+11.6	20.0	
	17 43.2	A	—	+ 8.8	20.7	
	17 44.5	A	BG7	+ 8.5	21.5	
	17 46.1	A	OG2	+ 8.3	19.2	
	17 47.2	A	—	+ 8.1	20.8	
	17 52.1	A	—	+ 6.9	20.7	
	17 54.3	A	OG2	+ 6.4	19.5	
	17 55.7	A	BG7	+ 6.1	22.5	
	17 59.4	A	—	+ 5.3	21.5	
	18 1.2	A	OG2	+ 4.9	20.0	
	18 3.2	A	BG7	+ 4.5	23.1	
	18 4.4	A	—	+ 4.2	21.5	
	18 14.2	A	—	+ 1.9	20.0	
	18 15.7	A	OG2	+ 1.7	19.3	
	18 16.9	A	BG7	+ 1.4	22.0	
	18 18.0	A	RG1	+ 1.1	18.4	
	18 20.6	A	—	+ 0.6	19.4	
	18 25.6	B	—	− 0.5	15.8	18^h27^m ⊙ ver-
	18 33.3	A	—	− 2.4	20.1	schwindet
	18 35.0	A	OG2	− 2.7	20.9	
	18 36.6	A	BG7	− 3.0	21.2	
	18 38.5	A	—	− 3.5	21.3	

Tag 1953	Zeit	Punkt	Filter	$h_{\odot}$	d	Anmerkungen
Mai 2	$18^h40^m.4$	B	—	$-4^\circ.0$	$18^\circ.2$	
3	6 33.0	B	—	− 8.0	32.5	rechts davon Wolken
	6 38.5	B	—	− 6.8	24.1	
4	6 51.3	B	—	− 4.1	16.8	schwache Struktur
	6 53.4	A	—	− 3.6	22.0	
	6 55.1	A	BG7	− 3.2	20.1	
	6 56.8	A	OG2	− 2.8	21.6	
	6 58.3	A	—	− 2.5	20.4	
	7 3.6	B	—	− 1.3	17.3	
	7 6.3	A	—	− 0.7	19.0	
	7 8.2	A	OG2	− 0.2	18.3	
	7 13.6	A	—	+ 1.0	21.3	
	7 14.9	A	OG2	+ 1.3	21.7	
	7 16.5	A	BG7	+ 1.7	24.0	
	7 19.2	A	—	+ 2.2	23.2	
	7 20.7	A	OG2	+ 2.6	22.7	
	7 22.8	A	BG7	+ 3.0	24.3	
	7 24.2	B	—	+ 3.3	16.8	schwierig, Himmel
	7 26.5	A	—	+ 3.9	22.9	über ⊙ sehr weiß
	7 27.7	A	OG2	+ 4.1	22.0	
	7 30.0	A	BG7	+ 4.6	24.0	
	7 31.4	A	—	+ 5.0	22.3	
	7 38.2	A	—	+ 6.5	23.1	
	7 39.3	A	OG2	+ 6.8	21.3	
	7 40.6	A	BG7	+ 7.0	23.5	
	10 16.2	Br	—	+38.7	−11.9	schwierig
	17 38.9	A	—	+ 9.6	22.0	
	17 40.3	A	BG7	+ 9.2	23.8	
	17 42.3	A	OG2	+ 8.9	20.5	
	17 44.5	A	—	+ 8.4	22.5	
	17 53.0	A	—	+ 6.5	22.5	
	17 54.9	A	OG2	+ 6.1	21.6	
	17 56.3	A	BG7	+ 5.7	23.8	
	18 2.5	A	—	+ 4.3	22.3	
	18 3.9	A	OG2	+ 4.1	21.1	
	18 5.5	A	BG7	+ 3.7	23.8	
	18 7.4	A	—	+ 3.3	22.4	
	18 17.3	A	—	+ 1.0	20.7	
	18 18.8	A	OG2	+ 0.7	18.7	
	18 20.1	A	BG7	+ 0.4	20.4	18^h24^m ⊙ ver-
	18 26.5	A	—	− 1.0	18.6	schwindet
	18 27.6	A	OG2	− 1.2	18.7	
	18 29.2	A	BG7	− 1.6	19.3	
	18 31.6	A	—	− 2.1	19.7	
	18 46.3	A	—	− 5.5	21.8	
	18 48.0	A	OG2	− 5.8	22.1	schon etwas zu dunkel
	18 49.5	A	BG7	− 6.2	23.6	
	18 51.1	B	—	− 6.6	22.4	
5	6 43.6	A	—	− 5.9	25.5	

Tag 1953	Zeit	Punkt	Filter	$h_\odot$	d	Anmerkungen
Mai 5	$6^h 45^m.7$	A	OG2	$-5^\circ.4$	$23^\circ.7$	
	6 47.3	A	BG7	− 5.1	21.7	
	6 49.9	A	—	− 4.5	22.2	
	6 53.5	A	BG7	− 3.7	20.9	
	6 55.4	A	OG2	− 3.2	23.3	
	6 59.4	A	—	− 2.4	19.5	
	7 2.7	A	—	− 1.6	18.3	
	7 3.7	A	OG2	− 1.4	18.0	
	7 5.1	A	BG7	− 1.0	19.1	$7^h 7^m$ ⊙Aufgang
	7 10.2	A	—	+ 0.1	19.4	
	7 11.5	A	OG2	+ 0.4	19.4	
	7 12.8	A	BG7	+ 0.7	21.9	
	7 14.3	A	—	+ 1.1	22.0	
	7 15.7	A	OG2	+ 1.4	22.4	
	7 17.0	A	BG7	+ 1.7	24.9	
	7 18.7	A	—	+ 2.1	23.7	
	7 19.5	A	OG2	+ 2.3	23.1	
	7 20.7	A	BG7	+ 2.5	24.6	
	7 22.2	A	—	+ 2.8	23.9	
	7 25.4	A	—	+ 3.5	24.2	
	7 26.9	A	BG7	+ 3.9	25.5	
	7 28.4	A	OG2	+ 4.2	24.1	
	7 35.2	A	—	+ 5.7	24.3	
	7 36.6	A	OG2	+ 6.0	23.9	
	7 38.4	A	BG7	+ 6.4	25.3	
	7 40.0	A	—	+ 6.8	24.1	
	7 41.9	A	OG2	+ 7.2	23.4	
	7 43.9	A	BG7	+ 7.6	25.1	
	7 46.0	A	—	+ 8.1	23.7	
	18 13.2	A	—	+ 1.8	21.2	
	18 17.2	A	—	+ 1.0	20.1	
	18 19.8	A	BG7	+ 0.4	20.0	Wolken beginnen zu
6	6 56.3	A	—	− 3.1	21.8	stören
	6 57.7	A	BG7	− 2.8	20.6	
	6 59.8	A	OG2	− 2.3	20.9	
	7 1.0	A	—	− 2.1	19.9	
	7 3.3	B	—	− 1.5	16.9	$7^h 6^m.5$ ⊙ Aufgang
	7 8.5	A	—	− 0.3	18.7	
	7 9.7	A	OG2	− 0.1	18.2	
	7 11.0	A	BG7	+ 0.2	20.0	
	7 12.2	A	—	+ 0.5	19.6	
	7 14.2	B	—	+ 1.0	16.3	Auf weißlichem
	7 20.0	A	—	+ 2.2	22.3	[Grund schwierig
	7 21.3	A	OG2	+ 2.5	21.8	
	7 22.8	A	BG7	+ 2.9	23.9	
	7 24.4	A	—	+ 3.2	22.7	
	7 26.0	B	—	+ 3.6	14.8	schwierig
	7 27.6	A	—	+ 3.9	23.4	

Tag 1953	Zeit	Punkt	Filter	$h_\odot$	d	Anmerkungen
Mai 6	$7^h28^m.8$	A	OG2	$+4°.2$	$21°.7$	
	7 29.9	A	BG7	+ 4.4	23.4	
	7 31.3	A	—	+ 4.8	22.5	
	17 11.7	A	—	+15.2	21.6	
	17 24.4	A	—	+12.5	22.4	
	17 26.0	A	OG2	+12.2	21.5	
	17 27.0	A	BG7	+11.9	23.5	
	17 48.8	A	—	+ 7.1	22.8	
	17 50.5	A	OG2	+ 6.7	21.3	
	17 52.3	A	BG7	+ 6.3	23.9	
	18 11.5	A	—	+ 2.1	22.6	
	18 13.3	A	OG2	+ 1.7	22.0	
	18 14.6	A	BG7	+ 1.4	23.2	18^h23^m ⊙ verschwindet
	18 27.0	B	—	− 1.3	15.3	
	18 31.2	A	—	− 2.3	20.0	
	18 34.8	A	OG2	− 3.0	23.2	
	18 36.5	A	BG7	− 3.4	20.6	
	18 38.5	A	—	− 3.9	21.6	
	18 44.5	B	—	− 5.2	21.0	
	18 52.1	B	—	− 7.0	25.5	
7	17 1.7	B	—	+17.2	11.3	
	17 3.7	B	BG7	+16.7	12.9	
	17 6.5	B	OG2	+16.2	10.9	
	17 9.6	B	—	+15.5	11.0	
	17 22.8	B	—	+12.8	12.2	
	17 25.0	B	OG2	+12.3	11.2	
	17 26.9	B	BG7	+11.9	14.7	
	17 28.7	A	—	+11.5	22.0	Wolken nahe
	17 32.5	A	BG7	+10.7	22.6	
	17 33.7	A	OG2	+10.4	20.5	
	17 34.9	A	—	+10.2	21.3	
	18 35.6	B	—	− 3.4	18.8	
	18 37.3	B	OG2	− 3.8	15.6	
	18 38.9	B	BG7	− 4.1	21.6	Weitere Beob. durch Wolken verhindert
9	18 24.2	A	—	− 1.0	17.3	dicht über Wolken, aber wohl gut
	18 25.5	A	BG7	− 1.3	18.1	
11	18 13.4	B	—	+ 1.2	12.9	klare Lücke, E-Him-[mel bewölkt
14	18 11.6	A	—	+ 1.3	20.9	
	18 13.0	A	BG7	+ 1.0	22.5	
	18 14.3	A	OG2	+ 0.7	19.5	
	18 20.0	A	—	− 0.6	18.3	18^h19^m ⊙ verschwindet
	18 21.3	A	OG2	− 0.9	17.0	
	18 22.5	A	BG7	− 1.1	19.0	
	18 23.7	A	—	− 1.4	17.6	
	18 27.4	A	—	− 2.2	18.2	
	18 28.8	A	OG2	− 2.5	19.3	
	18 30.3	A	BG7	− 2.9	19.2	

Tag 1953	Zeit	Punkt	Filter	$h_\odot$	d	Anmerkungen
Mai 14	$18^h34^m.2$	A	—	$-3^\circ.7$	$21^\circ.4$	Wolken nahe
	18 35.5	A	BG7	− 4.0	19.9	Wolken nahe
	18 36.9	A	OG2	− 4.3	21.5	Wolken beginnen zu stören
18	18 2.1	A	—	+ 3.1	23.5	Wolken nahe
	18 3.8	A	BG7	+ 2.7	24.5	Wolken nahe
	18 4.9	A	OG2	+ 2.5	22.1	
	18 10.0	A	—	+ 1.4	21.6	
	18 11.2	A	OG2	+ 1.1	20.0	
	18 12.3	A	BG7	+ 0.9	21.8	
	18 18.1	A	—	− 0.4	18.8	
	18 19.3	A	OG2	− 0.7	17.6	
	18 20.4	A	BG7	− 0.9	19.2	
	18 21.6	A	—	− 1.2	17.9	
	18 25.6	B	—	− 2.1	15.8	keine Struktur, am
	18 28.1	A	—	− 2.6	20.9	W-Himmel einige
	18 29.6	A	OG2	− 3.0	22.1	[Wolken
	18 35.0	A	—	− 4.2	21.3	
	18 36.2	A	OG2	− 4.4	21.6	
	18 37.4	A	BG7	− 4.7	22.0	Wolken beginnen zu
19	18 30.2	A	—	− 3.2	22.9	stören
	18 31.7	A	OG2	− 3.5	23.3	
	18 33.2	A	BG7	− 3.9	20.9	
	18 43.5	B	—	− 6.2	23.9	
20	18 27.9	A	—	− 2.8	20.5	
	18 29.5	A	BG7	− 3.2	20.6	
	18 30.9	A	OG2	− 3.4	22.0	
	18 34.1	B	—	− 4.1	18.0	
	18 35.6	A	—	− 4.5	21.6	
	18 37.3	A	OG2	− 4.8	21.2	
	18 38.9	A	BG7	− 5.2	22.5	
	18 40.5	A	—	− 5.6	22.4	
	18 41.9	B	—	− 5.9	22.3	
	18 44.6	B	—	− 6.5	23.3	
21	17 11.7	A	—	+13.5	19.4	
	17 18.0	B	—	+12.2	11.5	
	17 28.3	A	—	+10.0	19.1	
	17 48.2	A	—	+ 5.8	19.5	
	18 3.2	A	—	+ 2.5	19.6	
	18 5.5	A	BG7	+ 2.0	20.7	
	18 7.1	A	OG2	+ 1.7	17.7	
	18 10.9	A	—	+ 0.8	18.7	
	18 12.3	A	BG7	+ 0.5	19.4	
	18 13.5	A	OG2	+ 0.3	17.2	
	18 15.5	B	—	− 0.2	15.4	
	18 18.3	A	—	− 0.8	17.3	
	18 19.8	A	OG2	− 1.1	16.7	
	18 21.0	A	BG7	− 1.4	18.6	
	18 29.9	A	—	− 3.3	20.8	

Tag 1953	Zeit	Punkt	Filter	$h_\odot$	d	Anmerkungen
Mai 21	$18^h31^m.2$	A	BG7	$-3^\circ.6$	$19^\circ.6$	
	18 32.2	A	OG2	− 3.9	20.8	
	18 33.5	A	—	− 4.1	20.7	
	18 35.3	B	—	− 4.6	17.4	
	18 38.8	A	—	− 5.3	22.1	
	18 44.7	B	—	− 6.6	22.2	
22	18 13.1	A	—	+ 0.3	18.9	
	18 14.4	A	BG7	0.0	20.0	
	18 16.3	A	OG2	− 0.4	17.3	18^h17^m ⊙ ver-
	18 18.5	B	—	− 0.8	15.6	schwindet
	18 20.0	A	—	− 1.2	18.4	
	18 21.2	A	OG2	− 1.5	17.8	
	18 22.6	A	BG7	− 1.8	19.5	
	18 30.6	B	—	− 3.6	15.2	
	18 32.5	A	—	− 3.9	22.1	
	18 33.8	A	OG2	− 4.2	21.3	
	18 35.2	A	BG7	− 4.6	21.2	
	18 37.1	B	—	− 5.0	19.4	
	18 39.1	A	—	− 5.5	23.1	
	18 43.2	B	—	− 6.3	24.5	
	18 45.8	B	—	− 6.9	26.0	
23	17 36.9	A	—	+ 8.1	20.3	
	17 38.6	A	BG7	+ 7.7	21.5	
	17 40.1	A	OG2	+ 7.4	19.3	
	17 42.4	A	—	+ 6.9	20.6	
	18 19.9	A	—	− 1.2	17.7	
	18 21.6	A	BG7	− 1.5	19.2	
	18 23.9	A	OG2	− 2.0	18.6	
	18 25.1	B	—	− 2.3	15.6	
	18 31.9	A	—	− 3.8	21.1	
	18 33.5	A	BG7	− 4.2	20.3	
	18 34.9	A	OG2	− 4.5	20.3	
	18 36.4	A	—	− 4.8	21.2	
	18 37.9	B	—	− 5.2	19.3	
	18 42.0	A	—	− 6.1	23.1	
	18 44.5	B	—	− 6.6	25.3	
	18 47.7	B	—	− 7.3	28.5	
24	17 54.8	A	—	+ 4.2	19.7	
	17 56.8	A	OG2	+ 3.8	18.5	
	17 58.9	A	BG7	+ 3.3	20.7	
	18 1.1	B	—	+ 2.8	13.9	
	18 3.2	A	—	+ 2.3	19.9	
	18 5.0	A	OG2	+ 2.0	18.3	
	18 6.7	A	BG7	+ 1.6	20.6	
	18 11.1	B	—	+ 0.7	14.3	
	18 13.7	A	—	+ 0.1	18.4	
	18 15.3	A	OG2	− 0.2	16.9	18^h16^m ⊙ ver-
	18 19.0	A	BG7	− 1.0	18.9	schwindet
	18 25.1	A	—	− 2.4	18.6	

Tag 1953	Zeit	Punkt	Filter	$h_\odot$	d	Anmerkungen
Mai 24	$18^h26^m.5$	A	OG2	$-2.^\circ 7$	$19.^\circ 6$	
	18 27.9	A	BG7	− 3.0	19.7	
	18 32.0	B	—	− 3.9	14.9	
	18 33.6	A	—	− 4.3	21.1	
	18 36.9	B	—	− 5.0	17.0	
	18 40.7	B	—	− 5.9	20.2	
	18 45.1	B	—	− 6.9	22.6	
	18 49.0	B	—	− 7.9	26.1	
26	17 25.2	A	—	+10.4	21.0	
	17 26.7	A	OG2	+10.1	19.9	
	17 28.1	A	BG7	+ 9.8	23.1	
	17 34.7	A	—	+ 8.4	21.9	
	17 36.0	A	OG2	+ 8.1	20.9	
	17 37.4	A	BG7	+ 7.8	22.7	
	17 43.2	B	—	+ 6.6	13.4	schwer zu sehen
	18 0.5	A	—	+ 2.9	21.9	
	18 1.7	A	OG2	+ 2.6	21.0	
	18 2.9	A	BG7	+ 2.3	22.6	
	18 4.4	B	—	+ 2.0	15.9	
	18 10.3	A	—	+ 0.7	20.1	
	18 11.7	A	OG2	+ 0.4	18.5	
	18 12.9	A	BG7	+ 0.2	20.2	
	18 22.3	B	—	− 1.9	16.7	
	18 24.2	A	—	− 2.3	20.3	
	18 25.4	A	OG2	− 2.6	20.6	
	18 26.6	A	BG7	− 2.8	20.6	
	18 34.8	A	—	− 4.6	21.4	
28	6 52.6	A	—	− 5.6	23.5	
	6 55.7	A	OG2	− 5.0	21.4	
	6 57.6	A	BG7	− 4.5	22.2	
	6 59.0	A	—	− 4.2	22.2	
	7 2.7	B	—	− 3.4	15.2	
	7 11.4	A	—	− 1.6	18.3	
	7 13.3	A	OG2	− 1.2	17.7	
	7 14.7	A	BG7	− 0.9	19.0	
	7 16.1	B	—	− 0.6	15.0	
	7 19.4	A	—	+ 0.1	18.1	7^h17^m $\odot$ Aufgang
	7 20.8	A	OG2	+ 0.5	17.6	
	7 22.3	A	BG7	+ 0.8	20.7	
	7 24.6	A	—	+ 1.3	19.8	
	7 26.0	B	—	+ 1.6	14.0	
	7 27.9	A	—	+ 2.0	19.9	
	7 29.2	A	OG2	+ 2.2	18.4	
	7 31.3	A	BG7	+ 2.7	21.2	
	7 32.8	A	—	+ 3.0	19.5	
	7 34.3	B	—	+ 3.3	13.8	schwierig
	17 45.5	A	—	+ 6.0	21.3	
	17 47.8	A	OG2	+ 5.5	19.8	
	17 49.5	A	BG7	+ 5.2	22.5	

Tag 1953	Zeit	Punkt	Filter	$h_\odot$	d	Anmerkungen
Mai 28	$17^h51^m.0$	A	—	$+ 4^\circ.8$	$21^\circ.2$	
	17 54.5	B	—	+ 4.1	14.6	
	17 57.6	A	—	+ 3.4	21.2	
	17 59.2	A	OG2	+ 3.1	20.0	
	18 0.8	A	BG7	+ 2.7	22.5	
	18 6.0	A	—	+ 1.6	20.5	
	18 10.6	B	—	+ 0.6	14.2	18^h15^m ⊙ Untergang
	18 15.6	A	—	− 0.4	18.1	
	18 16.9	A	OG2	− 0.7	17.9	
	18 18.0	A	BG7	− 1.0	19.1	
	18 19.2	A	—	− 1.3	18.1	
	18 26.8	A	—	− 2.9	20.5	
	18 28.1	A	OG2	− 3.2	21.2	
	18 30.3	A	BG7	− 3.7	20.8	
	18 31.9	A	—	− 4.0	21.1	
29	6 53.9	B	—	− 5.5	19.3	
	6 55.7	A	—	− 5.1	22.7	
	6 57.9	A	OG2	− 4.6	21.7	
	6 59.7	A	BG7	− 4.2	21.4	
	7 1.8	A	—	− 3.7	21.3	
30	6 56.7	A	—	− 5.0	21.4	☽ stört beim A-Punkt etwas
	6 58.5	A	OG2	− 4.5	20.5	
	7 0.0	A	BG7	− 4.2	20.5	
	7 3.3	B	—	− 3.5	15.1	
	7 4.7	A	—	− 3.2	20.5	
	7 12.6	B	—	− 1.5	15.3	
	7 14.0	A	—	− 1.2	18.7	
	7 15.1	A	OG2	− 0.9	18.4	
	7 16.6	A	BG7	− 0.6	19.5	
	7 17.9	A	—	− 0.3	18.9	
	7 21.0	B	—	+ 0.3	14.3	7^h18^m ⊙ Aufgang
	7 23.4	A	—	+ 0.9	20.2	
	7 24.8	A	OG2	+ 1.2	19.1	
	7 26.2	A	BG7	+ 1.5	21.5	
	7 28.0	B	—	+ 1.8	14.2	
	7 30.2	A	—	+ 2.3	20.3	
	17 30.5	A	—	+ 9.1	20.3	
	17 36.5	A	—	+ 8.0	21.0	
	17 46.7	A	—	+ 5.6	21.0	
	17 49.0	A	OG2	+ 5.1	20.0	
	17 51.0	A	BG7	+ 4.7	22.3	
	17 53.0	A	—	+ 4.3	21.1	
	18 4.2	B	—	+ 1.9	14.9	
	18 5.7	A	—	+ 1.6	20.4	
	18 6.9	A	OG2	+ 1.3	18.7	
	18 8.0	A	BG7	+ 1.1	21.4	
	18 9.2	A	—	+ 0.8	19.8	
	18 10.4	B	—	+ 0.6	15.4	
	18 25.7	A	—	− 2.7	20.1	

Tag 1953	Zeit	Punkt	Filter	$h_\odot$	d	Anmerkungen
Mai 30	$18^h26^m.8$	A	OG2	$-3.^\circ0$	$21.^\circ0$	
	18 27.9	A	BG7	− 3.2	20.7	
	18 31.3	A	—	− 4.0	21.9	
	18 33.2	B	—	− 4.4	16.7	
31	6 53.4	B	—	− 5.7	22.6	
	6 56.2	A	—	− 5.1	25.0	
	6 59.0	B	—	− 4.6	18.6	
	7 1.1	A	—	− 4.1	22.6	
	7 2.7	A	OG2	− 3.7	22.6	
	7 4.7	A	BG7	− 3.2	21.8	
	7 12.1	A	—	− 1.6	20.2	
	7 13.3	A	OG2	− 1.4	18.7	
	7 15.2	A	BG7	− 1.0	20.7	
	7 17.0	B	—	− 0.6	14.2	
	7 19.4	A	—	− 0.1	20.0	$7^h17^m.5$ ⊙ Aufgang
	7 20.8	A	OG2	+ 0.2	19.0	
	7 22.2	A	BG7	+ 0.5	22.3	
	7 24.0	A	—	+ 0.9	20.8	
	7 26.0	B	—	+ 1.3	13.1	
	7 34.6	A	—	+ 3.1	20.6	
	17 51.6	A	—	+ 4.5	20.3	
	17 53.6	A	OG2	+ 4.1	19.4	
	17 55.7	A	BG7	+ 3.7	21.8	
	17 57.0	A	—	+ 3.4	20.5	
	18 4.1	A	—	+ 1.9	20.3	
	18 9.2	B	—	+ 0.8	14.6	
	18 10.7	A	—	+ 0.5	19.1	
	18 11.8	A	OG2	+ 0.3	18.3	
	18 13.4	A	BG7	− 0.1	20.3	
	18 14.9	A	—	− 0.4	19.1	
	18 16.6	B	—	− 0.8	14.9	
	18 31.8	B	—	− 4.1	14.5	
Juni 1	6 59.5	B	—	− 4.4	15.8	
	7 1.1	A	—	− 4.1	21.8	
	7 3.6	A	OG2	− 3.6	21.1	
	7 5.3	A	BG7	− 3.2	21.4	
	7 11.2	B	—	− 1.9	14.9	
	7 12.7	A	—	− 1.6	19.0	
	7 14.1	A	OG2	− 1.3	17.7	
	7 15.6	A	BG7	− 1.0	19.7	7^h17^m ⊙ Aufgang
	7 20.1	B	—	0.0	13.8	
	7 21.7	A	—	+ 0.3	18.4	
	7 23.0	A	OG2	+ 0.6	17.8	
	7 24.3	A	BG7	+ 0.9	20.5	
	7 29.0	B	—	+ 1.9	12.8	
	7 30.5	A	—	+ 2.2	20.3	
	7 32.1	A	OG2	+ 2.5	18.3	
	7 33.5	A	BG7	+ 2.8	21.7	
	7 35.0	B	—	+ 3.1	13.0	

Tag 1953	Zeit	Punkt	Filter	$h_\odot$	d	Anmerkungen
Juni 1	$17^h49^m.5$	A	—	$+5^\circ.0$	$20^\circ.3$	
	18 24.5	A	—	− 2.5	21.4	
	18 26.5	B	—	− 2.9	15.7	
	18 28.6	A	—	− 3.4	20.9	
	18 33.7	A	—	− 4.5	23.3	
	18 38.6	B	—	− 5.6	21.1	
2	6 55.0	A	—	− 5.5	23.4	
	6 56.9	A	BG7	− 5.1	23.2	
	6 58.9	A	OG2	− 4.7	21.4	
	7 1.1	A	—	− 4.2	21.6	
	7 2.8	B	—	− 3.8	17.0	
	7 4.3	A	—	− 3.4	21.7	
	7 5.8	A	BG7	− 3.2	21.0	
	7 7.3	A	OG2	− 2.9	20.7	
	7 12.5	A	—	− 1.7	19.2	
	7 13.9	B	—	− 1.4	15.2	
	7 20.3	A	OG2	0.0	17.3	7^h18^m ⊙ Aufgang
	7 21.7	A	—	+ 0.2	18.2	
	7 23.1	A	BG7	+ 0.5	20.7	
	7 24.8	A	—	+ 0.9	19.8	
	7 26.2	A	OG2	+ 1.2	18.6	
	7 27.7	A	BG7	+ 1.5	21.7	
	7 30.4	B	—	+ 2.1	13.2	
	7 32.0	A	—	+ 2.4	20.4	
	7 33.7	A	OG2	+ 2.8	19.2	
	7 35.7	A	BG7	+ 3.2	21.7	
	7 36.9	A	—	+ 3.4	20.0	
	7 38.3	B	—	+ 3.8	13.7	
	7 39.6	A	—	+ 4.0	20.2	
	18 17.9	A	—	− 1.1	17.8	
	18 19.1	A	BG7	− 1.4	19.0	
	18 20.4	A	OG2	− 1.6	17.7	
	18 21.7	A	—	− 1.9	18.6	
	18 31.5	B	—	− 4.0	14.1	
	18 33.0	A	—	− 4.3	21.7	
	18 34.4	B	—	− 4.6	16.1	
3	6 57.4	A	—	− 5.1	22.7	
	6 58.8	A	BG7	− 4.8	21.5	
	7 0.5	A	OG2	− 4.4	20.8	
	7 2.0	A	—	− 4.1	21.0	
	7 4.1	B	—	− 3.6	15.7	
	7 14.1	A	—	− 1.5	18.7	
	7 15.3	A	BG7	− 1.2	19.1	
	7 17.5	A	OG2	− 0.7	17.3	
	7 19.7	B	—	− 0.3	14.1	7^h18^m ⊙ Aufgang
	7 23.1	A	—	+ 0.5	18.6	
	7 24.3	A	BG7	+ 0.7	20.4	
	7 25.7	A	OG2	+ 1.0	18.2	
	7 27.8	A	—	+ 1.4	19.6	

Tag 1953	Zeit	Punkt	Filter	$h_\odot$	d	Anmerkungen
Juni 3	$7^h29^m.5$	B	—	+ 1°.8	13°.3	
	7 31.5	A	—	+ 2.2	19.7	
	7 33.2	A	BG7	+ 2.6	21.8	
	7 34.4	A	OG2	+ 2.8	19.0	
	7 35.9	A	—	+ 3.2	20.2	
	7 37.3	B	—	+ 3.5	12.7	
	7 38.6	A	—	+ 3.7	20.0	
	18 15.4	A	—	— 0.6	18.2	
	18 16.6	A	BG7	— 0.8	19.0	
	18 18.1	A	OG2	— 1.1	17.8	
	18 19.8	A	—	— 1.5	18.0	
	18 29.3	B	—	— 3.5	13.9	
	18 30.6	A	—	— 3.8	20.6	
	18 32.0	B	—	— 4.1	14.1	
4	6 55.6	A	—	— 5.6	24.0	
	6 57.7	A	BG7	— 5.2	22.8	
	7 0.3	A	OG2	— 4.6	22.2	
	7 3.2	A	—	— 4.2	21.6	
	7 5.0	B	—	— 3.6	16.3	
	7 14.4	A	—	— 1.5	18.4	
	7 16.0	A	OG2	— 1.2	17.5	
	7 17.4	A	BG7	— 0.9	19.3	
	7 19.0	B	—	— 0.5	15.2	7^h18^m ⊙ Aufgang
	7 20.8	A	—	— 0.1	18.8	
	7 22.2	A	OG2	+ 0.2	17.8	
	7 23.7	A	BG7	+ 0.5	20.7	
	7 25.6	B	—	+ 0.9	14.0	
	7 28.9	A	—	+ 1.6	19.4	
	7 30.3	A	OG2	+ 1.9	18.4	
	7 31.9	A	BG7	+ 2.3	20.7	
	18 6.4	A	—	+ 1.3	19.5	
	18 9.8	A	OG2	+ 0.6	18.2	
	18 12.0	A	BG7	+ 0.1	20.8	
	18 15.1	A	—	— 0.6	18.7	
	18 16.4	B	—	— 0.8	14.0	
	18 26.4	B	—	— 2.9	13.6	
	18 29.7	A	—	— 3.6	21.7	
	18 31.1	A	BG7	— 4.0	20.7	
	18 32.4	A	OG2	— 4.2	22.5	
	18 33.8	A	—	— 4.5	21.6	
	18 35.3	B	—	— 4.9	17.5	
	18 36.7	A	—	— 5.1	22.8	
5	17 54.2	A	—	+ 3.9	20.2	
	17 55.8	A	BG7	+ 3.5	21.1	
	17 57.2	A	OG2	+ 3.2	18.9	
	17 58.5	A	—	+ 2.9	20.1	
	18 0.5	A	—	+ 2.5	20.3	
	18 1.8	A	OG2	+ 2.3	18.9	
	18 3.0	A	BG7	+ 2.0	21.1	

Tag 1953	Zeit	Punkt	Filter	$h_\odot$	d	Anmerkungen
Juni 5	$18^h\ 4^m.5$	A	—	+ 1°.7	20°.3	Bald danach Wolken
6	17 31.7	A	—	+ 8.7	19.9	[in dieser Gegend
	17 33.3	A	BG7	+ 8.4	21.0	
	17 34.7	A	OG2	+ 8.1	19.4	
	17 36.0	A	—	+ 7.8	20.5	
7	18 44.7	B	—	— 6.9	23.0	
11	17 10.5	A	—	+13.0	18.3	
18	17 46.7	A	—	+ 5.8	19.1	
	17 52.7	A	—	+ 4.5	19.3	
	18 9.2	A	—	+ 1.0	19.3	
	18 16.3	A	—	— 0.5	17.8	$18^h 15^m$ ⊙ Untergang
	18 17.8	B	—	— 0.8	16.2	
19	18 18.2	A	—	— 0.9	17.5	
	18 19.6	A	BG7	— 1.1	19.0	
	18 21.2	A	OG2	— 1.5	17.4	
	18 22.7	A	—	— 1.8	18.8	
	18 34.0	B	—	— 4.2	14.9	
	18 35.4	A	—	— 4.5	21.1	
20	17 45.4	A	—	+ 6.1	20.1	
	17 47.3	A	BG7	+ 5.7	21.8	
	17 48.8	A	OG2	+ 5.4	20.0	
	17 50.6	A	—	+ 5.0	20.5	
	17 55.5	B	—	+ 4.0	14.4	
	18 11.0	A	—	+ 0.8	19.9	
	18 12.4	A	BG7	+ 0.5	20.7	
	18 14.0	A	OG2	+ 0.1	18.0	
	18 15.3	A	—	— 0.2	18.7	
	18 16.7	B	—	— 0.4	14.5	
	18 25.1	A	—	— 2.3	20.1	
	18 26.3	A	OG2	— 2.5	20.0	
	18 27.5	A	BG7	— 2.8	21.0	
	18 28.7	A	—	— 3.0	21.5	
	18 31.1	B	—	— 3.6	14.6	
	18 32.5	A	—	— 3.8	21.6	
21	18 13.0	A	—	+ 0.4	19.7	Ci in dieser Gegend
	18 15.5	B	—	— 0.1	15.9	$18^h 16^m$ ⊙ ver-
22	18 6.3	A	—	+ 1.8	20.5	schwindet
	18 7.7	A	BG7	+ 1.6	22.4	
	18 9.3	A	OG2	+ 1.2	19.6	
	18 10.8	A	—	+ 0.9	20.4	
	18 12.2	B	—	+ 0.6	15.4	
	18 15.7	A	—	— 0.1	19.2	
	18 17.3	A	BG7	— 0.5	20.2	
	18 18.7	A	OG2	— 0.7	18.0	
	18 19.9	A	—	— 1.0	18.1	
	18 33.7	A	—	— 4.0	20.9	
	18 34.8	A	BG7	— 4.2	20.8	
	18 36.3	A	OG2	— 4.6	21.2	

Tag 1953	Zeit	Punkt	Filter	$h_{\odot}$	d	Anmerkungen
Juni 22	$18^h37^m.6$	A	—	$-4^\circ.8$	$21^\circ.6$	
	18 39.2	B	—	− 5.2	18.2	
23	18 19.5	A	—	− 0.9	18.0	
	18 27.0	A	—	− 2.5	20.8	
	18 29.9	A	BG7	− 3.1	21.5	
	18 31.2	A	OG2	− 3.6	21.9	
	18 32.7	A	—	− 3.8	21.5	
	18 34.3	A	BG7	− 4.1	21.3	
	18 35.6	A	OG2	− 4.4	21.6	
	18 36.9	A	—	− 4.6	21.5	
24	18 39.0	B	—	− 5.1	16.8	
	18 40.4	A	—	− 5.4	22.2	
	18 42.9	B	—	− 5.9	21.4	
25	18 17.5	A	—	− 0.4	18.1	
	18 19.0	A	BG7	− 0.7	19.6	
	18 20.5	A	OG2	− 1.0	17.1	
	18 21.8	A	—	− 1.3	18.3	
	18 26.8	B	—	− 2.4	15.1	
	18 34.6	A	—	− 4.0	21.2	
	18 36.0	A	BG7	− 4.4	20.7	
	18 37.2	A	OG2	− 4.6	20.2	
	18 38.6	A	—	− 4.9	20.6	
	18 40.2	B	—	− 5.3	19.3	
Juli 1	17 36.9	A	—	+ 8.5	23.5	
	17 43.8	A	—	+ 7.0	22.3	
	17 45.7	A	BG7	+ 6.6	23.1	
	17 47.2	A	OG2	+ 6.3	21.2	
	17 48.8	A	—	+ 6.0	22.3	
	17 50.4	B	—	+ 5.6	13.7	
	18 5.7	A	—	+ 2.4	21.6	
	18 6.8	A	BG7	+ 2.2	22.9	
	18 8.0	A	OG2	+ 1.9	20.6	
	18 9.1	A	—	+ 1.7	21.7	
	18 10.6	B	—	+ 1.4	17.0	
	18 12.0	A	—	+ 1.1	21.3	
	18 20.6	A	—	− 0.6	19.1	18^h18^m ⊙ verschwindet
	18 22.0	A	BG7	− 1.0	19.6	
	18 23.3	A	OG2	− 1.3	18.1	
	18 24.7	A	—	− 1.6	19.4	
	18 26.2	B	—	− 2.0	17.1	
	18 34.7	A	—	− 3.8	21.7	
	18 36.5	A	BG7	− 4.2	21.2	
	18 37.8	A	OG2	− 4.4	21.0	
	18 39.4	A	—	− 4.8	20.7	
	18 47.2	A	—	− 6.5	23.8	
	18 48.8	B	—	− 6.9	25.7	
2	7 3.0	A	—	− 5.4	21.6	
	7 5.6	B	—	− 4.8	19.3	
	7 8.2	A	—	− 4.3	20.8	

Tag 1953	Zeit	Punkt	Filter	$h_\odot$	d	Anmerkungen
Juli 2	$7^h 9^m.9$	A	BG7	— 3°.9	20°.9	
	7 11.4	A	OG2	— 3.6	22.4	
	7 12.9	A	—	— 3.3	22.1	
	7 18.7	B	—	— 2.0	14.9	
	7 20.2	A	—	— 1.7	20.7	
	7 22.4	A	—	— 1.2	18.8	
	7 23.7	A	BG7	— 1.0	20.5	
	7 25.4	A	OG2	— 0.6	18.4	
	7 28.5	A	—	+ 0.1	19.7	$7^h 27^m$ ⊙ Aufgang
	7 30.0	B	—	+ 0.4	16.6	
	7 31.5	A	—	+ 0.7	20.7	
	7 34.1	A	BG7	+ 1.3	22.4	
	7 35.3	A	OG2	+ 1.5	20.1	
	7 36.8	A	—	+ 1.8	20.9	
	7 38.4	B	—	+ 2.2	13.7	
	7 40.9	A	—	+ 2.7	20.8	
	7 42.3	A	BG7	+ 3.0	22.3	
	7 43.7	A	OG2	+ 3.3	20.3	
	7 45.1	A	—	+ 3.6	21.0	
	7 46.9	B	—	+ 4.0	14.0	
	7 48.7	A	—	+ 4.4	21.4	
	7 50.5	A	BG7	+ 4.7	23.0	
	7 51.8	A	OG2	+ 5.0	20.3	
	7 53.7	A	—	+ 5.4	21.0	
	7 57.2	A	—	+ 6.2	21.3	
	8 0.0	A	—	+ 6.7	20.8	
4	18 29.5	A	—	— 2.4	20.7	
	18 30.7	B	—	— 2.7	18.0	
	18 32.3	A	—	— 3.0	20.7	
	18 34.0	A	BG7	— 3.4	21.3	
	18 35.9	A	OG2	— 3.8	21.1	
	18 37.5	B	—	— 4.2	21.6	
	18 39.1	B	OG2	— 4.5	21.0	
	18 40.4	B	BG7	— 4.8	23.5	
	18 42.0	B	—	— 5.1	23.0	
	18 43.6	A	—	— 5.5	21.9	
5	17 46.8	A	—	+ 6.7	21.2	
	17 48.5	A	OG2	+ 6.4	20.2	
	17 50.0	A	BG7	+ 6.0	21.6	
	17 51.3	A	—	+ 5.7	21.1	
	17 53.0	B	—	+ 5.4	15.1	
	17 58.1	A	—	+ 4.3	20.7	
	18 0.7	A	OG2	+ 3.8	19.6	
	18 2.0	A	BG7	+ 3.5	22.2	
	18 3.4	A	—	+ 3.2	20.4	
	18 4.8	B	—	+ 3.0	15.8	
	18 9.0	A	—	+ 2.1	20.1	
	18 10.3	A	OG2	+ 1.8	18.9	
	18 12.1	A	BG7	+ 1.4	21.3	

Tag 1953	Zeit	Punkt	Filter	$h_\odot$	d	Anmerkungen
Juli 5	18^h13^m8	A	—	+ 1°1	19°8	
	18 24.0	A	—	− 1.1	18.5	
	18 25.4	A	OG2	− 1.4	18.2	
	18 27.1	A	BG7	− 1.8	19.4	
	18 28.5	A	—	− 2.1	19.2	
	18 29.8	B	—	− 2.4	16.2	
	18 35.3	A	—	− 3.6	21.2	
	18 36.7	B	—	− 3.8	17.5	
6	17 28.5	A	—	+10.6	20.2	
	17 38.6	A	—	+ 8.5	19.2	
	17 39.9	A	BG7	+ 8.2	20.7	
	17 41.4	A	OG2	+ 7.9	18.8	
	17 42.6	A	—	+ 7.7	19.8	
	17 43.8	B	—	+ 7.4	14.2	
	17 47.7	A	—	+ 6.6	19.7	
	17 53.8	B	—	+ 5.3	14.4	B-Punkt ziemlich schwierig
	17 55.1	A	—	+ 5.0	19.2	A-Punkt sehr deutlich
	18 6.3	A	—	+ 2.7	18.6	
	18 7.7	A	OG2	+ 2.4	17.7	
	18 9.0	A	BG7	+ 2.1	20.2	
	18 10.3	A	—	+ 1.8	18.4	
	18 12.1	B	—	+ 1.4	15.3	18^h19^m ⊙ im Verschwinden
	18 20.2	A	—	− 0.3	17.4	
	18 21.6	B	—	− 0.5	15.4	
	18 23.3	A	—	− 0.9	17.2	
	18 24.7	A	BG7	− 1.2	18.8	
	18 26.0	A	OG2	− 1.5	16.6	
	18 27.2	A	—	− 1.8	18.4	
	18 28.8	B	—	− 2.1	15.4	
	18 39.3	A	—	− 4.4	20.7	
	18 40.6	A	OG2	− 4.7	20.2	
	18 42.2	A	BG7	− 5.0	21.3	
	18 43.6	A	—	− 5.3	21.4	
	18 45.3	B	—	− 5.7	18.8	B-Punkt jetzt deutlicher
	18 48.8	A	—	− 6.4	24.3	
	18 50.7	B	—	− 6.7	22.3	
	18 53.3	A	—	− 7.4	23.3	
	18 54.7	B	—	− 7.8	26.3	
	18 56.4	A	—	− 8.1	23.5	
7	17 55.4	A	—	+ 5.0	20.1	
	18 2.7	A	—	+ 3.5	20.2	
	18 12.2	A	—	+ 1.5	19.7	
	18 13.6	B	—	+ 1.2	17.5	
	18 16.2	A	—	+ 0.6	19.4	
	18 20.6	A	—	− 0.3	18.3	
	18 22.0	A	BG7	− 0.5	20.0	
	18 23.4	A	OG2	− 0.9	17.2	
	18 24.7	A	—	− 1.2	17.5	

Tag 1953	Zeit	Punkt	Filter	$h_{\odot}$	d	Anmerkungen
Juli 7	$18^h26^m.2$	B	—	$-1^\circ.5$	$15^\circ.7$	
	18 27.5	A	—	− 1.8	18.9	
	18 36.9	A	—	− 3.8	20.5	
	18 39.0	B	—	− 4.2	17.9	schwierig
	18 41.0	A	—	− 4.6	20.3	sicher zu messen
	18 43.8	A	—	− 5.3	20.8	
	18 45.5	B	—	− 5.7	19.6	jetzt viel deutlicher
	18 49.5	A	—	− 6.5	23.0	
	18 50.9	B	—	− 6.8	22.5	
	18 53.0	A	—	− 7.3	23.5	
8	17 2.8	A	—	+16.1	19.7	
	17 7.7	A	—	+15.1	20.0	
	17 33.2	A	—	+ 9.8	20.4	
	17 53.6	A	—	+ 5.5	19.9	
	18 10.0	A	—	+ 2.1	20.0	
	18 11.6	A	BG7	+ 1.7	21.3	
	18 14.1	A	OG2	+ 1.2	18.4	
	18 15.3	A	—	+ 1.0	18.9	
	18 16.8	B	—	+ 0.7	17.2	
	18 18.3	A	—	+ 0.3	18.7	
	18 24.3	A	—	− 0.9	18.0	
	18 25.7	A	OG2	− 1.2	17.1	
	18 27.1	A	BG7	− 1.5	19.3	
	18 28.3	A	—	− 1.8	19.1	
	18 38.3	A	—	− 3.9	21.7	
	18 39.7	A	BG7	− 4.2	21.7	
	18 41.1	A	OG2	− 4.5	21.4	
	18 43.0	A	—	− 4.9	21.9	
	18 44.9	B	—	− 5.3	19.6	
	18 47.8	A	—	− 6.0	23.0	
9	17 34.5	A	—	+ 9.6	19.9	
	17 36.5	B	—	+ 9.2	13.9	
	17 38.4	A	—	+ 8.8	20.2	
	17 44.1	A	—	+ 7.6	19.8	
	17 45.3	A	OG2	+ 7.4	18.9	
	17 46.7	A	BG7	+ 7.0	20.5	
	17 48.0	A	—	+ 6.8	19.7	
	17 49.5	B	—	+ 6.5	13.2	
	17 53.1	A	—	+ 5.7	19.8	
	17 54.4	A	—	+ 5.4	19.7	
	17 55.8	B	—	+ 5.1	14.2	
	18 1.8	A	—	+ 3.9	19.2	
	18 7.5	A	—	+ 2.7	19.3	
10	18 31.3	A	—	− 2.4	20.7	
	18 38.3	A	—	− 3.9	21.3	
	18 43.8	A	—	− 5.1	21.7	
	18 45.6	B	—	− 5.5	20.8	
	18 47.2	A	—	− 5.8	22.4	
	18 52.4	A	—	− 7.0	22.9	

Tag 1953	Zeit	Punkt	Filter	$h_\odot$	d	Anmerkungen
Juli 11	$17^h14^m.4$	A	—	$+14^\circ.0$	$20^\circ.3$	
	17 31.6	A	—	+10.4	21.0	
	17 46.0	A	—	+ 7.4	21.9	
	17 47.3	B	—	+ 7.1	13.6	
	17 51.8	A	—	+ 6.2	21.0	
	18 2.2	A	—	+ 4.0	20.6	
	18 3.6	B	—	+ 3.7	15.6	
	18 8.6	A	—	+ 2.6	20.6	
	18 11.4	A	—	+ 2.0	20.4	
	18 12.8	B	—	+ 1.7	17.3	
	18 14.8	A	—	+ 1.4	21.0	
	18 18.7	B	—	+ 0.4	17.9	
	18 19.8	A	—	+ 0.2	20.0	
	18 21.1	A	OG2	− 0.1	19.3	
	18 22.4	A	BG7	− 0.4	20.4	
	18 23.6	A	—	− 0.6	19.1	
	18 28.0	B	—	− 1.6	17.8	
	18 32.0	B	—	− 2.4	18.0	
	18 36.3	A	—	− 3.4	21.7	
	18 38.3	B	—	− 3.8	19.4	nicht leicht zu sehen
	18 40.0	A	—	− 4.1	22.7	
	18 41.8	B	—	− 4.5	21.4	
	18 43.3	A	—	− 4.7	21.5	
	18 46.2	B	—	− 5.5	23.1	jetzt viel deutlicher
	18 48.1	B	RG1	− 5.9	25.9	
	18 49.5	A	—	− 6.2	23.4	
	18 51.2	B	—	− 6.6	26.7	
12	17 28.2	A	—	+11.2	19.9	
	17 45.7	A	—	+ 7.5	19.7	
	17 53.5	A	—	+ 5.9	19.5	
	17 54.9	B	—	+ 5.6	14.1	schwierig
	17 56.4	A	—	+ 5.3	20.2	
	18 3.3	B	—	+ 3.8	15.2	
	18 4.5	A	—	+ 3.6	19.9	
	18 17.3	A	—	+ 0.8	18.6	
14	17 56.0	A	—	+ 5.5	20.3	
	18 2.4	A	—	+ 4.2	19.8	
	18 4.9	B	—	+ 3.7	15.5	
	18 17.8	A	—	+ 0.9	19.6	
	18 28.6	A	—	− 1.5	18.5	
	18 31.7	B	—	− 2.1	16.2	
	18 37.7	A	—	− 3.4	21.7	
	18 39.2	B	—	− 3.8	17.9	
	18 41.9	A	—	− 4.3	21.5	
	18 57.3	A	—	− 7.7	23.6	

X. Messungen der Höhe des Erdschattensegments

1266 Messungen

Tag	Zeit	$h_{\odot}$	Messung	Bemerkungen
	Beobachtungsort Farm Voigtland $\varphi = -22°35'$ H = 1890 m			
1952				
Juli 27	$18^h32^m.2$	−1°.8	3°.9	
	35.5	−2.5	5.2	
	39.5	−3.3	8.6	
	43.0	−4.2	10.3	diffus
28	7 14.6	−3.3	9.0	
	17.2	−2.7	6.2	
	20.2	−2.1	3.8	
	24.0	−1.3	2.4	
	25.6	−1.0	1.7	
	18 31.0	−1.4	2.1	
	34.0	−2.1	3.6	
	35.6	−2.4	4.7	
	40.0	−3.4	7.7	
	44.0	−4.3	13.8	diffus
29	7 16.0	−3.0	5.3	
	19.0	−2.3	4.2	
	21.2	−1.8	2.7	
	24.6	−1.1	1.9	
	18 29.0	−0.9	0.9	
	30.5	−1.3	1.4	
	32.0	−1.6	1.7	
	34.0	−2.0	2.6	
	35.5	−2.3	3.1	
	37.1	−2.7	4.6	
	38.7	−3.0	5.8	
	41.8	−3.7	9.3	
	43.5	−4.1	10.3	diffus
30	7 15.9	−2.9	6.2	diffuser als gestern
	19.2	−2.1	4.0	
	22.5	−1.4	2.8	bei weitem nicht so scharf begrenzt wie sonst
	24.7	−0.9	2.1	
	26.5	−0.6	1.2	
	18 26.3	−0.3	1.1	
	29.7	−1.1	1.6	
	31.4	−1.4	1.6	sic
	33.4	−1.8	2.1	
	35.0	−2.2	3.6	
	37.0	−2.6	4.6	
	39.2	−3.1	6.2	
	42.2	−3.7	8.0	
	44.0	−4.1	—	zu diffus
31	7 13.7	−3.3	6.3	ziemlich diffus
	17.1	−2.5	4.6	
	18.3	−2.2	4.1	
	20.5	−1.8	2.6	
	21.7	−1.5	2.5	

Tag	Zeit	$h_{\odot}$	Messung	Bemerkungen
1952				
Juli 31	$7^h 23^m.3$	$-1.^\circ 2$	$2.^\circ 1$	
	26.0	−0.6	1.6	
	28.5	0.0	1.1	:
	18 32.5	−1.5	2.0	gut begrenzt
	34.4	−1.9	3.1	
	35.2	−2.1	2.7	
	36.4	−2.4	3.7	
	39.4	−3.0	6.2	
	41.2	−3.4	7.2	
	43.0	−3.8	10.8	: sehr diffus
Aug. 1	7 14.1	−3.1	5.2	
	15.9	−2.6	4.7	
	18 28.9	−0.6	0.6	gut
	31.4	−1.1	1.1	
	32.8	−1.5	1.7	
	34.5	−1.8	2.3	
	36.1	−2.2	3.2	
	38.7	−2.8	5.2	noch immer gut begrenzt
	41.4	−3.4	6.7	diffus werdend
	43.7	−3.9	9.5	diffus
	45.7	−4.3	13.3	unsicher
2	7 10.8	−3.6	7.8	
	13.2	−3.1	6.5	
	15.4	−2.6	4.9	
	16.2	−2.5	3.7	
	18.3	−2.0	2.7	
	20.2	−1.6	2.1	
	21.1	−1.4	1.8	
	22.3	−1.1	1.6	
	23.2	−0.9	1.4	
	18 29.0	−0.6	0.7	
	30.7	−1.0	1.1	
	33.4	−1.5	1.8	scharf
	36.0	−2.1	3.0	scharf
	38.2	−2.6	4.1	scharf
	39.9	−3.0	5.1	scharf
	41.5	−3.3	6.7	
	44.7	−4.0	9.8	diffus
3	7 8.5	−4.0	10.4	diffus
	11.2	−3.5	7.4	
	12.9	−3.1	6.4	
	15.4	−2.5	3.7	nur mäßig scharf
	17.2	−2.1	3.5	
	18.0	−2.0	2.7	
	19.0	−1.7	2.1	mäßig scharf
	20.9	−1.3	1.6	
	23.0	−0.9	1.1	
	18 29.0	−0.5	1.0	

Tag	Zeit	$h_\odot$	Messung	Bemerkungen
1952				
Aug. 3	$18^h30^m.8$	$-0^\circ.9$	$1^\circ.1$	
	32.4	−1.2	1.4	
	33.2	−1.4	1.6	
	35.5	−1.9	2.4	
	37.2	−2.3	3.1	
	38.3	−2.5	3.7	
	40.4	−3.0	5.2	
	41.8	−3.3	6.7	diffus
	43.3	−3.6	7.9	diffus
4	7 11.6	−3.2	6.2	ziemlich diffus
	13.1	−2.9	5.7	
	14.1	−2.7	5.1	
	15.3	−2.4	4.2	
	17.1	−2.0	2.9	nur mäßig scharf
	18.4	−1.7	2.3	
	19.1	−1.6	2.0	
	20.3	−1.3	1.2	
	22.2	−0.9	1.1	
	18 30.9	−0.8	1.0	
	32.8	−1.2	1.7	
	34.0	−1.5	1.7	
	35.3	−1.8	2.2	
	36.8	−2.1	3.1	
	38.5	−2.5	4.6	mäßig scharf
	41.5	−3.1	6.5	immer noch ziemlich scharf
	43.5	−3.6	8.5	
	44.3	−3.8	8.9	diffus
	46.2	−4.2	11.3	unsicher
5	7 9.4	−3.6	7.8	diffus
	12.1	−3.0	6.2	diffus
	14.2	−2.5	4.1	mäßig diffus
	16.5	−2.1	3.1	mäßig scharf
	18.1	−1.8	2.8	mäßig scharf
	19.3	−1.4	2.1	
	21.8	−0.9	1.7	
	24.0	−0.4	1.2	: ∞ stört
	18 30.7	−0.6	1.1	
	31.9	−0.9	1.3	
	33.6	−1.3	2.1	
	34.6	−1.5	2.0	
	35.3	−1.7	2.6	☽ stört etwas
	37.9	−2.2	3.1	☽ stört etwas
	41.2	−3.0	4.8	
	42.0	−3.2	5.6	
	44.9	−3.8	8.0	allgemein nur mäßig scharf
6	7 9.7	−3.4	7.3	diffus
	12.4	−2.8	5.2	
	14.7	−2.3	4.2	

Tag	Zeit	$h_{\odot}$	Messung	Bemerkungen
1952				
Aug. 6	$7^{h}18^{m}.0$	$-1^{\circ}.6$	$3^{\circ}.2$	nur mäßig scharf
	19.0	—1.4	2.1	
	19.7	—1.2	2.0	
	21.3	—0.8	1.2	
	18 30.0	—0.4	0.6	
	33.2	—1.1	1.5	
	34.8	—1.5	1.7	
	37.4	—2.1	2.8	
	39.0	—2.4	3.2	
	40.6	—2.7	4.2	
	42.4	—3.1	5.6	
	44.2	—3.5	8.1	diffus
7	7 9.8	—3.3	7.2	diffus
	15.1	—2.1	3.1	mäßig scharf
	17.5	—1.6	2.1	mäßig scharf
	19.7	—1.0	1.7	
	20.3	—0.9	1.6	
	20.9	—0.8	1.5	
	21.6	—0.7	1.4	
	23.3	—0.3	1.1	:
	18 30.8	—0.5	1.1	
	33.0	—1.0	1.6	
	34.7	—1.3	2.1	
	35.5	—1.6	2.2	
	36.2	—1.7	2.2	
	37.2	—1.9	2.7	
	38.5	—2.2	3.2	
	39.4	—2.4	3.8	
	40.0	—2.5	4.1	
	41.9	—3.0	5.4	
	42.6	—3.1	6.1	
	43.1	—3.2	6.2	
	45.0	—3.6	8.5	diffus
	47.8	—4.3	12.3	:
8	7 14.9	—2.0	3.1	ziemlich diffus
	15.9	—1.7	2.5	
	19.5	—0.9	1.5	
	21.7	—0.5	1.2	
	18 30.4	—0.3	1.0	
	31.8	—0.6	1.3	
	34.3	—1.2	1.9	
	36.1	—1.6	2.4	
	37.8	—2.0	3.2	
	39.7	—2.4	4.5	
	40.4	—2.5	4.7	
	42.3	—2.9	6.2	
	43.1	—3.1	6.7	
	44.5	—3.4	8.3	noch mäßig scharf

Tag	Zeit	$h_\odot$	Messung	Bemerkungen
1952				
Aug. 8	$18^h45^m.3$	$-3^\circ.6$	$8^\circ.2$	
	45.7	−3.7	8.5	
	46.9	−4.0	10.1	diffus
9	7 12.3	−2.4	3.9	
	13.5	−2.1	3.1	
	16.4	−1.5	2.2	
	17.1	−1.3	2.3	
	17.8	−1.2	2.2	
	18.9	−1.0	1.6	
	19.5	−0.8	1.4	
	21.3	−0.4	1.3	
	21.9	−0.3	1.0	
	18 30.2	−0.1	1.1	: Dunstbank stört
	32.7	−0.7	1.5	
	34.0	−0.9	2.1	
	35.5	−1.3	2.3	
	37.1	−1.7	3.0	
	38.7	−2.0	3.7	
	40.4	−2.4	4.4	ziemlich diffus
	42.3	−2.8	5.4	
	43.1	−3.0	5.7	
	44.5	−3.3	7.7	sehr diffus
10	7 12.8	−2.1	2.5	auffallend blau
	14.2	−1.9	2.1	
	16.2	−1.3	1.6	
	16.8	−1.2	1.3	
	17.4	−1.1	1.1	
	17.9	−1.0	0.9	
	18 31.5	−0.4	0.8	
	33.4	−0.8	1.5	
	33.8	−0.9	1.3	
	34.2	−1.0	1.4	
	34.6	−1.1	1.4	Grenze sehr gut erkennbar
	35.4	−1.2	1.6	Grenze sehr gut erkennbar
	36.2	−1.4	1.9	Grenze sehr gut erkennbar
	36.7	−1.5	2.0	
	37.2	−1.6	2.2	
	37.7	−1.8	2.3	
	38.4	−1.9	2.7	
	39.0	−2.0	2.7	
	39.7	−2.1	3.6	
	40.2	−2.3	3.7	
	41.7	−2.6	4.7	
	43.1	−2.9	5.8	noch gut definiert
	45.3	−3.4	7.3	diffus werdend
	47.0	−3.8	9.1	ziemlich diffus
	48.0	−4.0	9.8	diffus
11	7 6.4	−3.4	7.9	unscharf

Tag	Zeit	$h_\odot$	Messung	Bemerkungen
1952				
Aug. 11	$7^h\ 8^m.3$	$-3^\circ.0$	$6^\circ.0$	ziemlich scharf
	9.3	−2.8	4.8	
	9.9	−2.6	5.0	
	10.2	−2.5	4.7	
	10.8	−2.4	3.9	
	11.2	−2.3	3.8	
	12.1	−2.1	3.1	
	13.0	−1.9	2.7	
	13.6	−1.8	2.6	
	14.2	−1.7	2.2	
	14.8	−1.5	2.0	
	15.8	−1.3	1.9	
	16.9	−1.0	1.6	
	17.4	−0.9	1.3	
	17.9	−0.8	1.0	
	18 32.1	−0.4	1.3	
	33.7	−0.8	1.6	
	35.4	−1.2	1.9	
	37.4	−1.6	2.5	Ci und Schattenstreifen stören etwas
	39.2	−2.0	3.6	
	40.9	−2.4	3.9	
	42.8	−2.8	4.9	
	44.5	−3.2	6.5	
13	18 28.5	+0.5	1.0	
	30.1	+0.1	1.1	
	31.5	−0.2	1.4	
	33.3	−0.6	1.5	
	35.0	−1.0	2.0	nicht sehr scharf
	36.0	−1.2	2.3	
	36.8	−1.4	2.5	
	38.3	−1.7	3.1	
	39.4	−1.9	3.6	mäßig scharf
	41.0	−2.3	4.6	
	42.3	−2.5	4.6	
	42.9	−2.7	5.1	
	43.9	−2.9	5.3	
	45.7	−3.3	7.0	
	47.3	−3.7	9.7	diffus
14	18 31.2	0.0	0.8	
	33.4	−0.5	1.2	gut begrenzt
	34.9	−0.8	1.4	
	36.6	−1.2	1.7	
	38.2	−1.6	2.5	
	39.1	−1.8	3.0	
	40.0	−2.0	3.5	
	41.5	−2.3	4.2	
	43.1	−2.7	5.1	immer noch gut begrenzt
	45.1	−3.1	7.2	

Tag	Zeit	$h_\odot$	Messung	Bemerkungen
1952				
Aug. 14	18h45m.5	−3°.2	6°.8	
	45.9	−3.3	7.3	
	46.6	−3.4	7.8	Grenze immer noch deutlich
	47.5	−3.6	8.8	jetzt diffus werdend
	48.5	−3.9	9.9	
	50.3	−4.3	13.3	: kaum erkennbar
17	7 4.4	−3.0	5.7	diffus
	8.2	−2.1	4.4	diffus
	10.0	−1.7	4.0	
	13.2	−1.0	3.7	
	17.4	−0.1	2.8	
	20.7	+0.7	2.6	
	23.4	+1.2	1.9	
	18 33.3	−0.2	2.6	alle Beobachtungen durch ∞-Streifen gestört
	36.2	−0.9	2.9	
	38.0	−1.3	3.1	
	39.7	−1.6	3.7	
	41.4	−2.0	4.3	
	44.2	−2.7	5.4	sehr diffus
21	18 47.5	−3.1	6.5	
	51.7	−4.1	10.4	diffus
22	18 37.7	−0.8	0.5	
	39.2	−1.1	0.8	
	40.0	−1.3	1.3	
	41.9	−1.7	1.6	
	42.3	−1.8	2.0	
	43.8	−2.2	3.5	
	45.6	−2.6	4.8	
	47.7	−3.1	6.5	
	48.6	−3.3	6.8	
	50.1	−3.6	7.8	
	51.8	−4.0	10.0	kaum noch erkennbar
27	18 40.0	−1.0	1.7	sehr unregelmäßig, wahrscheinlich wegen
	41.4	−1.3	2.1	der im Westen und Süden am Horizont
	42.1	−1.5	2.8	befindlichen dichten Ci
	42.6	−1.6	2.8	Schattenstrahlen im E
	45.4	−2.2	4.2	zu diffus für weitere Messungen
28	18 43.8	−1.8	2.0	gut begrenzt
	44.9	−2.0	2.7	gut begrenzt
	46.4	−2.3	3.8	gut begrenzt
	46.8	−2.5	4.0	gut begrenzt
	48.5	−2.9	4.8	gut begrenzt
	50.3	−3.2	6.2	noch mäßig scharf
	52.2	−3.6	8.2	
	54.0	−4.1	10.7	diffus
	55.9	−4.6	12.8	:
30	18 40.4	−0.9	0.7	
	42.3	−1.3	1.2	

Tag	Zeit	$h_{\odot}$	Messung	Bemerkungen
1952				
Aug. 30	$18^h44^m.0$	$-1^{\circ}.7$	$2^{\circ}.1$	
	46.2	−2.2	2.9	
	47.1	−2.4	3.7	etwas diffus
	47.4	−2.5	3.5	etwas diffus
	49.7	−3.0	4.6	recht diffus!
31	18 39.6	−0.6	0.2	
	40.8	−0.9	0.6	
	42.4	−1.3	1.0	
	43.2	−1.4	1.6	
	45.8	−2.1	2.1	
	47.6	−2.5	2.6	
	49.2	−2.8	3.7	
	49.7	−2.9	4.5	recht diffus!
	50.0	−3.0	4.7	
	51.8	−3.4	5.9	
Sep. 1	18 40.5	−0.8	0.6	
	41.7	−1.0	0.9	
	43.9	−1.5	1.6	
	45.9	−2.0	3.1	
	47.6	−2.4	3.7	Schattenstrahlen stören
	49.0	−2.7	4.8	Schattenstrahlen stören
	51.0	−3.2	7.2	diffus
2	18 48.9	−2.6	4.6	Ci und Schattenstrahlen stören
	50.9	−3.1	5.5	
	54.2	−3.8	8.5	diffus
3	6 50.7	−2.8	6.0	diffus
	53.2	−2.2	4.0	
	55.6	−1.6	2.2	
	57.8	−1.1	1.6	verschwindet in dem Sattel zwischen Großem und Kleinem Auas-Horn
	18 41.3	−0.8	0.8	
	44.6	−1.6	2.1	
	46.2	−1.9	2.6	diffus!
	47.7	−2.2	3.7	diffus!
	48.5	−2.4	4.5	
	49.4	−2.6	4.7	
	50.5	−2.9	6.2	: sehr diffus
	18 47.1	−2.1	2.8	RG1
	48.0	−2.3	2.7	RG1
	49.0	−2.5	3.8	RG1
	50.0	−2.8	4.5	RG1
4	6 48.1	−3.1	6.4	allgemein schärfer begrenzt als am Vorabend
	50.7	−2.5	5.1	
	53.0	−2.0	3.5	
	54.9	−1.6	2.8	
	55.8	−1.3	2.6	
	57.3	−1.0	2.2	
	6 54.0	−1.8	3.0	RG1
	56.0	−1.3	2.2	RG1

Tag	Zeit	$h_\odot$	Messung	Bemerkungen
1953				
Sep. 4	$18^h41^m.7$	$-0^\circ.8$	$1^\circ.6$	
	43.5	−1.2	2.4	
	44.4	−1.4	3.1	
	45.2	−1.6	3.4	
	46.0	−1.8	3.7	
	47.2	−2.1	4.6	
	48.0	−2.2	5.1	
	48.8	−2.4	5.3	
	49.7	−2.6	6.2	diffus
	50.7	−2.9	6.9	diffus
	51.5	−3.0	7.1	: diffus
	18 43.9	−1.3	2.5	RG1
	44.8	−1.5	2.9	RG1
	45.6	−1.7	3.1	RG1
	46.5	−1.9	3.7	RG1
	47.6	−2.1	4.4	RG1
	48.4	−2.3	5.2	RG1
	49.2	−2.5	5.2	RG1
	50.2	−2.7	6.2	RG1
	51.1	−3.0	6.2	RG1
5	6 56.0	−1.1	2.7	
	57.2	−0.8	2.4	
	58.2	−0.6	2.2	verschwindet hinter dem Gebirge
	18 42.3	−0.8	2.3	
	43.6	−1.1	2.7	
	44.4	−1.3	2.7	
	45.2	−1.5	3.6	
	46.1	−1.8	3.6	
	47.0	−2.0	4.2	
	47.8	−2.1	4.8	
	48.6	−2.3	5.2	
	49.3	−2.5	6.3	diffus
	18 44.0	−1.2	2.7	RG1
	44.8	−1.4	3.4	RG1
	46.6	−1.9	3.6	RG1
	48.0	−2.2	4.7	RG1
	49.8	−2.6	5.8	RG1
6	18 42.5	−0.8	2.6	durch ∞-Bank gestört
	44.4	−1.3	3.2	Schattenstrahlen
	48.4	−2.2	5.2	
	50.5	−2.7	6.1	starke Schattenstrahlen
8	18 47.1	−1.7	1.7	
	48.2	−2.0	2.2	
	48.7	−2.1	2.4	
	51.7	−2.8	3.5	etwas durch Ci entstellt
	53.8	−3.3	4.8	
	55.6	−3.7	6.6	Schattenstrahlen
9	6 47.5	−2.2	4.7	mäßig scharf

Tag	Zeit	$h_\odot$	Messung	Bemerkungen
1952				
Sep. 9	$6^h51^m.4$	$-1^\circ.3$	$2^\circ.5$	
	51.9	−1.2	2.4	
	53.1	−0.9	2.1	
	53.6	−0.8	2.1	versinkt hinter dem Gebirge
	18 42.3	−0.6	1.6	
	46.0	−1.4	3.1	
	48.1	−1.9	3.8	ziemlich scharf
	49.2	−2.2	4.4	
	50.6	−2.5	5.7	
	51.4	−2.7	5.8	
	52.4	−2.9	6.6	
	54.1	−3.3	8.8	diffus
	18 49.9	−2.3	3.9	RG1
	50.9	−2.6	5.2	RG1
	51.9	−2.8	6.3	RG1
10	6 44.9	−2.5	5.8	
	47.9	−1.8	3.4	
	50.3	−1.2	2.8	
	53.8	−0.4	2.1	
	18 41.5	−0.4	1.3	
	42.7	−0.6	1.4	
	43.3	−0.8	1.6	
	45.5	−1.3	2.1	
	46.3	−1.5	2.6	
	47.3	−1.8	2.8	
	51.3	−2.7	5.6	
	52.3	−2.9	6.2	
	53.5	−3.2	6.9	bis gegen Ende relativ
	54.5	−3.4	7.8	scharf begrenzt
	18 42.1	−0.5	1.1	RG1
	43.7	−0.9	1.5	RG1
	46.8	−1.6	2.6	RG1
	51.8	−2.8	5.4	RG1
	52.8	−3.0	6.0	BG1
	53.9	−3.2	6.7	RG1
	54.9	−3.5	7.4	RG1
11	18 44.1	−0.9	1.1	
	46.7	−1.5	2.1	
	48.1	−1.8	2.5	
	48.9	−2.0	2.6	
	49.7	−2.1	2.9	
	50.6	−2.4	3.4	allgemein sehr gut meßbar
	51.3	−2.5	3.8	
	52.2	−2.7	4.5	
	53.1	−3.0	5.1	
	54.2	−3.2	5.9	jetzt diffus werdend
	55.8	−3.6	7.1	

Tag	Zeit	$h_{\odot}$	Messung	Bemerkungen
1952				
Sep. 11	$18^{h}56^{m}.9$	$-3^{\circ}.8$	$8^{\circ}.9$	:
	18 48.6	−1.9	2.4	RG1 die schärfere Begrenzung bei Einschalten von RG1 sehr auffällig
	49.3	−2.1	2.2	RG1
	50.1	−2.3	2.6	RG1
	50.9	−2.5	3.1	RG1
	51.8	−2.7	3.4	RG1
	52.7	−2.9	4.2	RG1
	53.6	−3.1	4.8	RG1
	54.9	−3.4	5.6	RG1
	56.5	−3.7	7.2	:RG1
12	18 44.9	−1.0	0.9	
	45.6	−1.2	1.0	
	46.5	−1.4	1.2	
	47.5	−1.7	1.4	
	48.5	−1.9	2.1	
	50.3	−2.3	3.2	
	51.1	−2.5	3.4	
	53.4	−3.0	5.2	
	54.4	−3.2	6.2	
	56.3	−3.7	8.1	diffus
	57.2	−3.9	8.8	
	18 45.9	−1.3	0.8	RG1
	47.0	−1.5	1.1	RG1
	48.0	−1.8	1.4	RG1
	50.6	−2.4	2.9	RG1
	51.5	−2.6	3.2	RG1
	53.7	−3.0	4.7	RG1
	54.6	−3.3	5.2	RG1
	56.8	−3.8	7.8	RG1
13	18 44.1	−0.8	0.6	
	45.2	−1.0	1.0	
	46.0	−1.2	1.1	
	46.7	−1.3	1.6	
	47.5	−1.6	1.7	
	48.3	−1.7	2.4	
	50.3	−2.2	3.5	
	51.3	−2.5	4.5	
	53.5	−2.9	5.8	
	56.1	−3.5	7.9	
	18 44.5	−0.9	0.7	RG1
	45.6	−1.2	1.1	RG1
	46.4	−1.3	1.2	RG1
	47.1	−1.5	1.3	RG1
	47.9	−1.7	1.6	RG1
	48.7	−1.8	2.6	RG1
	50.7	−2.3	3.1	RG1
	51.6	−2.5	3.6	RG1
	54.0	−3.0	5.8	RG1

Tag	Zeit	$h_\odot$	Messung	Bemerkungen
1952				
Sep. 13	$18^h56^m.6$	$-3^\circ.7$	$7^\circ.4$	RG1
15	18 46.7	−1.1	1.2	
	47.9	−1.4	1.6	
	49.6	−1.8	2.5	
	54.0	−2.9	6.1	
	18 47.5	−1.3	1.2	RG1
	49.9	−1.9	2.4	RG1
	50.4	−2.0	2.6	RG1
	54.5	−3.0	5.1	RG1
16	18 48.0	−1.3	2.0	
	49.1	−1.6	2.6	
	50.2	−1.9	3.6	
	51.3	−2.1	3.9	
	52.4	−2.4	4.5	
	53.5	−2.6	5.4	
	54.7	−2.9	6.5	
	55.8	−3.2	7.0	
	57.0	−3.5	7.8	diffus
	18 48.5	−1.5	2.0	RG1
	49.7	−1.7	2.6	RG1
	50.8	−2.0	3.0	RG1
	51.8	−2.2	3.9	RG1
	52.9	−2.5	4.5	RG1
	54.1	−2.8	5.2	RG1
	55.3	−3.1	6.3	RG1
	56.4	−3.3	6.7	RG1
	57.6	−3.6	7.6	RG1
17	18 51.5	−2.1	3.7	
	53.5	−2.6	5.0	
	55.6	−3.1	6.3	starke Schattenstrahlen in der Gegen-
	57.2	−3.4	7.7	dämmerung über dem Erdschatten
18	18 48.8	−1.5	3.4	recht diffus! Schattenstreifen
25	18 52.8	−1.9	2.7	
	54.1	−2.2	3.6	
	55.0	−2.4	4.4	
	55.9	−2.7	5.2	
	56.9	−2.9	6.2	
	58.1	−3.1	6.6	
	59.1	−3.4	7.0	
	19 0.2	−3.7	7.9	zuletzt diffus
	18 53.4	−2.1	2.6	RG1
	54.5	−2.3	3.8	RG1
	55.4	−2.5	4.4	RG1
	56.5	−2.8	5.2	RG1
	57.4	−3.0	5.7	RG1
	58.6	−3.3	6.2	RG1
	59.7	−3.5	7.1	RG1
	19 0.7	−3.8	8.1	: RG1

Tag	Zeit	$h_\odot$	Messung	Bemerkungen
1952				
Sep. 30	6^h23^m3	$-2^\circ9$	$4^\circ6$	
	23.7	−2.8	3.9	
	24.4	−2.7	3.6	
	26.3	−2.2	2.2	
	26.8	−2.1	2.1	Gebirge hinderlich
	18 50.4	−1.0	1.7	
	51.6	−1.3	1.9	
	52.6	−1.6	2.4	
	53.7	−1.8	2.9	
	54.8	−2.0	3.4	
	56.0	−2.3	4.1	
	57.2	−2.6	5.4	
	58.5	−2.9	6.6	
	59.7	−3.2	7.6	zuletzt diffus, vorher gut meßbar
	18 51.0	−1.2	1.2	RG1
	52.1	−1.5	1.5	RG1
	53.2	−1.7	2.1	RG1
	54.2	−1.9	2.9	RG1
	55.4	−2.2	3.2	RG1
	56.6	−2.5	4.2	RG1
	57.8	−2.8	5.5	RG1
	59.0	−3.0	6.7	RG1
	19 0.2	−3.3	7.2	RG1
	Beobachtungsort Farm Voigtsgrund $\varphi = -24^\circ 50'$ H = 1275 m			
Okt. 4	18 56.8	−2.0	4.5	
	58.4	−2.4	5.6	
	19 0.0	−2.8	6.4	
	1.6	−3.1	7.9	diffus
	18 57.7	−2.2	4.1	RG1
	59.2	−2.6	5.2	RG1
	19 0.8	−3.0	6.1	RG1
	2.6	−3.4	7.9	RG1
5	6 14.8	−3.5	10.3	diffus
	23.2	−1.6	3.9	
	25.6	−1.0	2.9	
	6 16.1	−3.1	7.8	RG1
	24.1	−1.4	3.3	RG1
	25.8	−1.0	2.3	RG1
	18 53.7	−1.2	4.3	von Anfang an ziemlich diffus
	54.9	−1.5	4.9	
	56.0	−1.8	5.0	
	57.5	−2.1	5.7	
	58.5	−2.3	6.5	
	59.7	−2.6	7.8	
	18 54.4	−1.4	3.3	RG1
	55.6	−1.7	3.9	RG1
	56.4	−1.9	4.7	RG1

Tag	Zeit	$h_\odot$	Messung	Bemerkungen
1952				
Okt. 5	$18^h58^m.0$	$-2^\circ.2$	$5^\circ.1$	RG1
	59.0	−2.5	6.1	RG1
	19 0.1	−2.7	6.6	RG1
6	18 57.0	−1.9	4.9	vermutlich etwas durch Wolkenschatten gestört
	57.9	−2.1	5.2	
	58.8	−2.3	6.0	
	18 57.5	−2.0	4.7	RG1
	58.2	−2.2	4.8	RG1
	59.2	−2.4	5.8	RG1
9	18 57.0	−1.6	4.3	
	57.9	−1.8	4.4	
	58.7	−2.0	4.3	
	59.6	−2.2	5.0	stets ziemlich diffus
	18 57.4	−1.7	4.1	RG1
	58.3	−1.9	4.2	RG1
	59.2	−2.1	4.1	RG1
	59.9	−2.3	4.9	RG1
10	18 56.2	−1.3	2.8	
	57.1	−1.5	3.3	
	58.1	−1.7	3.9	
	58.9	−1.9	3.9	
	59.7	−2.1	4.6	
	19 0.4	−2.2	4.7	
	1.3	−2.4	5.0	
	2.2	−2.7	5.3	
	3.0	−2.8	5.9	
	4.2	−3.1	6.7	jetzt diffuser, vorher gut begrenzt
	5.4	−3.4	8.1	
	18 56.7	−1.4	2.6	RG1
	57.7	−1.7	2.8	RG1
	58.5	−1.9	3.1	RG1
	59.3	−2.0	3.3	RG1
	19 0.0	−2.2	3.8	RG1
	0.9	−2.4	4.5	RG1
	1.7	−2.5	4.7	RG1
	2.6	−2.8	5.0	RG1
	3.4	−2.9	5.2	RG1
	4.6	−3.2	6.4	RG1
	5.9	−3.5	7.2	:RG1
11	18 56.8	−1.3	2.6	
	58.0	−1.6	3.1	
	58.8	−1.8	3.3	
	59.7	−2.0	3.5	
	19 0.6	−2.2	4.2	
	1.4	−2.4	4.2	
	2.3	−2.6	4.6	
	3.2	−2.8	5.3	bis 5° Höhe gut begrenzt, dann zunehmend diffus
	4.1	−3.0	5.6	

Tag	Zeit	$h_{\odot}$	Messung	Bemerkungen
1952				
Okt. 11	$19^h5^m.0$	$-3^\circ.2$	$6^\circ.6$	
	5.8	−3.4	7.4	
	6.6	−3.6	8.1	
	18 57.5	−1.5	2.1	RG1
	58.4	−1.7	2.7	RG1
	59.3	−1.9	2.8	RG1
	19 0.1	−2.1	3.2	RG1
	1.0	−2.3	3.3	RG1
	1.8	−2.5	3.9	RG1
	2.8	−2.7	4.7	RG1
	3.6	−2.9	4.9	RG1
	4.5	−3.1	5.3	RG1
	5.3	−3.3	6.3	RG1
	6.2	−3.5	6.7	RG1
	7.2	−3.7	7.2	RG1
12	19 0.6	−2.1	4.7	
	1.7	−2.3	4.9	
	2.7	−2.6	5.3	
	3.5	−2.8	5.5	
	4.5	−3.0	5.7	
	19 1.1	−2.2	4.2	RG1
	2.0	−2.4	4.8	RG1
	3.1	−2.6	4.9	RG1
	4.0	−2.9	5.1	RG1
	4.9	−3.0	5.4	RG1
18	18 58.4	−1.0	2.2	
	59.4	−1.2	2.1	
	19 0.1	−1.3	2.6	
	0.7	−1.5	3.1	
	1.5	−1.7	3.1	
	3.3	−2.0	4.1	
	4.0	−2.2	3.9	
	4.8	−2.4	4.4	
	6.6	−2.8	5.5	
	8.8	−3.2	7.8	diffus
	18 58.9	−1.1	1.3	RG1
	59.7	−1.3	2.2	RG1
	19 0.4	−1.4	2.4	RG1
	1.1	−1.6	2.6	RG1
	1.9	−1.7	2.7	RG1
	3.7	−2.1	3.6	RG1
	4.4	−2.3	4.0	RG1
	5.1	−2.4	4.1	RG1
	7.0	−2.9	4.8	RG1
	9.4	−3.3	7.3	RG1
24	19 4.2	−1.5	3.0	
	5.2	−1.8	3.2	
	6.0	−2.0	3.7	

Tag	Zeit	$h_{\odot}$	Messung	Bemerkungen
1952				
Okt. 24	19^h 6^m.8	−2°.2	4°.0	
	7.6	−2.3	4.0	
	8.3	−2.5	4.2	
	9.1	−2.6	4.5	
	10.0	−2.8	5.3	
	14.2	−3.7	9.4	:
	19 4.6	−1.6	2.7	RG1
	5.5	−1.9	3.1	RG1
	6.4	−2.1	3.3	RG1
	7.2	−2.2	3.7	RG1
	7.9	−2.4	3.7	RG1
	8.7	−2.5	4.0	RG1
	9.6	−2.7	4.1	RG1
	10.4	−2.9	4.9	RG1
27	19 4.3	−1.2	2.6	
	5.7	−1.5	2.7	
	6.8	−1.8	3.2	
	7.7	−2.0	3.4	
	8.6	−2.1	3.6	
	9.5	−2.3	4.1	
	10.4	−2.5	4.4	
	19 5.1	−1.4	2.1	RG1
	6.3	−1.6	2.5	RG1
	7.3	−1.9	2.8	RG1
	8.1	−2.0	3.0	RG1
	9.0	−2.2	2.9	RG1
	9.8	−2.4	3.9	RG1
	10.7	−2.6	4.2	RG1
28	19 7.9	−1.8	3.7	durch Schattenstrahlen entstellt; Wolken
	9.0	−2.1	4.2	müssen unter westl. Horizont sein; nur
	19 8.5	−2.0	3.6	RG1 [tief im S etwas Ci
	9.4	−2.2	3.1	RG1
29	19 7.7	−1.7	2.8	
	8.6	−1.9	3.0	
	9.6	−2.1	3.7	
	10.5	−2.3	4.3	
	11.3	−2.4	4.7	
	12.0	−2.6	4.8	
	19 8.2	−1.8	2.2	RG1
	9.0	−2.0	2.6	RG1
	10.0	−2.2	3.1	RG1
	10.8	−2.4	3.6	RG1
	11.6	−2.5	4.2	RG1
	12.3	−2.7	4.3	RG1
30	19 1.0	−0.1	—	20° rechts vom ⊙ Gegenpunkt ist ein blau-
	7.0	−1.4	3.2	graues Schattensegment zu sehen, offen-
	7.8	−1.6	3.7	bar durch die im SW am Horizont sicht-
	8.5	−1.8	3.9	baren Wolkenfelder veranlaßt

Tag	Zeit	$h_\odot$	Messung	Bemerkungen
1952				
Okt. 30	$19^h\ 9^m.2$	$-1^\circ.9$	$4^\circ.3$	
	9.8	−2.0	4.3	
	10.7	−2.2	5.1	
	11.4	−2.4	6.0	
	19 7.4	−1.5	3.4	RG1
	8.1	−1.7	3.4	RG1
	8.8	−1.8	3.8	RG1
	9.5	−2.0	4.0	RG1
	10.3	−2.1	4.7	RG1
	11.0	−2.3	5.2	RG1 auffallend der geringe Unterschied
	11.8	−2.5	5.7	RG1 der beiden Reihen
Nov. 2	19 6.2	−0.8	2.1	
	7.7	−1.1	2.7	
	9.0	−1.4	3.3	
	9.9	−1.6	3.3	
	10.8	−1.8	3.8	
	11.7	−2.0	4.3	
	12.7	−2.2	4.3	
	13.6	−2.4	4.7	
	14.4	−2.6	4.9	
	19 6.7	−0.9	1.6	RG1
	8.3	−1.3	2.3	RG1
	9.4	−1.5	2.8	RG1
	10.3	−1.7	3.1	RG1
	11.2	−1.9	3.3	RG1
	12.3	−2.1	4.1	RG1
	13.2	−2.3	4.2	RG1
	14.0	−2.5	4.3	RG1
	14.8	−2.7	4.4	RG1
5	19 10.7	−1.4	—	Erdschatten durch Schattenstrahlen stark deformiert
6	5 50.1	−2.9	6.1	
	51.9	−2.5	5.2	
	53.6	−2.1	4.3	
	55.1	−1.8	3.3	
	5 51.3	−2.6	4.9	RG1
	52.8	−2.3	4.5	RG1
	54.4	−1.9	4.3	RG1
	56.6	−1.5	2.2	RG1
	19 12.0	−1.6	2.6	
	13.0	−1.8	2.9	
	13.9	−2.0	3.2	
	14.7	−2.2	3.9	
	15.4	−2.3	3.7	
	16.3	−2.6	4.3	
	18.2	−3.0	5.1	
	19.2	−3.2	5.9	zuletzt diffus
	19 12.5	−1.7	2.6	RG1
	13.4	−1.9	2.9	RG1

Tag	Zeit	$h_\odot$	Messung	Bemerkungen
1952				
Nov. 6	$19^h14^m.3$	$-2^\circ.1$	$3^\circ.2$	RG1
	15.1	−2.3	3.3	RG1
	15.8	−2.5	3.6	RG1
	16.8	−2.7	4.1	RG1
	18.8	−3.1	5.0	RG1
	19.8	−3.3	5.5	RG1
7	19 11.2	−1.2	1.7	
	12.1	−1.4	2.4	
	13.1	−1.7	2.6	
	14.1	−1.9	2.8	
	14.9	−2.1	3.1	
	16.1	−2.3	3.9	
	17.0	−2.5	3.9	
	17.9	−2.8	4.4	
	18.9	−3.0	5.0	
	19.7	−3.1	4.9	
	20.6	−3.3	6.0	
	21.6	−3.6	6.7	
	19 11.6	−1.3	1.6	RG1
	12.7	−1.6	2.1	RG1
	13.7	−1.8	2.5	RG1
	14.5	−2.0	2.6	RG1
	15.4	−2.2	3.1	RG1
	16.6	−2.4	3.2	RG1
	17.4	−2.6	3.8	RG1
	18.3	−2.9	4.3	RG1
	19.3	−3.1	4.6	RG1
	20.1	−3.2	4.8	RG1
	21.1	−3.4	5.6	RG1
	22.1	−3.7	6.1	RG1
8	19 13.2	−1.5	2.6	
	14.2	−1.7	3.1	
	15.1	−2.0	3.3	
	16.2	−2.2	3.7	
	17.2	−2.4	4.2	
	18.2	−2.6	4.4	
	19.4	−2.9	5.0	
	20.5	−3.2	5.9	diffus
	19 13.6	−1.6	2.4	RG1
	14.7	−1.9	2.6	RG1
	15.7	−2.1	3.1	RG1
	16.7	−2.3	3.7	RG1
	17.5	−2.5	4.0	RG1
	18.7	−2.8	4.2	RG1
	19.9	−3.0	4.8	RG1
	21.0	−3.3	5.3	RG1
9	19 13.7	−1.4	2.6	
	17.3	−2.3	4.3	

Tag	Zeit	$h_\odot$	Messung	Bemerkungen
1952				
Nov. 9	$19^h 18^m.3$	$-2°.5$	$4°.5$	
	19.3	−2.7	5.1	
	21.4	−3.2	6.3	
	23.9	−3.7	9.2	diffus
	19 14.2	−1.5	2.3	RG1
	17.7	−2.3	4.0	RG1
	18.9	−2.6	4.3	RG1
	19.7	−2.8	4.8	RG1
	21.8	−3.3	5.9	RG1
10	19 12.9	−1.1	2.2	
	14.1	−1.3	2.7	
	15.2	−1.6	3.0	
	16.6	−2.0	3.3	
	17.8	−2.2	4.0	
	18.7	−2.4	4.8	
	19.6	−2.6	4.9	
	20.5	−2.8	5.3	
	21.5	−3.0	5.7	bis zuletzt ziemlich scharf begrenzt
	19 13.6	−1.3	2.0	RG1
	14.7	−1.5	2.5	RG1
	15.8	−1.8	2.9	RG1
	17.1	−2.0	3.2	RG1
	18.2	−2.3	3.7	RG1
	19.1	−2.5	4.1	RG1
	19.9	−2.7	4.8	RG1
	21.0	−2.9	5.3	RG1
	21.9	−3.1	5.8	RG1
26	19 24.3	−1.1	1.7	
	25.6	−1.4	1.7	
	26.4	−1.6	2.3	
	27.2	−1.8	2.2	
	28.1	−2.0	2.7	
	28.8	−2.2	3.0	
	19 24.9	−1.3	1.1	RG1
	25.9	−1.5	1.3	RG1
	26.8	−1.6	1.9	RG1
	27.7	−1.9	2.1	RG1
	28.3	−2.0	2.5	RG1
	29.2	−2.2	2.4	RG1
27	19 24.2	−1.0	1.0	
	25.5	−1.3	1.4	
	26.4	−1.5	1.9	
	19 24.9	−1.2	0.9	RG1
	25.9	−1.4	1.2	RG1
	26.7	−1.5	1.3	RG1

Tag	Zeit	$h_{\odot}$	Messung	Bemerkungen
	Beobachtungsort Farm Dornfontein			$\varphi = -23^\circ 23'$ H = 1320 m
1953				
Jan. 10	$19^h 45^m.7$	$-2^\circ.1$	$4^\circ.2$	etwas diffus
	48.1	−2.7	5.4	
23	19 41.4	−1.5	2.8	
	44.0	−2.0	3.3	
	46.3	−2.5	4.3	
	49.2	−3.1	5.8	
	51.9	−3.8	8.4	: bereits sehr diffus
	19 42.2	−1.6	2.5	RG1
	44.4	−2.1	3.0	RG1
	46.7	−2.6	4.1	RG1
	49.6	−3.2	5.9	RG1
	52.4	−3.8	7.8	: RG1
26	19 47.7	−3.0	6.3	
	48.9	−3.3	7.4	diffus, über den Wolken
	19 48.3	−3.2	6.4	RG1
	49.2	−3.3	6.8	RG1
Feb. 9	19 34.8	−1.5	3.3	
	36.2	−1.9	3.6	
	38.4	−2.3	4.4	
	40.7	−2.8	6.1	
	43.0	−3.3	8.2	diffus
	19 35.4	−1.7	2.7	RG1
	36.6	−2.0	3.1	RG1
	38.7	−2.4	4.1	RG1
	41.2	−2.9	5.3	RG1
	43.3	−3.4	6.9	RG1
10	19 42.8	−3.5	6.4	diffus
	19 44.2	−3.8	6.3	RG1
22	19 36.7	−4.0	14.4	überraschend scharf begrenzt für diese Höhe
	38.6	−4.4	14.9	im W eine 12° hohe Gewitterwand
	40.3	−4.8	16.3	jetzt diffus
	Beobachtungsort Farm Bergweide			$\varphi = -19^\circ 50'$ H = 1400 m
Apr. 13	18 48.0	−2.7	5.6	
	50.1	−3.2	7.2	: bereits diffus
	51.5	−3.5	10.0	
	18 48.5	−2.8	5.0	RG1
	50.4	−3.3	6.2	RG1
17	18 38.2	−1.1	1.1	
	39.7	−1.5	1.9	
	41.0	−1.8	2.3	
	18 39.0	−1.3	0.9	RG1
	40.3	−1.6	2.1	RG1
	18 41.5	−1.9	2.2	RG1
25	18 36.2	−2.0	3.2	unsicher; Schattenstrahlen stören. Erdschatten selbst wenig dunkel
	37.5	−2.3	4.0	
	18 36.9	−2.2	3.4	RG1

Tag	Zeit	$h_{\odot}$	Messung	Bemerkungen
1953				
Apr. 25	$18^h37^m.8$	$-2^\circ.4$	$3^\circ.8$	RG1
26	18 36.4	−2.1	4.4	
	37.4	−2.4	4.9	
	39.7	−2.9	8.9	: schlecht begrenzt
	18 36.9	−2.3	3.9	RG1
	37.7	−2.4	4.6	RG1
	39.9	−3.0	8.3	: RG1
30	6 54.5	−3.1	7.3	
	55.5	−2.8	5.9	
	56.3	−2.6	4.9	
	57.0	−2.5	4.7	
	58.3	−2.2	3.9	
	59.1	−2.0	3.2	
	59.8	−1.9	2.9	
	7 0.7	−1.7	2.4	
	1.4	−1.5	2.1	Begrenzung allgemein nicht gut
	2.3	−1.3	1.8	
	6 55.0	−3.0	6.0	RG1
	55.9	−2.7	4.7	RG1
	56.7	−2.6	4.2	RG1
	57.3	−2.5	4.7	RG1
	58.7	−2.1	3.3	RG1
	59.5	−1.9	2.5	RG1
	7 0.3	−1.7	2.2	RG1
	1.0	−1.6	2.2	RG1
	1.8	−1.4	2.0	RG1
	2.6	−1.2	1.9	RG1
	18 33.9	−2.2	3.4	
	34.8	−2.4	4.4	
	35.7	−2.6	4.7	
	36.6	−2.8	5.1	
	37.6	−3.0	5.7	
	38.5	−3.2	6.6	Begrenzung zunehmend diffus
	18 34.4	−2.3	3.4	RG1
	35.2	−2.5	4.0	RG1
	36.1	−2.7	4.8	RG1
	37.0	−2.9	4.9	RG1
	38.0	−3.1	5.7	RG1
	38.9	−3.3	6.5	RG1
Mai 1	6 55.7	−2.9	5.4	
	56.7	−2.6	4.6	
	57.8	−2.4	4.0	
	58.7	−2.2	3.2	
	6 56.1	−2.8	4.6	RG1
	57.3	−2.5	3.3	RG1
	58.2	−2.3	2.8	RG1
	59.1	−2.1	2.6	RG1
	18 35.8	−2.7	7.0	Erdschatten unscharf

Tag	Zeit	$h_{\odot}$	Messung	Bemerkungen
1953				
Mai 1	$18^h36^m.8$	$-2.^\circ 9$	$6.^\circ 6$	
	37.7	−3.1	7.1	
	18 36.1	−2.8	5.8	RG1
	37.2	−3.0	5.8	RG1
	38.0	−3.2	6.8	RG1
4	6 59.6	−2.2	4.0	
	7 0.8	−1.9	3.3	
	1.6	−1.7	3.0	
	2.3	−1.5	2.2	
	7 0.5	−2.0	3.2	RG1
	1.2	−1.8	2.4	RG1
	1.9	−1.6	2.3	RG1
	7 2.6	−1.5	2.0	RG1
6	18 27.9	−1.5	2.8	
	28.9	−1.7	3.1	
	29.6	−1.9	3.1	
	32.1	−2.4	3.9	
	33.2	−2.7	5.4	
	18 28.5	−1.7	2.4	RG1
	29.3	−1.8	2.5	RG1
	30.0	−2.0	2.9	RG1
	32.5	−2.5	4.6	RG1
	33.7	−2.9	5.1	RG1
22	18 23.7	−1.9	2.8	
	25.3	−2.3	4.0	
	26.8	−2.6	4.8	
	28.3	−2.9	5.4	ziemlich diffus
	18 24.6	−2.1	3.0	RG1
	26.0	−2.4	3.7	RG1
	27.4	−2.7	4.7	RG1
	28.9	−3.1	5.4	RG1
23	18 26.3	−2.6	4.5	
	28.1	−3.0	5.3	
	29.7	−3.4	7.1	
	18 27.3	−2.8	4.7	RG1
	29.0	−3.2	5.6	RG1
	30.5	−3.6	7.4	: RG1
24	18 20.1	−1.3	2.0	
	21.7	−1.6	2.1	
	23.2	−1.9	2.9	
	28.9	−3.2	6.7	ziemlich diffuse Grenze
	18 20.9	−1.5	1.9	RG1
	22.4	−1.8	2.4	RG1
	23.9	−2.1	2.7	RG1
	29.7	−3.4	6.7	RG1
26	18 27.8	−3.1	7.0	diffus, Wolken im W
	28.4	−3.2	6.7	RG1
28	7 4.1	−3.2	5.9	

Tag	Zeit	$h_\odot$	Messung	Bemerkungen
1953				
Mai 28	$7^h\ 5^m.3$	$-2^\circ.9$	$5^\circ.4$	
	6.1	−2.7	4.6	
	6.9	−2.5	4.4	
	8.0	−2.3	3.7	
	8.7	−2.2	3.0	
	9.3	−2.0	2.7	
	10.2	−1.8	2.3	
	7 4.8	−3.0	5.0	RG1
	5.7	−2.8	4.9	RG1
	6.5	−2.6	4.1	RG1
	7.7	−2.4	3.8	RG1
	8.3	−2.2	2.8	RG1
	9.0	−2.1	3.0	RG1
	9.7	−1.9	2.8	RG1
	10.5	−1.8	2.2	RG1
30	7 7.1	−2.7	4.5	
	8.6	−2.3	4.0	
	9.5	−2.1	3.6	
	10.4	−1.9	3.0	
	11.1	−1.8	2.6	
	7 7.5	−2.6	3.9	RG1
	9.1	−2.2	2.9	RG1
	9.9	−2.0	2.6	RG1
	10.7	−1.9	2.4	RG1
	11.4	−1.7	2.3	RG1
	18 21.3	−1.7	3.1	
	23.0	−2.1	3.2	
	29.1	−3.5	7.9	jetzt sehr diffus
	18 22.2	−1.9	2.7	RG1
	24.1	−2.4	3.1	RG1
31	7 5.8	−3.0	5.8	
	7.7	−2.6	4.8	
	8.8	−2.3	4.6	
	9.7	−2.2	3.4	
	10.5	−2.0	3.1	
	7 6.8	−2.8	4.6	RG1
	8.3	−2.4	4.4	RG1
	9.3	−2.2	3.9	RG1
	10.1	−2.0	2.9	RG1
	10.9	−1.9	3.0	RG1
	18 24.6	−2.5	4.4	
	26.5	−3.0	5.4	
	28.7	−3.4	6.7	
	18 25.5	−2.7	3.7	RG1
	27.7	−3.2	5.1	RG1
	29.7	−3.6	6.5	RG1
Jun. 1	7 6.2	−3.0	5.5	
	8.4	−2.5	4.4	

Tag	Zeit	$h_{\odot}$	Messung	Bemerkungen
1953				
Jun. 1	$7^h\ 9^m\!.5$	$-2\overset{\circ}{.}3$	$3\overset{\circ}{.}9$	
	7 7.3	−2.8	4.3	RG1
	8.9	−2.4	3.4	RG1
	10.0	−2.2	3.0	RG1
2	7 8.5	−2.6	5.1	
	9.7	−2.4	4.2	
	10.5	−2.2	3.3	
	11.2	−2.0	3.0	
	7 9.4	−2.4	3.8	RG1
	10.1	−2.3	3.1	RG1
	10.8	−2.1	2.5	RG1
	11.6	−1.9	2.3	RG1
	18 22.8	−2.2	3.4	
	25.2	−2.7	4.7	
	26.7	−3.0	5.8	
	28.4	−3.4	7.0	
	18 23.7	−2.3	3.0	RG1
	26.0	−2.9	4.4	RG1
	27.6	−3.2	5.4	RG1
	29.0	−3.5	6.3	RG1
3	7 5.3	−3.4	7.5	:
	6.5	−3.1	6.5	
	7.2	−3.0	6.1	
	8.2	−2.8	4.9	
	9.2	−2.6	4.7	
	10.4	−2.3	3.9	
	11.3	−2.1	2.9	
	12.0	−2.0	2.8	
	12.7	−1.8	2.5	
	7 5.8	−3.3	6.0	: RG1
	6.8	−3.1	5.5	RG1
	7.7	−2.9	5.1	RG1
	8.6	−2.7	4.4	RG1
	9.9	−2.4	3.7	RG1
	10.9	−2.2	2.8	RG1
	11.6	−2.0	2.4	RG1
	12.3	−1.9	2.2	RG1
	13.1	−1.7	1.9	RG1
	18 20.9	−1.8	2.4	
	22.5	−2.1	3.2	
	24.1	−2.4	3.4	
	25.7	−2.8	4.5	
	27.2	−3.1	5.5	
	18 21.7	−1.9	2.2	RG1
	23.3	−2.3	2.5	RG1
	24.9	−2.6	3.3	RG1
	26.5	−3.0	4.4	RG1
	28.0	−3.3	5.1	RG1

Tag	Zeit	$h_\odot$	Messung	Bemerkungen
1953				
Jun. 4	$7^h\ 6^m.3$	$-3^\circ.3$	$7^\circ.3$	Erdschatten während der ganzen Beobachtung merkwürdig blaß
	7.6	−3.0	5.6	
	8.9	−2.7	4.2	
	9.7	−2.5	3.9	
	10.5	−2.4	3.3	
	11.7	−2.1	3.0	
	12.6	−1.9	2.4	
	7 7.1	−3.1	5.4	RG1
	8.3	−2.8	4.2	RG1
	9.3	−2.6	3.4	RG1
	10.1	−2.4	3.2	RG1
	11.3	−2.2	2.5	RG1
	12.0	−2.0	2.7	RG1
	13.0	−1.8	2.0	RG1
	18 17.3	−1.0	1.0	
	19.4	−1.5	1.5	
	20.9	−1.8	2.3	
	22.7	−2.1	2.9	
	24.3	−2.5	3.8	
	27.1	−3.1	5.0	
	18 18.7	−1.3	1.2	RG1
	20.1	−1.6	1.7	RG1
	21.7	−1.9	2.2	RG1
	23.5	−2.3	2.7	RG1
	25.2	−2.7	3.5	RG1
	27.9	−3.3	4.9	RG1
19	18 24.4	−2.1	3.6	
	25.7	−2.4	3.8	
	26.8	−2.7	4.2	
	28.0	−3.0	5.5	von 18^h28^m ab diffus
	29.3	−3.2	6.6	
	18 25.2	−2.3	3.2	RG1
	26.2	−2.5	3.5	RG1
	27.4	−2.8	4.1	RG1
	28.6	−3.1	4.9	RG1
	30.1	−3.4	5.9	RG1
20	18 20.2	−1.2	1.3	
	21.7	−1.5	1.7	
	23.3	−1.9	2.3	
	29.7	−3.2	6.5	diffus
	18 21.0	−1.4	1.2	RG1
	22.6	−1.6	1.7	RG1
	24.1	−2.1	2.3	RG1
22	18 21.0	−1.3	1.6	
	23.1	−1.8	2.3	
	24.8	−2.1	3.4	
	26.7	−2.5	4.4	
	29.7	−3.2	5.4	

Tag	Zeit	$h_\odot$	Messung	Bemerkungen
1953				
Jun. 22	$18^h31^m.5$	$3^\circ.6$	$7^\circ.2$	
	32.5	−3.8	9.0	:
	18 22.1	−1.5	1.3	RG1
	23.9	1.9	2.2	RG1
	25.7	2.3	3.0	RG1
	27.5	2.7	3.9	RG1
	28.9	3.0	4.2	RG1
	30.7	−3.4	5.8	RG1
23	18 22.2	−1.5	2.7	
	24.0	−1.9	2.7	
	25.5	−2.3	3.3	
	28.0	−2.8	5.4	bereits zu diffus
	18 23.3	−1.8	2.1	RG1
	24.8	2.1	2.5	RG1
	26.3	2.5	3.3	RG1
	28.7	−3.0	5.1	RG1
25	18 22.8	−1.5	2.3	
	24.6	1.9	2.7	
	28.1	2.8	4.9	
	30.1	3.1	6.1	
	31.7	3.5	7.4	
	33.3	−3.8	9.8	:
	18 23.7	−1.7	1.8	RG1
	25.5	2.2	2.6	RG1
	29.1	2.9	4.9	RG1
	30.8	3.3	5.5	RG1
	32.5	−3.7	7.3	RG1
Jul. 1	18 29.7	−2.7	5.7	diffus und durch Dunst gestört
	32.0	−3.2	7.0	
	18 30.8	−3.0	4.9	RG1
	32.7	−3.4	6.2	RG1
2	7 14.0	−3.1	5.9	
	15.2	2.8	4.7	
	16.1	2.6	4.5	
	16.9	−2.4	3.9	
	7 14.7	−2.9	4.9	RG1
	15.7	2.7	4.2	RG1
	16.4	2.5	4.1	RG1
	17.2	−2.4	3.2	RG1
6	18 30.0	−2.4	4.3	
	31.6	2.8	4.9	
	33.4	3.1	5.6	
	35.2	3.5	6.7	
	36.7	3.8	9.3	:
	38.2	−4.1	14.5	:
	18 30.8	−2.6	4.2	RG1
	32.5	2.9	4.0	RG1
	34.3	3.3	5.3	RG1

Tag	Zeit	$h_{\odot}$	Messung	Bemerkungen
1953				
Jul. 6	$18^h36^m.0$	$-3°.7$	$7°.0$	: RG1
7	18 28.4	−2.0	2.7	
	30.5	−2.4	4.4	
	32.1	−2.8	5.0	
	33.7	−3.1	6.2	
	35.8	−3.6	8.5	:
	18 29.6	−2.2	2.7	RG1
	31.3	−2.6	3.3	RG1
	33.0	−3.0	4.9	RG1
	34.5	−3.3	5.6	RG1
8	18 31.1	−2.5	3.9	
	35.5	−3.5	7.2	
	18 31.9	−2.7	3.4	RG1
	36.0	−3.5	6.3	RG1
10	18 32.5	−2.7	4.8	
	34.2	−3.0	5.4	
	35.7	−3.3	6.5	
	37.2	−3.6	8.8	:
	18 33.5	−2.9	4.4	: RG1
	35.0	−3.2	5.6	RG1
	36.4	−3.5	5.9	RG1
11	18 33.3	−2.8	5.0	Erdschatten sehr diffus, kaum meßbar
	18 33.9	−2.9	4.9	RG1; im Rot schärfer begrenzt
14	18 29.7	−1.7	2.6	Erdschatten ziemlich diffus
	32.8	−2.4	3.9	
	34.6	−2.8	5.8	
	37.3	−3.4	6.5	
	18 30.4	−1.9	2.3	RG1
	33.8	−2.6	3.9	RG1
	35.5	−3.0	5.3	RG1

XI. Durchmesser der Circumsolaren Scheibe

651 Messungen

Tag	Zeit	⌀	$h_\odot$	Anmerkungen
	Beobachtungsort Farm Voigtland $\varphi = -22°35'$ H = 1890 m			
1952				
Juli 27	11h 0m.0	—	40°	CS größer als gestern
Aug. 8	13 0.0	—	51	Himmel tiefblau, CS sehr klein
12	10 6.0	—	34	kleiner Ci nahe, CS größer als an den Vortagen
21	13 19.0	—	55	CS sehr klein
22	12 49.0	—	56	CS äußerst klein
	13 36.0	—	54	eine CS ist kaum vorhanden
23	13 15.0	—	56	CS größer als gestern
28	12 0.0	—	55	CS erheblich größer als August 22
31	12 54.0	~ 2°.3	59	
Sep. 1	12 55.0	1.7	59	
	17 13.0	3.8	18	
3	12 36.0	2.6	60	
4	11 25.0	2.5	54	
5	7 21.0	~ 4.5	4	
	17 38.0	6.3	14	
6	7 50.5	5.5	11	
	11 30.0	3.8	55	
	13 7.0	4.3	61	
	17 44.0	5.3	12	
7	10 24.0	6.5	44	Hochdunst oder ganz leichter Ci
8	10 32.0	4.5	46	
	13 32.0	2.7	59	
9	12 19.0	2.7	62	
	17 22.0	3.5	18	
	17 53.0	6.0	11	
10	7 4.0	6.0	2	
11	7 32.0	6.5	8	
	12 54.0	4.0	63	
12	11 0.0	—	53	CS ist praktisch nicht vorhanden
	12 27.0	2.7	63	offenkundig durch Staub der untersten Schicht beeinflußt
	17 4.0	4.5	22	
13	12 23.0	3.4	63	zum Teil Plankton der unteren Schicht
14	12 17.0	2.5	63	
	12 20.0	1.2	63	
15	12 32.0	1.0	64	offensichtlich nur durch Staub der unteren Schicht bei lebhaftem W-Wind
16	12 24.0	3.5	64	
17	13 22.0	3.8	64	
18	12 48.0	8.0	66	
	18 1.0	10.0	10	
20	13: 0.0	8.5	66	
21	12 9.0	8.5	66	
22	13 29.0	9.0	66	
23	13 11.0	5.0	64	
25	10 10.0	1.0	47	schwach, tiefes Plankton

Tag	Zeit	⌀	$h_{\odot}$	Anmerkungen
1952				
Sept. 25	13ʰ14ᵐ0	—	67°	nicht meßbar, nur sehr lichtschwache
	17 9.0	3°2	22	Corona
	18 38.0	7.5	1	kurz vor ⊙ Untergang
26	13 22.0	1.2	69	
29	13 13.0	2.5	70	
	17 7.0	5.5	23	
30	11 29.0	3.6	64	
	13 25.0	2.5	70	schwach
	17 39.0	6.5	15	
	18 8.0	7.5	9	
Okt. 1	7 37.0	2.0	14	sehr schwach
	10 24.0	2.3	52	schwach
	11 10.0	3.6	61	deutlicher als vordem
	Beobachtungsort Farm Voigtsgrund $\varphi = -24°50'$ H = 1275 m			
Okt. 4	12 16.0	3.2	69	deutlich und gut begrenzt
	16 38.0	3.5	29	
	18 25.0	5.4	4	
5	6 45.0	4.7	3	
	12 30.0	3.0	70	
	15 48.0	4.0	49	
	17 37.0	6.5	16	
6	12 55.0	5.7	70	
	16 37.0	6.3	30	
9	10 51.0	5.0	58	
	12 54.0	4.8	72	
10	12 58.0	2.4	72	
	15 35.0	3.7	44	
	17 12.0	4.8	22	
	18 15.0	5.6	8	
11	9 25.0	—	41	nicht vorhanden
	13 4.0	—	72	nicht vorhanden
	15 28.0	5.6	45	
	17 42.0	5.0:	15	
14	9 30.0	8.0	44	
	10 57.0	7.0	61	
15	9 50.0	7.0	48	
	11 13.0	6.0	64	
	12 53.0	5.5	74	
16	9 29.0	7.0	43	
	12 51.0	5.5	74	
	16 11.0	6.7	37	
17	11 27.0	8.0	68	
	16 7.0	8.5	37	Rand etwas bräunlich
	18 13.0	17.0	9	
18	10 0.0	5.5	50	
	12 20.0	5.6	75	
	16 56.0	7.0	27	

Tag	Zeit	⌀	$h_\odot$	Anmerkungen
1952				
Okt. 18	18ʰ12ᵐ0	9°5	9°	
19	10 28.0	3.5	56	
	18 40.0	8.0	3	
21	10 0.0	6.5	51	
	11 53.0	4.7	73	
	17 9.0	8.5	24	
22	9 29.0	7.0	44	
24	9 56.0	4.0	50	
	10 52.0	4.3	62	
	16 6.0	6.5	39	
	17 5.0	8.0	25	
	18 27.0	12.5	7	
27	11 46.0	2.5	73	diffus
	12 55.0	2.7	79	
	15 30.0	3.5	47	
	16 15.0	5.5	37	
28	9 27.0	1.0	44	praktisch unsichtbar
	11 16.0	3.5	68	
	11 42.0	1.0	73	die Schwankungen offenbar lokaler Natur
	17 53.0	5.5	15	
29	12 10.0	1.5	78	Plankton
	15 22.0	3.7	49	
	18 12.0	5.0	10	
30	9 26.0	2.8	45	
	13 21.0	1.0	74	Plankton
	16 36.0	3.0	33	
Nov. 1	9 14.0	4.0	42	
	10 50.0	4.3	64	Plankton
	11 37.0	3.4	73	
	12 27.0	2.5	80	
2	8 54.0	7.5	38	
	9 56.0	8.0	52	
	11 1.0	6.5	66	
	12 29.0	6.7	80	
	13 11.0	6.0	77	
	17 15.0	10.0	24	
	18 27.0	15.0	8	
3	9 15.0	8.0	42	
	11 42.0	5.7	75	
4	9 13.0	4.6	42	
	12 9.0	3.7	79	
	12 52.0	3.2	80	
	15 24.0	4.7	49	
	17 15.0	4.5	24	
	18 7.0	7.0	12	
	18 45.0	9.0	4	
5	8 44.0	4.0	36	
	10 13.0	2.6	56	

Tag	Zeit	⌀	$h_{\odot}$	Anmerkungen
1952				
Nov. 5	$11^h 42^m.0$	1°.4	75°	Plankton
	12 22.0	1.6	80	Plankton
	12 57.0	1.8	80	
	15 16.0	6.0	51	Sandtreiben
	16 29.0	5.5	34	
	18 2.0	6.5	14	
6	8 38.0	3.5	35	diffus und schwach
	10 38.0	3.0	62	
	11 34.0	2.7	74	Plankton
	12 53.0	2.2	80	
	16 14.0	5.0	38	
	18 20.0	6.5	9	
7	9 53.0	4.2	51	
	10 32.0	3.6	60	
	12 15.0	3.0	81	
	12 56.0	3.0	80	
	15 37.0	5.0	46	
	17 18.0	5.7	24	
	18 47.0	8.0	3	
8	9 6.0	4.4	41	
	10 58.0	4.2	67	
	12 59.0	2.9	80	
	15 31.0	5.3	48	
	16 22.0	5.3	37	
	17 21.0	6.0	23	
9	11 6.0	3.2	68	
	12 26.0	4.6	82	
	13 2.0	4.5	80	
	15 16.0	5.4	51	
	16 37.0	5.5	33	diffus
	17 48.0	6.5	18	diffus
	18 32.0	9.0:	7	
10	9 16.0	5.0	44	
	12 57.0	2.8	81	
	16 35.0	6.0	34	
11	11 22.0	4.5	72	
	12 52.0	4.0	83	
	15 23.0	5.5	50	
	16 29.0	6.0	36	
12	9 24.0	6.5	45	
	12 59.0	6.0	81	
13	13 40.0	6.5	74	
14	10 4.0	5.0	55	
17	16 15.0	—	39	kaum vorhanden, nur ganz schwache Scheibe, nach Gewitter, diffus
18	9 5.0	—	41	nicht vorhanden, nur etwas tiefes Plankton

Tag	Zeit	⌀	$h_{\odot}$	Anmerkungen
1952				
Nov. 19	$9^h34^m.0$	—	48°	völlig abwesend, nur etwas niedriges [Plankton
20	9 55.0	2°.2	52	
	13 9.0	3.3	81	Plankton
	13 17.0	2.7	80	
21	11 5.0	~ 2.0	68	schwach und diffus
	16 27.0	3.0	37	schwach und diffus
22	11 51.0	3.7	79	
	13 0.0	3.0	83	diffus
23	15 49.0	—	46	nicht vorhanden, nur ganz leichte atmosphär. Corona
24	13 5.0	—	83	praktisch abwesend, leichter Schein, z. gr. [Tl. durch Plankton verursacht
	15 39.0	1.6	49	
	17 9.0	~ 3.5	28	schwach und diffus
25	10 27.0	3.0	60	
	11 30.0	3.2	74	
	12 57.0	3.7	84	
	15 44.0	4.6	47	
	17 8.0	4.0	28	
26	9 14.0	5.5	43	diffus
	11 22.0	4.0	72	diffus
	12 57.0	1.7	84	Plankton
	15 28.0	2.3	51	
	16 43.0	2.2	34	
	18 31.0	3.0	10	auffallend schwach und diffus für die [geringe Höhe!
	18 49.0	~ 6.5	6	
27	10 18.0	2.0	58	schwach und diffus
	13 3.0	1.6	83	gut begrenzt, etwas Plankton
	15 25.0	3.5	52	
	18 9.0	5.0	15	
28	9 52.0	5.7	52	Ci ?
	10 50.0	5.4	65	
	12 4.0	4.0	82	
	12 57.0	5.5	84	
29	11 43.0	5.5	77	zwischen Ci
30	16 29.0	5.5	38	
Dez. 2	10 14.0	1.8	57	
	12 22.0	1.6	85	schwach
	15 26.0	5.3	52	
	17 52.0	6.3	19	
3	9 54.0	7.0	52	
	10 48.0	7.0	65	
	12 19.0	7.0	84	
	15 10.0	6.5	56	
	16 44.0	7.0	35	
6	9 57.0	6.0	52	
	12 16.0	3.5	84	
	12 53.0	4.6	86	
	15 35.0	4.3	51	

Tag	Zeit	⌀	$h_\odot$	Anmerkungen
1952				
Dez. 6	$16^h 19^m.0$	6°.3	41°	
	17 48.0	7.0	21	
7	10 12.0	5.7	56	
	11 35.0	6.5	75	
	13 1.0	4.8	85	
	15 14.0	4.5	57	
	16 56.0	5.0	33	
8	9 32.0	7.0	47	
9	13 17.0	1.2	82	zwischen Ci
	15 27.0	3.3	52	
10	9 0.0	5.0	40	
	10 20.0	3.6	57	
	12 59.0	4.0	86	
	15 30.0	5.5	52	
11	9 56.0	6.0	52	
	13 2.0	4.5	85	
12	9 36.0	7.0	47	
13	9 45.0	5.5	50	
	11 47.0	5.5	77	
15	11 4.0	6.0	67	
	12 48.0	2.0	88	schwach, diffus, Plankton
16	11 4.0	4.0	67	
	12 53.0	4.5	88	
	16 1.0	6.0	46	
17	9 52.0	4.5	51	
	17 7.0	5.0	32	
18	10 1.0	5.0	53	
	11 54.0	4.5	78	
	13 23.0	5.0	82	
19	11 16.0	5.5	69	
	13 9.0	6.0	85	
	15 41.0	6.0	51	
	17 20.0	8.0	29	
20	9 11.0	8.0	41	
	12 40.0	5.5	88	
	16 28.0	6.0	40	
22	10 2.0	6.0	52	
23	9 53.0	4.5	50	
	13 0.0	3.3	87	
26	10 37.0	5.5	60	
	12 22.0	5.0	83	
	15 44.0	5.7	51	
27	10 7.0	4.5	52	
	13 0.0	3.5	88	
28	9 30.0	3.7	43	
	13 14.0	2.5	85	
	16 24.0	3.8	42	
	16 58.0	4.2	35	

Tag	Zeit	⌀	$h_\odot$	Anmerkungen
1952				
Dez. 28	18h28m0	6°5	15°	
30	9 28.0	3.6	42	
	11 13.0	2.8	67	
	13 15.0	3.0	85	ziemlich schwach und diffus
31	9 58.0	4.5	50	
	12 12.0	4.0	81	
	13 8.0	3.3	87	
	17 21.0	13.0!	30	Wind E 3, kein Sand in der Luft
	18 25.0	~12.0	15	
	18 58.0	~13.0	8	
1953				
Jan. 1	10 4.0	4.8	51	
	12 55.0	4.3	88	
	15 59.0	5.5	48	
	18 20.0	7.0	17	
2	12 28.0	4.2	83	
	17 18.0	6.5	30	
	Beobachtungsort Dornfontein $\varphi = -23°23'$ H = 1320 m			
8	12 41.0	6.0	87	
	15 3.0	6.5	61	
9	11 7.0	6.5	65	
	13 21.0	6.3	84	
	17 30.0	8.5	27	
10	9 12.0	6.5	39	
	11 31.0	6.0	71	
	14 15.0	5.3	72	
	19 28.0	8.0	2	
11	9 24.0	6.5	42	
	11 46.0	4.7	74	
	12 53.0	5.5	88	
	14 17.0	5.0	71	
	17 13.0	5.5	31	
12	10 14.0	8.0	53	
	14 4.0	7.0	74	
13	9 58.0	8.5	50	
14	14 23.0	6.5	70	
15	9 13.0	10.0	39	
	13 24.0	8.0	83	
	17 13.0	10.0	32	
16	11 12.0	9.0	66	
17	9 8.0	6.5	37	
	9 57.0	5.3	49	
	11 6.0	4.6	65	
	13 32.0	4.2	82	
	14 29.0	4.2	69	
	16 32.0	6.8	41	
18	9 27.0	8.0	41	

Tag	Zeit	⌀	$h_{\odot}$	Anmerkungen
1953				
Jan. 18	$10^h\ 9^m.0$	7°.5	51°	
20	11 0.0	9.0	63	
21	9 49.0	6.0	46	
22	11 29.0	1.5	69	schwach und diffus, kaum vorhanden!
	14 20.0	2.7	71	Plankton
	17 28.0	7.0	28	
23	10 20.0	6.0	53	
	12 27.0	5.0	81	
	13 13.0	5.4	84	
	14 30.0	5.5	68	
	17 23.0	8.0	29	
24	9 58.0	3.5	48	
	10 46.0	4.2	59	
	12 9.0	4.8	78	
	12 52.0	4.4	85	
	16 6.0	5.3	47	
	16 47.0	6.5	38	
25	9 46.0	5.0	47	
26	10 14.0	5.5	51	
	11 6.0	2.3	63	
	11 52.0	2.0	74	schwach und diffus
	13 18.0	3.5	84	
	14 24.0	4.0	70	Wolken nahe
	19 3.0	~ 7.0	6	
27	10 5.0	7.5	49	
	10 59.0	6.0	61	
	11 49.0	5.2	73	
	13 12.0	4.1	84	
	16 44.0	7.5	38	Cu nahe
28	11 11.0	5.0	65	Ci nahe
Feb. 3	—	—	—	soweit nicht Ci stört, schwach und diffus
8	10 15.0	2.7	50	
	13 47.0	~ 1.0	77	praktisch nicht vorhanden
	15 54.0	2.0	49	
9	9 33.0	3.0	40	
	10 59.0	3.5	60	
	14 16.0	5.5	71	
	17 27.0	6.0	28	
10	9 17.0	5.0	36	
	10 52.0	~ 2.0	58	schwach und diffus
	11 46.0	~ 1.5	70	sehr schwach
	12 36.0	—	79	nicht meßbar, schwach und diffus
	14 5.0	2.7	73	
	15 51.0	4.5	49	
11	10 27.0	~ 3.0	52	sehr schwach und diffus
	12 10.0	~ 1.7	75	
	14 24.0	2.6	69	
12	10 34.0	4.0	54	diffus

Tag	Zeit	⌀	$h_\odot$	Anmerkungen
1953				
Febr. 12	$13^h 12^m.0$	$3^\circ.0$	80°	
	14 22.0	9.5	70	
	16 37.0	4.7	39	
13	10 11.0	6.0	48	
14	14 38.0	3.0	65	
19	9 39.0	2.8	40	
22	17 26.0	5.5	26	sehr leichter Ci
23	14 7.0	2.6	70	
24	13 20.0	~ 2.5	75	geschätzt
	14 0.0	2.8	70	
26	13.10.0	1.7	75	schwach, diffus
	16 15.0	3.3	41	diffus
	16 59.0	4.0	31	
27	14 41.0	4.7	63	Dordabis 17°41′E —22°58′
28	17 10.0	5.2	29	Dordabis
März 1	9 45.0	6.2	42	Dordabis
2	9 23.0	5.2	36	Dordabis
	10 6.0	4.3	45	Dordabis
	13 45.0	~ 2.0	71	Dordabis. Sehr diffus und manchmal
	16 16.0	3.8	41	Dordabis [kaum als Scheibe zu bemerken
3	10 3.0	4.7	44	Windhoek Stadt
5	9 30.0	4.5	37	Windhoek Stadt
	14 5.0	3.8	68	Windhoek Stadt
	15 47.0	4.9	47	Windhoek Stadt
6	9 18.0	5.0	33	Windhoek Stadt
	11 10.0	4.3	58	Windhoek Stadt
	13 30.0	5.2	72	Windhoek Stadt, Staub und Wind
	15 48.0	6.2	47	Windhoek Stadt, Staub und Wind
7	9 56.0	4.7	42	Windhoek Stadt
	13 49.0	4.4	70	Windhoek Stadt
18	9 16.0	4.2	37	Kimberley, City, zwischen Sc [1]
	10 34.0	—	51	Kimberley, CS nicht wahrnehmbar [2]
	11 17.0	—	58	Kimberley, CS nicht wahrnehmbar [3]
	12 25.0	—	63	Kimberley, CS nicht wahrnehmbar [4]
19	9 50.0	2.4	43	Kimberley, City
21	12 58.0	4.0	60	Mazelspoort [5]
23	13 10.0	3.6	58	Mazelspoort [5]
25	16 12.0	—	34	CS nicht wahrnehmbar. Völlig wolkenlos [6]
28	10 2.0	2.4	40	Windhoek, Airport
	Beobachtungsort Bergweide $\varphi = -19^\circ 50'$ H = 1400 m			
Apr. 2	13 30.0	—	64	unmerklich
	16 30.0	2.2	33	etwas Plankton

[1]) 24°46′ E —28°43′

[2]) Carter's Ridge. Wind SE 3

[3]) Midlands, etwas Plankton, Wind SE 3

[4]) 6 miles südlich vom Stadtzentrum, etwas Plankton, Wind SE 3

[5]) Boyden Station of Harvard College Observatory 26°30' E —29°12′ H = 1379 m

[6]) Zwischen Upington und Keetmanshoop, bei Station Signalberg.

Tag	Zeit	⌀	$h_\odot$	Anmerkungen
1953				
Apr. 4	10h26m0	3°0	46°	0.3 Sc, Ci
6	11 54.0	—	60	sehr schwach und diffus; nicht meßbar, [wohl von sehr leichtem Ci veranlaßt
12	12 28.0	2.6	61	
13	10 25.0	1.6	44	Himmel tiefblau
	12 31.0	2.7	61	Plankton
	16 34.0	4.0	28	
20	12 30.0	3.5	59	diffus
	16 38.0	5.5	26	
21	9 41.0	~ 5.0	35	diffus, Himmel weißblau
22	9 47.0	4.0	36	diffus
23	13 1.0	2.5	57	
24	10 46.0	4.0	46	diffus
	14 17.0	3.5	51	diffus
25	10 0.0	~ 4.0	38	kaum begrenzt, Himmel blaßblau
	13 39.0	~ 4.0	55	diffus
	16 17.0	~ 4.0	29	Himmel um die Sonne weißlich
26	9 25.0	—	30	nicht meßbar, aber Himmel um die ⊙ [weißlich
29	9 18.0	4.5	29	
	12 0.0	4.5	54	
	17 8.0	7.5	17	
30	7 42.0	6.0	8	
	9 27.0	5.0	30	
	10 4.0	4.8	37	
	15 33.0	5.6	36	
	17 11.0	7.0	16	
Mai 1	9 36.0	3.6	30	
	10 51.0	2.5	45	
	12 23.0	2.3	55	
	13 7.0	2.8	55	
	15 16.0	3.6	39	
	17 9.0	6.0	17	
	18 7.0	8.0	4	
2	9 24.0	4.5	29	
	11 20.0	~ 3.0	50	sehr schwach und diffus, Plankton, Himmel gut blau
	12 58.0	4.5	55	
4	9 31.0	~ 4.0	31	ganz diffus, Himmel weithin weißlich
5	15 44.0	5.5	34	
	16 50.0	6.5	21	
6	10 12.0	3.5	37	diffus
	11 40.0	5.0	50	mäßig diffus
	12 28.0	5.5	54	
	17 28.0	~ 7.5	12	sehr diffus
7	10 19.0	4.3	39	
	12 19.0	3.3	53	
	17 11.0	5.0	16	diffus
8	10 51.0	3.5	44	diffus
9	10 13.0	3.4	38	diffus
	12 9.0	1.5	52	

Tag	Zeit	⌀	$h_{\odot}$	Anmerkungen
1953				
Mai 10	$9^h44^m.0$	5°.0	33°	
	12 19.0	4.3	53	
11	9 31.0	5.7	30	
	10 6.0	5.2	36	
12	10 2.0	4.5	35	ziemlich diffus
	10 52.0	4.5	43	
	12 14.0	4.2	52	ztw. Wolken
	13 18.0	5.0	52	
14	10 2.0	0.8	35	kaum vorhanden
	10 36.0	—	40	nicht feststellbar
	13 8.0	—	51	ebenso
	17 20.0	~ 2.0	13	sehr schwach, diffus
15	9 57.0	~ 2.5	33	schwach, diffus
17	9 52.0	~ 2.0	32	schwach, diffus
18	9 22.0	4.0	27	diffus
	13 27.0	~ 2.0	50	schwach und diffus, zwischen Wolken
19	10 24.0	~ 1.5	38	diffus
	11 44.0	3.0	48	
20	11 53.0	~ 2.0	49	diffus, Plankton
	16 50.0	4.5	19	diffus
21	9 50.0	~ 2.0	31	Plankton
	10 30.0	1.5	38	sehr schwach
	12 15.0	1.2	50	Plankton
	17 14.0	6.3	14	
22	9 52.0	4.3	32	
	13 9.0	2.3	49	schwach
23	9 3.0	4.5	22	diffus
	11 45.0	3.8	47	
	13 28.0	3.2	48	
24	9 51.0	3.0	31	
	12 49.0	3.5	49	etwas Plankton
	15 41.0	4.5	32	diffus
25	9 46.0	4.0	30	
26	9 42.0	3.5	29	diffus
28	10 1.0	~ 3.0	32	
	12 54.0	2.5	49	
	16 7.0	4.5	26	
30	9 24.0	4.5	25	
	11 55.0	3.8	47	
	13 13.0	4.0	48	
	16 48.0	6.5	19	
31	9 43.0	4.0	29	
	13 9.0	4.0	48	
	15 49.0	4.0	30	
	16 43.0	5.4	20	
Juni 1	9 47.0	2.7	30	
	13 31.0	3.5	47	
2	9 42.0	1.5	28	

Tag	Zeit	⌀	$h_{\odot}$	Anmerkungen
1953 Juni 2	$11^h48^m.0$	2°.0	46°	diffus
	13 11.0	2.0	48	
	16 9.0	3.5	26	
	16 45.0	5.0	20	
3	9 34.0	3.8	27	
	13 7.0	4.3	48	deutlich
	15 40.0	4.3	31	
4	9 44.0	2.0	28	schwach diffus
	13 22.0	3.0	47	
	16 0.0	3.6	27	
5	9 45.0	3.0	29	
	13 2.0	3.3	48	
	16 51.0	6.0	17	zwischen Wolken
6	9 32.0	3.5	26	
	12 0.0	3.5	46	
	12 58.0	3.5	48	
	15 39.0	5.5	31	
	17 30.0	5.5	9	
7	9 46.0	4.0	29	
	11 18.0	3.0	42	
	13 19.0	4.2	47	
	15 10.0	4.8	35	
8	9 59.0	4.2	31	
	10 38.0	3.5	37	
	11 45.0	2.5	45	
	12 19.0	3.7	47	etwas Plankton
	13 14.0	4.0	47	
	16 57.0	6.5	16	
9	9 45.0	4.5	28	
	12 53.0	3.6	47	
	16 41.0	4.5	19	
10	10 16.0	2.0	34	
	13 27.0	2.0	46	
	16 48.0	4.0	18	
11	10 2.0	4.0	31	starker Wind, etwas Staub
	10 45.0	2.3	38	
	13 4.0	2.2	47	
	16 21.0	3.6	23	
12	9 59.0	3.3	30	
	12 54.0	3.2	47	
	16 22.0	3.5	23	
13	9 46.0	2.0	28	schwach und diffus
	12 29.0	2.0	47	diffus
	13 16.0	2.5	47	diffus
	16 59.0	5.0	17	
14	10 2.0	2.3	31	schwach, diffus
	12 18.0	2.5	46	
	16 51.0	4.5	18	

Tag	Zeit	⌀	$h_{\odot}$	Anmerkungen
1953				
Juni 15	$10^h\ 2^m.0$	2°.5	31°	diffus
	11 13.0	1.8	41	
	13 4.0	4.0	47	
	16 45.0	5.0	19	
16	10 0.0	~ 2.0	30	sehr schwach und diffus
	11 44.0	1.0	44	kaum erkennbar
	14 28.0	3.0	41	
17	9 56.0	4.3	30	
	13 21.0	3.0	46	
18	10 1.0	3.8	30	
	13 3.0	3.0	47	
19	10 9.0	2.5	32	
	12 2.0	1.7	46	
	14 11.0	3.3	43	
	16 15.0	5.0	24	
20	10 10.0	2.2	32	
	11 34.0	2.4	43	
	12 25.0	3.3	47	
	13 22.0	2.0	46	
	16 18.0	4.5	24	
21	10 3.0	4.0	31	
	12 9.0	~ 1.0	46	kaum vorhanden, nur Plankton
22	10 7.0	3.0	31	am Horizont im NE noch Ci
23	10 2.0	~ 3.0	30	sehr diffus
	13 17.0	3.3	47	
	16 46.0	6.0	19	
24	9 49.0	4.3	28	
	12 26.0	2.2	47	schwach und diffus
	16 50.0	6.0	17	
25	10 20.0	5.0	33	
	12 17.0	3.5	46	
	16 20.0	5.5	24	
	16 52.0	6.0	18	
26	8 59.0	3.0	19	
	11 32.0	3.3	43	
	12 50.0	3.5	47	Plankton
29	11 29.0	3.0	42	in Okaukuejo 15°53′ E −19°11′
Juli 1	9 48.0	5.0	28	
	11 57.0	5.3	45	
	17 1.0	7.0	16	
2	17 59.0	7.0	6	
	9 20.0	6.0	21	
5	9 43.0	4.5	27	
	13 2.0	4.2	47	
	16 19.0	6.5	24	
	17 12.0	7.5	16	
6	9 54.0	4.2	29	
	13 29.0	4.5	47	

Tag	Zeit	⌀	$h_\odot$	Anmerkungen
1953				
Juli 6	16h41m.0	5°.4	20°	
7	10 46.0	3.7	37	
	12 28.0	2.4	47	
	13 12.0	3.5	47	
	16 6.0	6.0	27	
	16 48.0	6.5	18	
8	9 57.0	3.5	30	zwischen Ci
	12 19.0	3.4	47	Ci nahe
	17 0.0	5.7	16	
9	10 42.0	2.0	37	schwach und diffus
	13 38.0	4.3	46	
	16 29.0	4.6	22	
10	10 5.0	2.5	31	
	12 47.0	2.3	48	
	13 47.0	3.5	46	
	16 19.0	4.2	24	
11	13 25.0	4.0	48	
	16 26.0	5.0	24	
12	10 8.0	3.5	32	
	12 53.0	3.0	48	
	16 14.0	4.5	26	
13	10 50.0	5.5	38	
	12 57.0	4.5	48	
14	10 45.0	5.5	37	
	13 30.0	3.0	48	
16	9 0.0	5.0	19	diffus
	13 13.0	3.5	49	
	17 22.0	6.5	13	
17	10 27.0	5.5	26	
18	8 50.0	5.0	17	diffus
	17 35.0	7.0	10	
19	9 3.0	9.0	20	diffus
	12 34.0	5.5	49	einzelne kleine Sc
27	14 42.0	5.0	42	in Swakopmund 14°32′ E −22°40′
28	9 28.0	4.5	22	in Swakopmund diffus
	14 20.0	14.0	45	in Swakopmund Starker Südwind, Sand [in der Luft
29	13 50.0	5.5	47	in Swakopmund
30	12 50.0	6.5	49	in Swakopmund
31	13 30.0	6.0	48	14°25′ E −22°53′ 2 sm E von Pelican Pt.
Aug. 3	13 40.0	9.0	51	3° E −12° Von hier ab MZ Greenwich
4	13 43.0	8.0	55	0 − 9
6	14 16.0	9.0	59	7 W − 2
7	11 54.0	7.5	70	10 W + 1
15	12 14.0	9.0	70	14 W +31
18	9 48.0	5.5	41	10 W +43 bei Cap Finisterre
	12 37.0	4.5	58	9 W +44
	15 50.0	6.0	39	9 W +44

XII. Messungen der Höhe des Roten Segments während der Dämmerungs-Anomalie 1953 April bis Juni

Beobachtungen auf Farm Bergweide: $\lambda = 17°44'$ E $\varphi = -19°50'$ H = 1400 mm

81 Messungen

Tag	Zeit	h	$h_\odot$	Bemerkungen	H (km)
1953					
Apr. 20	$18^h 53^m.0$	7°.5	−5°.0		10.1
	18 55.2	5.0	−5.5		10.9
21	18 54.4	10.0	−5.6		14.0
	18 56.7	6.9	−6.1	Ganz scharf begrenzt	15.1
	18 59.0	4.8	−6.7		16.2
	19 0.8	3.8	−7.0		16.1
	19 3.1	3.1	−7.6		17.6
22	18 52.0	5.5	−5.2	schwacher Streifen bis 1° höher	10.1
	18 54.2	4.5	−5.7		11.3
	18 57.1	3.2	−6.4		12.7
	19 1.7	1.9	−7.4		14.0
25	18 58.2	2.3	−7.0		13.5
26	18 58.8	3.1	−7.3	Maximal, unregelmäßig	16.3
Mai 6	18 45.5	9.1	−5.5		13.2
	18 46.2	7.9	−5.7		13.7
	18 48.3	6.2	−6.1		14.6
	18 49.8	4.7	−6.5		15.2
	18 50.7	4.4	−6.7		15.6
	18 53.1	3.0	−7.2		15.6
	18 55.0	2.2	−7.7		16.1
	18 57.6	1.3	−8.2		15.5
7	18 45.5	8.5	−5.6		13.5
	18 46.5	6.7	−5.8		13.5
	18 47.3	6.6	−6.0		14.5
	18 47.7	5.8	−6.1		14.3
	18 48.3	5.4	−6.3		14.9
	18 49.8	4.4	−6.6		15.1
	18 51.2	3.5	−6.9		15.1
	18 52.9	2.4	−7.3	Weitere Beob. durch Wolken verh.	14.9
14	18 48.5	3.6	−6.9		15.4
	18 49.3	2.8	−7.1		14.8
	18 49.8	2.8	−7.2		15.3
	18 50.4	2.4	−7.3		14.9
	18 51.3	2.2	−7.5	Wolken beginnen zu stören	15.3
18	18 44.7	4.6	−6.4		14.5
	18 45.5	4.4	−6.6		15.1
	18 46.3	3.5	−6.7		14.7
	18 47.0	3.5	−6.9		15.2
	18 47.8	2.9	−7.1		15.0
19	18 45.3	4.4	−6.6		15.1
	18 46.1	4.0	−6.8		15.5
	18 48.0	3.3	−7.2		16.2
	18 49.8	1.7	−7.6	Mäßig scharf begrenzt	14.2
20	18 45.3	5.4	−6.6		16.4

Tag	Zeit	h	$h_\odot$	Bemerkungen	H (km)
1953 Mai 20	$18^h46^m.2$	5°.1	−6°.8		17.1
	18 48.1	3.7	−7.3	Grenze unscharf	17.3
	18 50.0	2.7	−7.7		17.3
21	18 41.5	8.1	−5.9	Grenze diffus	14.9
	18 43.7	5.6	−6.4	Grenze schärfer	15.6
	18 44.6	4.5	−6.6		15.2
	18 46.6	3.9	−7.0	ziemlich scharf	16.3
	18 47.5	3.3	−7.2	schärfer als gestern	16.2
	18 48.1	2.7	−7.3		15.5
	18 48.7	2.2	−7.5		15.3
	18 49.2	2.0	−7.6	Zuletzt wieder weniger scharf	15.0
	18 49.8	2.0	−7.7		15.4
22	18 41.3	7.6	−5.8		14.1
	18 41.9	6.8	−6.0	Grenze mäßig scharf, Übergangs-	14.6
	18 44.5	4.3	−6.5	zone etwa 0°.7 breit	14.6
	18 46.8	2.9	−7.1		15.0
23	18 43.2	5.3	−6.3		14.8
	18 45.3	3.8	−6.8		15.2
	18 46.3	2.9	−7.0		14.6
	18 48.7	2.1	−7.5		15.0
24	18 42.0	5.5	−6.1		14.0
	16 42.6	5.3	−6.2		14.3
	18 43.2	4.6	−6.3		14.1
	18 43.7	4.4	−6.4		14.2
	18 45.9	3.0	−6.9		14.4
	18 46.5	2.7	−7.1		14.7
	18 47.1	2.3	−7.2	Ziemlich scharfe Grenze	14.3
28	18 41.2	5.1	−6.0		13.3
	18 43.2	3.8	−6.5		13.9
	18 45.2	2.3	−6.9	Etwas durch Ci gestört	13.1
29	6 49.2	4.4	−6.5	Ci stört etwas	14.7
Jun. 2	6 50.6	4.4	−6.5		14.7
	6 51.9	6.0	−6.2		15.0
	6 52.7	6.8	−6.1	Begrenzung unscharf	15.1
	18 40.5	7.0	−6.0	Unscharf begrenzt	14.7
	18 43.0	4.4	−5.5	Schärfer	14.7
7	18 42.0	5.9	−6.3	Ganz unscharf	15.4

XIII. Meteorologische Anmerkungen zu den Beobachtungen

Beob.-Ort: Farm Voigtland $\varphi = -22°35'$ $H = 1890$ m

1952 Juli 26 9^h Klar, kein Dunst.

27 $7^h.1$ Schwache Dämmerungsstrahlen. — $7^h.3$ Leichte horizontale Streifen in ENE. — 10^h Ci am S- und W-Horizont. — Von 11^h ab einzelne Ci uncini vorüberziehend. — 17^h wolkenlos.

28 $6^h.7$ Wolkenlos, einige sehr schwache Dunststreifen in E.

29 $6^h.7$ Einige Dunststreifen tief in NE und E. — $11^h.9$ Himmel tiefblau, am Horizont nur wenig weißlich.

30 $7^h.0$ $0^{\circ}.8$ hohe Dunstbank in NE, darüber leichte Dunststreifen. — $17^h.3$ Ci am S-Horizont, maximal 8° hoch. — $18^h.5$ über Punkt des Sonnenuntergangs einige leichte Dunststreifen, kein Ci in dieser Gegend. Einige Ci sind bis ESE gezogen, maximal $6^{\circ}.5$ hoch. — $18^h.8$ Purpurlicht in SW mit starken Schattenstreifen.

31 $7^h.0$ Einige Ci am E- und S-Horizont. — Vorm. aufzugartige Ci-Bank in S, manchmal sehr schwache Ci in Zenitgegend, gegen Mittag Ci über den ganzen Himmel, nachm. bis auf Reste verschwindend. Temp.-Max. $+18^{\circ}.5$.

Aug. 1 $18^h.7$ Wolkenlos, kaum Dunst. Temp.-Min. $+2^{\circ}.1$ Max. $+19^{\circ}.0$.

2 $7^h.0$ Wolkenlos, nur sehr leichte Dunststreifen in NE. — $19^h.0$ Wolkenlos, kaum Dunst. $+1^{\circ}.7$ $+18^{\circ}.6$

3 $19^h.0$ Wolkenlos, kein Dunst. $+4^{\circ}.1$ $+20^{\circ}.0$.

4 $7^h.0$ Wolkenlos, kein Dunst. — $17^h.7$ ebenso. $+5^{\circ}.2$ $+19^{\circ}.1$.

5 $7^h.1$ Wolkenlos, leichte Dunststreifen in E bis 7° hoch erkennbar. — Tags wolkenlos, jedoch leichter Dunst vor fernen Gebirgen. — $18^h.7$ Schwache Dunststreifen, in W 5° hoch. $+5^{\circ}.6$ —.

6 $7^h.1$ Wolkenlos; in NE genau im math. Horizont eine scharfe Dunstgrenze. — $7^h.5$ Sehr schwache Dunststreifen nur über Sonnenort bis 6° Höhe erkennbar. — $7^h.7$ Sehr leichte Dunststreifen über Sonne bis 15° Höhe sichtbar. — $18^h.8$ Wolkenlos, ohne Dunst. $+6^{\circ}.4$ $+24^{\circ}.0$.

7 $7^h.2$ Wolkenlos; Dunst in NE $1^{\circ}.5$ hoch. — $17^h.7$ Wolkenlos, leichte Dunststreifen am Horizont. — $18^h.9$ Farbenprächtige Dämmerung mit Schattenstreifen auf der linken Seite. $+5^{\circ}.0$ $+23^{\circ}.5$.

8 $7^h.3$ Etwas Ci tief in N und NE; Dunststreifen am Horizont bis 6° hoch, horizontale Sicht jedoch gut. — 13^h Himmel tiefblau; leichter Schleier vor fernen Bergen; nur einige Ci tief in NNW. — $17^h.5$ Nur tief in NNW ein kleiner Ci; kaum Dunst. — In der Dämmerung Schattenstrahlen schwach angedeutet. $+4^{\circ}.5$ $+24^{\circ}.5$.

9 $7^h.2$ Wolkenlos, sehr leichter Schleier vor fernen Bergen. — 17^h Wolkenlos, etwas stärkerer Blauschleier vor Gebirgen. — $18^h.9$ Leichte Dunststreifen in der Dämmerung. $+7^{\circ}.0$ $+23^{\circ}.9$.

10 $7^h.3$ Wolkenlos, die fernen Otjisonjati-Berge sehr klar; schwache horizontale Dunststreifen in ENE bis $3^{\circ}.5$ hoch. — Abends, wie den ganzen Tag über, wolkenlos und sehr geringer Dunst. — $19^h.0$ Über Punkt des Sonnenuntergangs ganz leichte Horizontalstreifen. $+5^{\circ}.4$ $+22^{\circ}.5$.

11 $7^h.0$ Anfangs wolkenlos, ganz leichter Dunst; um 8^h einige isolierte Ci oder Ac tief in SW. $+3^{\circ}.9$ $+23^{\circ}.4$.

12 Morgens starke Ci-Bewölkung, keine Beob. möglich. — $18^h.5$ Alle Messungen dieses Abends zwischen Ci. $+6^{\circ}.6$ $+23^{\circ}.5$.

13 Wolkenlos, wenig Dunst. — $17^h.3$ Leichter Blauschleier vor den Bergen. $+4^{\circ}.4$ $+23^{\circ}.1$.

14 Wolkenlos, kaum Dunst. $+3^{\circ}.4$ $+22^{\circ}.2$.

Aug. 15 11^{h}—12^{h} Wolkenlos, verstärkter Dunst, Blauschleier vor den Bergen, Otjisonjati-Berge noch deutlich sichtbar; am Horizont ein bräunlicher Saum. — Nachm. Sc bis 4/10 aus WNW, erste Spuren gegen 13^{h}. — In der Abenddämmerung und der Gegendämmerung starke Schattenstreifen. — $18^{h}22^{m}$ In E Sc, tief in W einige Ci, Dunst. — Wenn ich schreibe „Dunst", so bedeutet dies hier immerhin eine Sichtweite von 30 bis 40 km. Die Otjisonjati-Berge (60 km) sind auch abends ohne Mühe zu sehen. $+4^{\circ}.0$ $+23^{\circ}.9$.

16 Vorm. wolkenlos, Dunst. — $13^{h}.6$ 1/10 Cu, Otjisonjati nur schwach zu sehen. — Nachm. zunehmende Cu- und Sc-Bewölkung, auch dünner Ci; in der Abenddämmerung kaum Messungen möglich. $+6^{\circ}.0$ $+24^{\circ}.9$.

17 7^{h} Kleine Sc rings am Horizont, in E dünner Ci erkennbar, Dunst. — $7^{h}.4$ Ac-ähnlicher Sc beginnt zu stören; Otjisonjati etwas besser zu sehen als gestern. — $11^{h}.6$ Wolken am Horizont, $<1/10$ Sc, Dunst. — $17^{h}.2$ Einzelne kleine Sc, in N Ci, Dunst. — $18^{h}.7$ Starke Dunststreifen am Horizont, schwächere über den ganzen Himmel. $+7^{\circ}.1$ $+23^{\circ}.8$.

18 11^{h} $<1/10$ Ac am Horizont, Dunst. — 17^{h} Otjisonjati kaum sichtbar. — $18^{h}.6$ Erdschatten wegen des Dunstes nicht meßbar. $+7^{\circ}.8$ $+24^{\circ}.1$.

19 Vorm. wolkenlos, Dunst. — 11^{h} und 14^{h} Otjisonjati gerade noch erkennbar. — 13^{h} kleine Cu. $+10^{\circ}.2$ $+24^{\circ}.0$.

20 Nachts und um 8^{h} stark bewölkt. — 10^{h} wolkenlos, Dunst vermindert, Otjisonjati besser zu sehen als gestern. — $18^{h}.2$ Sehr dünne kleine Ci, besonders in E und N bis fast zum Zenit. In NE über einer dichten Dunstbank Cu-Köpfe in langer Reihe, höchste Stelle $4^{\circ}.3$ über Horizont. — $18^{h}.3$ Dunst vermindert, aber noch starke Streifen am Horizont. $+9^{\circ}.1$ $+22^{\circ}.4$.

21 Wolkenlos, kein Dunst. — $10^{h}.5$ Dunstbank noch tief in NE sichtbar. $+4^{\circ}.4$ $+18^{\circ}.1$.

22 Wolkenlos, dunstlos, tiefblauer Himmel. Otjisonjati-Berge klar und dunkelblau. Dunstbank tief in NE. — $18^{h}.1$ Wolkenlos und völlig dunstfrei; Dunstbank in NE 3° hoch. $+3^{\circ}.1$ $+22^{\circ}.8$.

23 Viel dünner Ci. $+3^{\circ}.1$ $+23^{\circ}.8$.

24 Ci; keine Messungen. $+4^{\circ}.0$ $+24^{\circ}.1$.

25 Vorm. Ci, keine Messungen. — $13^{h}.6$ Etwas Dunst, einige Ci am Horizont. — $17^{h}.7$ Himmel nicht gut, mäßiger Dunst seit dem frühen Nachmittag; einige leichte Ci im W und S, E frei. Otjisonjati schwach sichtbar. Starker Wind aus W und Flugsand stören die Beob. — $18^{h}.6$ Erdschatten wegen des Dunstes nicht zuverlässig meßbar. $+3^{\circ}.1$ $+24^{\circ}.6$.

26 Nach klarer Nacht viel Ci, keine Messungen möglich; dunstfrei; Otjisonjati sehr gut sichtbar. — $18^{h}.6$ kein Dunst, Himmel fast überall mit dünnem Ci bedeckt. Es schien von Interesse, das Verhalten des Arago-Punktes unter diesen Umständen zu beobachten. $+6^{\circ}.0$ $+22^{\circ}.0$.

27 Nach heiteren letzten Nachtstunden vorm. wieder Ci; kein Dunst. — 18^{h} Ci im wesentlichen auf Horizont beschränkt, nur westlich des Zenits sehr dünne Schleier. — $18^{h}.7$ Erdschatten sehr unregelmäßig, wahrscheinlich infolge des in W und S am Horizont befindlichen dichten Ci. Schattenstrahlen auf der linken Seite des Segments. $-2^{\circ}.0$ $+23^{\circ}.0$.

28 Kein Dunst; nur wenige Ci, meist tief in S. — Mittags ebenso. — $18^{h}.9$ in SW Schattenstrahlen. $+2^{\circ}.9$ $+25^{\circ}.0$.

29 Wolkenlos bis auf kleine Ci in S; kein Dunst. $+2^{\circ}.3$ $+25^{\circ}.9$.

30 Wolkenlos, kaum Dunst. — 18^{h} wolkenlos, kein merklicher Dunst. $+6^{\circ}.4$ $+26^{\circ}.3$.

31 Wolkenlos, dunstfrei. $+6^{\circ}.5$ $+25^{\circ}.4$.

Sept. 1 Wolkenlos, dunstfrei. — $12^{h}.8$ Einige Ci tief in SW; Himmel tiefblau. — $17^{h}.7$ Ci-Aufzug erreicht die Sonne, Osten wolkenfrei. — $17^{h}.9$ Sonne wieder frei; Ci-Schollen ziehen zum N-Himmel, unter Sonne neue Bank. $+6^{\circ}.8$ $+24^{\circ}.0$.

2 Gegen Morgen und vorm. 8/10 Ci, keine Beob. möglich. — Gegen 16^{h} Ci stark vermindert; kein Dunst. $+2^{\circ}.6$ $+24^{\circ}.6$.

3 Wolkenlos, kein Dunst. — $19^{h}.0$ Tief in SW sehr schwache horizontale Dunststreifen; keine Schattenstrahlen im Dämmerungssegment. $+4^{\circ}.7$ $+26^{\circ}.3$.

4 Wolkenlos, sehr leichte Dunststreifen in ENE. — $18^{h}.2$ wolkenlos, ganz leichter Dunstschleier vor fernen Bergen. $+6^{\circ}.6$ $+26^{\circ}.5$.

5 Wolkenlos, kein Dunst. — $17^{h}.5$ Wolkenlos, ganz leichter Dunst. $+6^{\circ}.2$ $+28^{\circ}.2$.

6 Wolkenlos, leichter Schleier vor fernen Bergen. — $17^{h}.7$ Einige sehr kleine hohe Cu; Dunst etwas stärker, aber noch als schwach zu bezeichnen. — $18^{h}.8$ Ci tief in SW. $+6^{\circ}.3$ $+28^{\circ}.9$.

7 $6^{h}.6$ Fast überall dünner Ci, außerdem Bänke von Ac. Horizontalsicht relativ gut, Otjisonjati-Berge gut zu sehen, aber anscheinend Hochdunst. — $10^{h}.4$ Wolkenlos, aber Hochdunst oder ganz leichter Ci. — $18^{h}.3$ Isolierter Ci in NW. Dunst hat zugenommen, Otjisonjati unsichtbar, Dunstschwaden am Himmel. $+9^{\circ}.6$ $+27^{\circ}.5$.

8 $6^{h}.9$ Wolkenbank, Ci, in SW; Otjisonjati mäßig gut sichtbar; Himmel unrein, Hochdunst? — $13^{h}.5$ kaum Dunst, Ci zieht in NE ab. — $18^{h}.4$ Ziemlich viel Ci über den ganzen Himmel verteilt, jedoch keine größeren geschlossenen Felder bildend; wenig Dunst. $+9^{\circ}.6$ $+26^{\circ}.8$.

9 $6^{h}.9$ Einige Ci am Horizont, wenig Dunst, Otjisonjati gut sichtbar. — $17^{h}.3$ Wolkenlos, kaum Dunst. — $18^{h}.6$ Ganz leichte Dunststreifen über der Untergangsstelle der Sonne. $+7^{\circ}.3$ $+27^{\circ}.4$.

10 $6^{h}.7$ Wolkenlos, nur Spuren von Dunst am Hozizont. — $18^{h}.1$ Wolkenlos, kein Dunst. $+8^{\circ}.5$ $+28^{\circ}.5$.

11 $7^{h}.3$ Ci-Bank von S bis W, etwas Dunst. — $18^{h}.0$ Wolkenlos, kaum noch Dunst. $+8^{\circ}.9$ $+27^{\circ}.7$.

12 11^{h} Ein kleiner Ci sehr tief in S; kein Dunst. — Extrem klarer Tag! $+5^{\circ}.8$ $+28^{\circ}.0$.

13 Wolkenlos, kein Dunst. — $18^{h}.5$ Wolkenlos, Dunstbank in N aufsteigend, jetzt 3° hoch reichend. $+6^{\circ}.5$: $+28^{\circ}.0$.

14 Wolkenlos, kein Dunst; die Dunstbank in N unverändert. — $18^{h}.5$ Dünner Ci über weite Teile des Himmels. In NE eine 9° hohe dichte Dunstbank, an deren oberem Rande sich kleine Cu-artige Kondensationen bilden. Horizontalsicht auch nach NE unverändert gut. — $18^{h}.8$ Die Dunstbank in NE steigt langsam höher: Rand 11°, einzelne Schwaden darüber. $+8^{\circ}.1$ $+28^{\circ}.5$.

15 Wolkenlos, dunstfrei; tief in NE die Dunstbank. — $18^{h}.6$ Wolkenlos, kein Dunst. Die Bank in NNE nur noch $0^{\circ}.5$ hoch. Kalter SE-Wind. $+4^{\circ}.9$ $+23^{\circ}.6$.

16 Wolkenlos, kein Dunst. $+1^{\circ}.7$ $+23^{\circ}.5$.

17 Wolkenlos, gegen Mittag isolierter Ci, kein Dunst. — $18^{h}.9$ Einige Schönwetter-Ci. Starke Schattenstrahlen in der Gegendämmerung über dem Erdschatten; Ci tief in W. $+3^{\circ}.0$ $+24^{\circ}.7$.

18 Schönwetter-Cu aus W in wechselnder, meist geringer Anzahl, Dunst, Otjisonjati schwach zu sehen. — 18^{h} Nur wenige Ci, Dunst vermindert, Otjisonjati leicht verschleiert. — $18^{h}.8$ Schattenstreifen. $+4^{\circ}.0$ $+26^{\circ}.0$.

19 Nach klarer Nacht viel Ci; leichter Blauschleier, Otjisonjati gut sichtbar. — Nachm. Abnahme des Ci, gegen Abend nur etwas Ac in SW. Blauschleier vor den Bergen; anscheinend aber Hochdunst. $+4^{\circ}.4$ $+26^{\circ}.0$.

Sept. 20 Vorm. wolkenlos, mittags Schönwetter-Cu <1/10 aus W, nachm. bis zu 2/10 Cu; wenig Dunst. — $13^{h}.3$ Leichter Blauschleier vor der Landschaft, Otjisonjati gut sichtbar. Offenbar Fortbestehen des Hochdunstes. +5°.9 +27°.0.

21 Lage zunächst unverändert; Blauschleier stärker als gestern. — Von 13^{h} ab wechselnde Bewölkung, Cu und Ac lent. — Abends dichte Sc-Bewölkung mit Lücken, später Besserung, doch während der ganzen Nacht wechselnd. +5°.9 +27°.0.

22 Wechselnde schwache Bewölkung, am Mittag auch Cu congestus in S. Gebirge verschleiert, Otjisonjati schwach zu sehen. Heftiger NW-Wind, Staub. +8°.5 +27°.8.

23 Raschwechselnde Bewölkung. Nachts Wetterleuchten. 10^{h}—11^{h} Gewitter aus W, schwacher Regen. Otjisonjati gerade noch sichtbar. +10°.4 —.

24 Nachts nur einige kleine Wolken; vorm. wechselnd, meist stark bewölkt, Wolken sehr verschiedener Schichten. Wenig Dunst, Otjisonjati gut sichtbar. — $18^{h}.5$ 1/10 Ac in E, kaum Dunst. Erdschatten wegen Wolken nicht meßbar. +9°.9 +24°.4.

25 Wolkenlos, dunstfrei, äußerst klare Fernsicht. —1°.7 +24°.1.

26 Vorm. etwas Ci, kein Dunst. +1°.0 +21°.5.

27 Etwas Ci in S. +7° +28°.

28 Ci in S. +6°.5 +29°.

29 Ci in S, wenig Dunst, vorm. Dunstbank tief in NE. +6°.3 +28°.8.

30 $6^{h}.2$ Wolkenlos, kaum Spuren von Dunst. +8°.0 +28°.5.

Okt. 1 $6^{h}.8$ Ci-Bank 0°.5 hoch in NE, kaum Dunst, Otjisonjati sehr gut zu sehen. — $14^{h}.2$ Ac lent und etwas Dunststreifen. +7°.2 +29°.3.

2 $18^{h}.7$ 7/10 bewölkt, Ac, St, etwas Ci. Wenig Dunst. +9°.5 —.

Beob.-Ort: Farm Voigtsgrund $\varphi = -24°50'$ H = 1275 m

Okt. 4 Tags wolkenlos, kaum Dunst. — $18^{h}.7$ Ac am Horizont außer in E, in W nur wenig. Einige schwache Dunststreifen in NE. +8° +25°.

5 $6^{h}.1$ Wolkenlos, sehr schwache Dunststreifen in E. +10° +32°.

6 $6^{h}.5$ <1/10 Ci, leichter Dunst am Horizont. — $18^{h}.5$ Am W-Himmel 4/10 Sc, die später bis über das Zenit nach E reichen. +11° +36°.

7 +17° +34°.

8 +17° +32°.

9 $6^{h}.2$ Wenig Ac tief zwischen E und N, Dunst am Horizont. — $18^{h}.6$ Wolkenlos, Dunst am Horizont. +14° +34°.

10 Wolkenstreifen tief in NE, wenig Dunst. — $18^{h}.0$ Wolken tief in E und NE, bis 2° hoch; in E wenig Dunst. Von W steigen sehr leichte Schwaden auf, unentschieden ob Ci oder Dunst. — $18^{h}.8$ Die Schwaden reichen bis fast zum Zenit. +9° +30°.

11 Wolkenlos; vorm. völlig dunstfrei, nachm. sehr leichter Hochdunst. — $19^{h}.2$ Über dem W-Horizont leichte Dunststreifen. +11° +32°.

12 Morgens aufkommender Ci aus N, wenig Dunst. Tags stark cirrös, gegen Abend verschwindet der Ci. — $18^{h}.8$ Ci-Bank in E, 3°.5 hoch, wenig Dunst. +11° +29°.

13 Aufkommender Ci und später tiefere Bewölkung, nachm. Ferngewitter. +11° +33°.

Okt. 14 Wechselnd bewölkt, Ci, Cc. Nach vorwiegend trüber Nacht vielfach heiter. Nachm. stärker bewölkt, abends Wetterleuchten. +13° +34°.

15 Wolkenlos, etwas Dunst. +19° +33°.

16 Nach trüber Nacht heiter mit Ci und Ac in Horizontnähe. +19° +33°.

17 Vorm. nur in S und SE etwas Ci. — $18\overset{h}{.}6$ 1/10 Ci und Ac. +19° +32°.

18 Vorm. wolkenlos. — $18\overset{h}{.}1$ Nur tief in S etwas Ci. +20° +34°.

19 +21° +34°.

20 +18° +26°.

21 +14° +34°.

22 Nur vorm. heiter, dann stark wolkig, nachm. Gewitter. +19° +34°.

23 Fast sonnenlos, zeitw. Regen; keine Messungen. +20° +28°.

24 Morgens Aufheiterung, kalt, Rückseitenwetter. — $17\overset{h}{.}9$ Fast wolkenlos, nur in N und NW am Horizont Cu; in SW Dunststreifen. +14° +24°.

25 +13° +28°.

26 +16° +30°.

27 $11\overset{h}{.}9$ Einige Schönwetter-Cu in N, wenig Dunst. — $18\overset{h}{.}4$ Einige kleine Cu tief in E, wenig Dunst. +15° +35°.

28 Vorm. wolkenlos. — $17\overset{h}{.}9$ Wolkenlos, kein Dunst. — $19\overset{h}{.}1$ Erdschatten durch Schattenstreifen entstellt. +14° +34°.

29 Wolkenlos, kein Dunst. +13° +34°.

30 Vorm. etwas Ci in S. — $18\overset{h}{.}0$ Ci tief in S und SW, Wolkenbank tief in NE. — $19\overset{h}{.}0$ 20° rechts vom Sonnengegenpunkt ist ein blaugraues Schattensegment zu sehen, offenbar durch die im SW am Horizont sichtbaren Wolkenfelder veranlaßt. +13° +34°.

31 Vom Morgen an stark bewölkt, gegen $17\overset{h}{.}0$ teilweise Aufheiterung. +15° +32°.

Nov. 1 Nachm. stark bewölkt, schwaches Gewitter und Regen. +19° +31°.

2 Morgens Aufheiterung nach vorwiegend bewölkter Nacht. +15° +32°.

3 $5\overset{h}{.}5$ Wolkenlos, Dunststreifen am Horizont in SE, Schattenstrahlen; nachm. Ci. — $19\overset{h}{.}2$ Am E-Himmel geschlossenes Ci-Feld. +17° +34°.

4 Um Sonnenaufgang viel Ci, später verschwindend und sich auf Stellen am Horizont beschränkend. — Um Sonnenuntergang etwas Ac im NE-Quadranten am Horizont. — $18\overset{h}{.}2$ In W und SW einige Dunststreifen. — $18\overset{h}{.}9$ Erdschatten durch Ci gestört. +16° +33°.

5 $5\overset{h}{.}5$ Einige kleine Ac tief in SE, sonst wolkenlos. — $5\overset{h}{.}7$ Schattenstrahlen in E. — 13^{h} Starker Wind, Sandtreiben. — 18^{h} Ci am Horizont im SW-Quadranten. — $19\overset{h}{.}2$ Erdschatten durch Schattenstrahlen stark deformiert. +14° +34°.

6 5^{h} Wolkenlos. — $6\overset{h}{.}0$ Sehr leichte Dunststreifen dicht über Sonnenort. — 19^{h} Cu-Bank sehr tief in NE, sonst wolkenlos, kaum Dunst. +14° +34°.

7 $5\overset{h}{.}3$ Wolkenlos. — $5\overset{h}{.}6$ Tief am W- und N-Horizont Cu. — $18\overset{h}{.}1$ Völlig wolkenlos, keine Anzeichen von Dunst. +16° +34°.

8 Wolkenlos, kein Dunst erkennbar. +19° +35°.

9 Wolkenlos über den ganzen Tag. +18° +36°.

10 $18\overset{h}{.}7$ Tief in N und NE Cu, sonst wolkenlos. +19° +36°.

11 +22° +37°.

12 +19° +36°.

13 +19° +32°.

14 +16° +30°.

15 +18° +29°.

16 +14° +29°.

17 +11° +26°.

Nov. 18 Wolkenlos, nur tief in E etwas Cu, kein Dunst. — Nachm. Staubsturm. +12° +29°.

19 +11° +29°.

20 Tief in NE Cu, sonst wolkenlos. +12° +31°.

21 Gegen Morgen Ci-Aufzug aus W. Vorm. viel Ci, der jedoch nach 10^{h} abzuziehen beginnt. +14° +31°.

22 Vorm. wolkenlos, gegen 11^{h} sehr kleine Cu am Horizont. +16° +32°.

23 Vorm. Regen, gegen 15^{h} Aufheiterung. Gegen Abend Ferngewitter und Regen. +12° +22°.

24 Morgens wechselnd, mittags halbbedeckt, gegen $17^{h}.5$ stärkere Bewölkung. +11° +29°.

25 Nachts wechselnd bewölkt, gegen Morgen Aufheiterung, nachm. fast wolkenlos, gegen Abend Ci aus W. — $18^{h}.4$ 4/10 dünne Schönwetter-Ci. — $19^{h}.2$ Zenitgegend frei, nur tief in W und höher in NW stärkere Bewölkung, aber kein geschlossener Aufzug. +12° +27°.

26 Den ganzen Tag über wolkenlos, kaum Dunst. +14° +31°.

27 Wolkenloser Tag. +13° +31°.

28 3^{h} Ci tief in NW, vorm. etwas leichter Ci, nachm. mehr Ci. +12° +33°.

29 +15° +34°.

30 +16° +32°.

Dez. 1 Ci, Ac und Cu, abnehmende Bewölkung. — $18^{h}52^{m}$ Cu, Ac und Ci in E bis 8° Höhe. +14° +35°.

2 6^{h} Fast wolkenlos. — 10^{h} Wolkenlos, sehr klar, SE-Wind. +10° +33°.

3 $5^{h}.7$ Wolkenlos. +20° +33°.

4 Wechselnd bewölkt. +20° +34°.

5 Tags Abnahme der Bewölkung. +21° +33°.

6 Wolkenlos. +21° +34°.

7 $5^{h}.4$ Wolkenlos. — $5^{h}.8$ Leichte Dunststreifen tief in SE über Aufgangsort der Sonne. — $19^{h}.3$ Einzelne Ci, in E ziemlich dicht. +21° +34°.

8 $18^{h}.8$ Am E-Himmel Cu, Ac und Ci. — $19^{h}.1$ Im W bis etwa 14° Höhe Ac lent und Ci. — $19^{h}.3$ Wolken am W-Horizont bis 12° Höhe. +20° +34°.

9 Viel Ci, erst am Nachmittag Besserung, vor Einbruch der Nacht aber heiter. +17° +28°.

10 Wolkenloser Tag. +18° —.

11 Nachm. Gewitter. — +31°.

12 Nachm. Gewitter. +16° +31°.

13 +17° +31°.

14 +18° +32°.

15 Nachm. Sandsturm. +18° —.

16 — +33°.

17 Wolkenlos. +16° +30°.

18 Nachm. Cu-Bewölkung. +16° +32°.

19 +17° +29°.

20 +18° +33°.

21 +24° +34°.

22 +21° +34°.

23 +22° +33°.

24 +21° +30°.

25 +22° +34°.

26 +21° +34°.

27 +22° +36°.

28 +24° +30°.

	Dez.	29	$+19^{\circ}$ —.
		30	$19^{h}.0$ Teilweise bewölkt, Ac.
		31	$18^{h}.5$ Merklicher Dunst. Wolkenlos außer einigen Cu cast tief in E.
1953	Jan.	1	$18^{h}.6$ Cu tief am Horizont von SW über W und N bis NE, sonst wolkenlos; weniger Dunst als gestern.

Beob.-Ort: Farm Dornfontein $\varphi = -23^{\circ}23'$ H = 1320 m

1953	Jan.	9	$19^{h}.2$ Einige Sc hoch in NW, sonst nur tief am Horizont, besonders in E.
		10	$19^{h}.4$ Cu und Sc vesp nur am Horizont zwischen SW und NW.
		17	Tags nur Schönwetter-Cu, um Sonnenuntergang aufgetürmte Cu nur tief am Horizont. — $19^{h}.2$ Cu in ENE $4^{\circ}.8$ hoch, in W Fractocu bis 14° hoch.
		18	Vorm. sehr dünner Ci wahrscheinlich über den ganzen Himmel.
		22	$18^{h}.7$ Wolkenlos, wenig Dunst.
		23	Absolut wolkenloser Tag, wenig Dunst.
		26	$19^{h}.0$ Nur am tiefen NE-Himmel Fractocu. — $19^{h}.7$ Erdschatten nicht meßbar, da Sc vesp in dieser Gegend.
		29	$19^{h}.4$ 7/10 Ci und Cs, vor allem am W- und S-Himmel.
	Feb.	6	$19^{h}.8$ Cu und Sc am Horizont, Ci in Zenitgegend.
		8	Sehr klar, Wolken nur am Horizont, nach Abschluß einer Monsunperiode.
		9	$19^{h}.1$ Cu und Sc vesp nur am Horizont ringsum, bes. in SE. — $19^{h}.5$ Schattenstrahlen in der Gegendämmerung. — $19^{h}.7$ Sehr starke Schattenstrahlen in E rechts vom Sonnengegenpunkt.
		10	Nach stark bewölkter Nacht Aufheiterung, vorm. wolkenlos. — $18^{h}.6$ Sc, kleine Formen, am S- und SW-Himmel, Osthimmel ganz frei. — $19^{h}.8$ Wolken nur in SW bis SE, 20° hoch.
		22	Nachm. vielfach sehr schwacher Ci. — $18^{h}.2$ Kaum wahrnehmbarer Ci in der Zenitgegend. — Während der Messung $18^{h}41^{m}$ versank die Sonne hinter einer Gewitterwand. — $18^{h}.9$ Sehr leichter Ci überdeckt die Meßstelle; Sonne im W hinter Gewitterbank. — $19^{h}.6$ Im W eine 12° hohe Gewitterwand.

Beob.-Ort: Farm Bergweide $\varphi = -19^{\circ}50'$ H $\sim$ 1400 m

	April	3	Erste Wahrnehmung der abnormen Hochtrübung, die gesondert bearbeitet ist.
		6	$18^{h}.0$ Cu und Sc am Horizont, darüber etwas isolierter Ci und Amboß-Ci.
		10	$18^{h}.4$ Wolkenlos.
		13	Am ganzen Tag wolkenlos bis auf Ci-Bank tief in NE.
		17	$18^{h}.3$ 2/10 Ac über den Himmel verteilt, Meßstellen wolkenfrei.
		21	$17^{h}.9$ Cu und Ac $<1/10$ am Horizont; leichter Dunst vor den Bergen.
		22	Himmel mittags tiefblau. — Abendmessungen z. T. durch Wolken gestört.
		24	$18^{h}.2$ Wolken, $<1/10$ Ci und Ac, nur am Horizont.
		25	10^{h} Himmel blaßblau; am tieferen NE-Himmel lange, sehr diffuse Streifen (Dunst oder Ci ?), die auf einen Horizontalknoten in E weisen. — $16^{h}.3$ Himmel um die Sonne weißlich. — $18^{h}.0$ Wolkenlos.
		29	$17^{h}.7$ Nur in E etwas Sc.
		30	Morgens wolkenlos, wenig Dunst. — $18^{h}.0$ Am W-Himmel diffuse Streifen, Ci oder Dunst ? — $18^{h}.5$ In W bis 5° Höhe dunkle Dunststreifen.
	Mai	1	$17^{h}.0$ Nur tief in W kleine Cu. — $17^{h}.8$ In E und SE einige Dunststreifen bis $1^{\circ}.6$ hoch. — $18^{h}.5$ In SE eine Dunstbank.
		2	$17^{h}.5$ Noch einige Sc-Bewölkung, besonders in W.
		4	$7^{h}.3$ Einige Wolken ringsum am Horizont. Die Nacht war teilweise bewölkt und wärmer als die vorausgegangene. Temp. um 7^{h} $+11^{\circ}$ gegen normal 7—8°. — $17^{h}.6$ Osthimmel frei, nur am Horizont einige Cu; Westhimmel zur Hälfte von Cu bedeckt. — $18^{h}.4$ Vor den Bergen kaum Dunst; Himmel war am Tage gut blau.

Mai 5 $6^h.7$ 1/10 Sc über den Himmel verteilt. — $7^h.5$ W-Himmel, außer am Horizont, wolkenfrei; E-Himmel dauernd gestört.

6 $6^h.9$ Wolkenlos.

7 $17^h.0$ Am E-Himmel stören einige Wolken.

8 Morgens Ac-Decke mit geringen Lücken.

10 Nachm. und abends bewölkt.

14 $10^h.1$ Kein Dunst, Otavi-Berge dunkelblau. — $18^h.2$ Etwa 3/10 Sc, aber E-Himmel frei.

15 $10^h.1$ Sehr klar, kein Dunst.

19 Die Messungen 17^h48^m und 17^h52^m durch Wolken gestört.

22 $18^h.2$ Wolkenlos, kein Dunst.

23 Wolkenlos, kein Dunst.

24 Wolkenlos, sehr leichter Blauschleier.

25 Vorm. anfangs wolkenlos, zunehmende Bewölkung, nachm. stark bewölkt, Dunstschleier vor Gebirge.

26 $17^h.4$ 2/10 Sc und Cu, wenig Dunst.

28 Morgens wolkenlos, kaum Dunst. — $17^h.8$ Ci am tieferen W- und SW-Himmel, Dunst etwas verstärkt. — $18^h.4$ Erdschatten sehr unscharf.

29 $7^h.0$ Schwacher Ci über den ganzen Himmel, wenig Dunst.

30 $17^h.5$ Wolkenlos, leichter Schleier vor den Bergen.

31 $17^h.9$ Wolkenlos, leichter Schleier vor den Bergen.

Juni 1 $6^h.9$ Wolkenlos, in SE über dem Sandfeld eine niedrige, scharf begrenzte Dunstbank. — $17^h.8$ Einige Ci, besonders in W.

3 $7^h.0$ Wolkenlos; Dunstbank tief über dem Sandfeld, Berge dunkel.

4 $6^h.9$ Wolkenlos, kein Dunst.

5 $17^h.9$ 5/10 Sc über den ganzen Himmel.

13 Verstärkter Blauschleier vor den Bergen, Aufhören des Ostwindes, warm, wolkenlos.

20 Nachm. etwas Ci tief in SSW, sonst wolkenlos.

21 Von Mittag ab dünner Ci aus W, den größten Teil des Himmels wechselnd bedeckend.

22 $18^h.7$ In W bis $2^\circ.7$ Höhe horizontale Streifen, Rauch?

23 Wolkenlos, Landschaft leicht verschleiert, Himmel am Horizont etwas bräunlich, Rauch?

24 Wolkenlos, Schleier gering.

Juli 1 Dunst; Temp. bei Sonnenaufgang $+4^\circ$. — $17^h.6$ Dunstschleier, Dunstbank am Horizont. — $18^h.2$ In SW bis $8^\circ.8$ Höhe Ci. — $18^h.4$ Dunststreifen über Sonnenort.

2 $7^h.0$ Dunstbank niedriger als gestern Abend; wolkenlos. Strahlenfächer in E. — $7^h.9$ Dunstschleier erheblich geringer als am Vorabend. — Am Spätnachmittag kam Ci auf, der weitere Beobachtungen verhinderte.

3 Wegen Ci und Cs tags keine Beobachtungen möglich.

4 $18^h.5$ Der tagsüber störende dünne Ci ist nur noch am Horizont im SE-Quadranten zu sehen. Ziemlich starker Dunstschleier vor den Bergen, Dunststreifen über Sonnenort am Horizont.

5 In der Morgendämmerung starke horizontparallele Dunststreifen. — $17^h.8$ Dunstschleier vor den Bergen; tief in SSW etwas Ci, sonst wolkenlos. — $18^h.6$ Der Dunst war gegen Abend schwächer geworden.

6 Wolkenlos, Dunst stark vermindert. — $17^h.5$ Wolkenlos, fast kein Dunst.

7 18^h Wolkenlos, wenig Dunst. — $18^h.4$ Einige Dunststreifen in W. — $18^h.7$ Starke Schattenstreifen von WSW über den S-Himmel.

Juli 8 Vorm. leichter Ci. — $17^h.0$ Ci ist nachmittags verschwunden. — $18^h.0$ Sehr leichter Dunstschleier. — $18^h.7$ Sehr schwache Dunststreifen tief in W.

9 Vorm. wolkenlos, leichter Blauschleier vor den Bergen. — $17^h.6$ Wolkenlos, leichter Dunst.

10 Leichter Blauschleier vor den Bergen; wolkenlos. Abends in W nur sehr geringe Dunststreifen.

11 Vorm. wolkenlos, ziemlich starker Dunst vor den Bergen. — $17^h.2$ Wolkenlos, leichter bis mäßiger Schleier vor den Bergen. — $18^h.5$ Dunststreifen in W erheblich stärker als gestern.

12 $17^h.5$ wolkenlos, sehr wenig Dunst.

13 Wolkenlos, etwas Dunst vor den Bergen.

14 Wolkenlos, etwas Dunstschleier. — $17^h.9$ Wolkenlos, leichter Dunstschleier. — $18^h.7$ Dunststreifen in W.

17 Wolkenlos, dunstfrei.

18 Wolkenlos, wenig Dunst.

19 Vorm. wolkenlos, starker Ostwind; Dunstschleier, Dunstbänke am NNE-Himmel. — Nachm. stark bewölkt.

XIV. Beobachtungen der Dämmerungs-Anomalie 1953 April bis Juni

Beob.-Ort, wenn nicht anders vermerkt, Farm Bergweide, District Grootfontein,

$\lambda = 17^\circ 44'$ E $\varphi = -19^\circ 50'$ H = 1400 m

1953		
April 3		Ultracirren? Etwa $18^h.8$ Struktur bemerkt am hohen W-Himmel.
	$19^h\ 3^m$	Wellenlänge der kürzesten Wogen bei 28° Höhe $\sim 9'.5$, beobachtet mit der schwächsten Vergrößerung des 130 mm-Fernrohrs.
	19 10	Sehr diffuse obere Grenze bei 27° Höhe. Die Erscheinung ist jetzt sehr schwach. $10^\circ.2$ über dem Punkt des Sonnenuntergangs heller Ci.
	19 13	Die Erscheinung schien sich in das normale Purpurlicht zu verwandeln.
	19 15	Struktur wieder deutlicher, reicht im Sonnenazimut von $18^\circ.5$ bis 41° Höhe ($h_\odot = -7^\circ.1$).
	19 28	Untere Grenze $17^\circ.5$, obere $38^\circ.5$ ($h_\odot = -10^\circ.2$).
	19 41	Untere Grenze 15°, obere 39° ($h_\odot = -13^\circ.2$).
	19 50	Helligkeit noch schwach sichtbar. Obere Grenze sehr diffus bei 30° Höhe ($h_\odot = -15^\circ.2$). — Nach Mondaufgang um $21^h.3$ war viel Ci sichtbar.
6	17 56	Am W-Himmel zeigt sich merkwürdige Struktur, helle und dunkle Streifen wie Cirren oder Schattenstrahlen, jedoch leicht gekrümmt, in SW konkav nach unten, in W konkav nach rechts. Der Konvergenzpunkt liegt unterhalb der 9° hoch stehenden Sonne im Horizont.
	18 16	Dunkler Streifen in SW $h = 20^\circ.2$.
	18 20.6	Dunkler Streifen in SW $h = 19^\circ.7$.
	18 23	Der Konvergenzpunkt der Streifen liegt etwa 3° links der Sonne im Horizont.
	18 28.6	Höhe des dunklen Streifens in SW $17^\circ.9$.
	18 40	Reichste Struktur bis über Zenit hinaus, 2 Systeme mit Konvergenzpunkten etwa 3° und etwa 15° links des Sonnenazimuts.
	18 42.4	Höhe des dunklen Streifens in SW $16^\circ.7$.
	18 47.5	In W nur noch bis $7^\circ.5$ Höhe Struktur zu erkennen, in SW sind die Streifen noch deutlicher.
	18 57.0	Sehr starke breite Schattenstreifen bedecken den ganzen W-Himmel. Die hellen Stellen lassen etwas von der vorherigen Struktur erkennen.
	19 2	Westhimmel von unerhörter Pracht!
	19 10	Helle Streifen rasch versunken, nur noch bis 9° Höhe. Aber darüber ist schwach die andere Struktur wieder erkennbar.
7	6 10	Morgendämmerung bei weitem nicht so farbenstark wie gestrige Abenddämmerung.
	6 45	Die Ultracirren-Struktur ist in etwa 30° Höhe deutlich erkennbar.
	6 55	Die Struktur ist verschwunden. — Später war Ac-Aufzug hinderlich.
	—	In der Abenddämmerung durch einige Wolkenlücken keine Ultracirren gesehen.
8	19	Große Wolkenlücke zeigt keine Ultracirren, aber Dämmerungsstrahlen.
9	—	Keine Ultracirren in der Abenddämmerung, aber starke Schattenstreifen bei lebhafter Cu-Bildung.
10	18 32	Zwischen SW und NW bis 30° Höhe leichte Struktur wie Dunststreifen. Konvergenzpunkt in der Nähe der Sonne.
	18 50	Struktur am W-Himmel, Mitte des Feldes etwa 30° hoch. Konvergenzpunkt der kurzen Streifen in NW.
	18 58	Farben in W sehr lebhaft.
	19 1.5	Starke Dämmerungsstrahlen, besonders in WNW. Prachtvolle Farben.
	19 3.6	Struktur nur noch am Horizont in W.

April 11	18 45	Am NW-Himmel ein System paralleler Streifen, deren Konvergenzpunkt in WSW liegt. Genauere Beobachtungen durch Ci erschwert; die Streifen scheinen mit den Ultracirren identisch zu sein.
12	18 55	Schwache Struktur im Purpurlicht.
13	18 55	Geringe Struktur im Purpurlicht, schwächer als am Vortag.
17	18 47	Von SW bis NE feine Schattenstrahlen, nicht sicher als Ultracirren anzusprechen, schwach.
20	18 18	Struktur am W-Himmel: kurze Streifen parallel zum Horizont und lange Streifen, die nach einem Punkt unter der Sonne konvergieren, einwandfrei nicht nach der Sonne. Die Struktur ist schwach.
	18 32.1	Struktur am W-Himmel deutlicher. — Sonnenuntergang 18^h37^m.
	18 48	Am W-Himmel gelbes Segment, Scheitel 3°8, darüber dunkler Streifen, Scheitel 6°3, darüber roter Streifen, Scheitel 10°5, darüber starke Schattenstreifen. Innerhalb des hellen Bogens kurze Streifen parallel zum Horizont.
	18 53.0	Scheitel des roten Segments nur noch 7°5 hoch.
	18 55.2	Scheitel des roten Segments nur noch 5°0 hoch.
21	17 59	Struktur am W-Himmel. Kurze Streifen mit Horizontalknoten etwa S 15° W, besonders in WSW in 18° Höhe.
	18 39	Struktur nur bis 5° Höhe zu erkennen. Die einzelnen Elemente sehen neben rot beleuchteten Cirren aus wie Leuchtende Nachtwolken.
	18 48	Nachdem der W-Himmel fast strukturfrei war, hat sich jetzt ein bis 33° hoch reichender roter Schein gebildet, in dem die Struktur wieder schwach sichtbar ist.
	18 54.4	Roter Schein reicht noch 10°0 hoch. — Von hier ab Messungen der Höhe des Roten Segments in besonderer Tabelle.
	19 0	Das Segment ist ganz scharf begrenzt.
22	18 6	Am W-Himmel keine Struktur.
	18 22	Jetzt schwache Struktur, horizontparallele Streifen. — Sonnenuntergang 18^h31^m.
	18 39	Am W-Himmel nur schwache Struktur bis 3° Höhe.
	18 47	Während der letzten Minuten hat sich am W-Himmel wieder ein starker Strahlenfächer entwickelt. Im Purpurlicht sehr schwache Struktur.
	18 54	Ein schwacher Streifen reicht 1° höher als die gemessene Grenze des roten Segments, ebenso bei den folgenden Messungen.
23	18 21	Struktur in SW und NW nur schwach angedeutet.
	18 45	In W bilden sich die Schattenstrahlen.
	18 52	Farben und Formen am W-Himmel weniger lebhaft als an den Vortagen.
24	18 15	Keine Struktur am W-Himmel.
	18 47	Schattenstrahlen, aber keine Struktur. Ac stört.
25	18 35	Rauchartige Struktur in W und besonders in NW, Horizontalknoten NNW.
	18 40	Gegendämmerung mit starken Schattenstrahlen, die in W noch kaum erkennbar sind. Die Struktur ist dort verschwunden.
	18 45	In W wieder ein mächtiger Fächer von Schattenstreifen. Sonst keine Struktur außer schwacher Streifung parallel zum Horizont in geringer Höhe.
26	17 30	Himmel in W unter der Sonne bräunlich.
	18 0	Schwache Struktur, kurze helle Streifen, am W-Himmel.
	18 30	Sonnenuntergang. Die rauchartigen Streifen, jetzt dunkel auf hellem Grund, deutlich sichtbar.
	18 44	Schwache Struktur in E, starke Struktur in W.
	18 58.8	Segment in W unregelmäßig begrenzt, Maximalhöhe gemessen.

April 27	18 50	Zwischen isolierten Ci sind am W-Himmel die Schattenstrahlen zu sehen, anscheinend weniger stark als am Vortag; keine Struktur. Ort: Farm Okambongora.
28	18 50	Nichts auffälliges am W-Himmel bemerkt, aber starke Störung durch Ci, Cs und Ac; wenige Lücken.
29	18 6	W-Himmel ohne Struktur.
	18 28	In NW feine Struktur bis 7° Höhe, in SW einige schwache gröbere dunstartige Streifen.
	18 45	Struktur unverändert, sehr schwache Schattenstrahlen.
	18 54	Dämmerung zeigt normalen Verlauf; keine Strahlen.
30	6 49	Im Purpurlicht etwas Struktur: horizontparallele schwache Streifung, keine Schattenstrahlen. Sonnenaufgang 7^h12^m.
	18 25	Sonnenuntergang. Struktur am W-Himmel sehr schwach.
	18 48	Dämmerung normal.
Mai 1	6 48	In der Dämmerung feine Streifung mit Konvergenzpunkt SE, sieht wie Ci aus.
	7 13	Am E-Himmel jetzt graue gröbere Streifung, schwach, etwa horizontparallel. Sonnenaufgang war 7^h11^m.
	18 30	In NW und schwächer in SW rauchartige Struktur. Sonnenuntergang war 18^h26^m.
	18 45	In NW ein Feld Ci-artiger Wolken, 22° hoch erkennbar, gegen W hin mit scharfer Grenze von welligem Verlauf.
	18 50	Struktur in WNW von oben her unsichtbar geworden und nur noch 5° hoch erkennbar.
	18 57	Dämmerung ohne Besonderheiten.
2	6 47	Im ganzen E-Quadranten bis etwa 20° Höhe feine horizontparallele Streifung.
	7 3.5	Am E-Himmel jetzt gröbere dunkle Struktur. — Sonnenaufgang 7^h13^m.
	7 21.4	Struktur immer noch deutlich.
	7 38.3	Struktur noch sichtbar.
	18 26	Leichte Struktur am W-Himmel, radial von der Sonne verlaufende kurze Streifen. — Sonnenuntergang 18^h27^m.
	18 40	Purpurlicht stark. Die Streifung weist auf einen Punkt etwa 8° rechts vom Sonnenazimut.
3	6 40	Bis 7^h0^m dunstartige Streifen im roten Segment, sonst keine Besonderheiten.
4	6 51	Schwache Struktur am E-Himmel.
	7 4	Am E-Himmel dunkle Ci-artige Struktur, rauchähnlich, bis 13° Höhe. — Sonnenaufgang 7^h8^m.
	18 21	Am W-Himmel bis etwa 30° Höhe rauchartige Streifen von etwa 10° Länge mit Konvergenzpunkt in NNW.
	18 45	Schattenstrahlen in W.
	18 53	Schwache, sehr diffuse Struktur, sonst keine Besonderheiten.

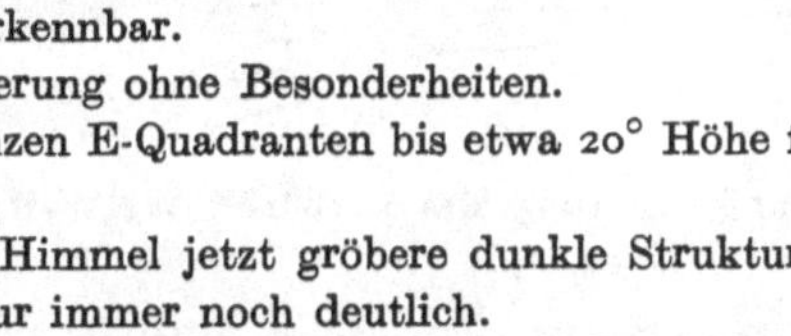

Strukturskizze 1953 Mai 5 $7^h\ 8^m$ ENE-Himmel

5	6 52	In der Dämmerung horizontale Ci-artige Streifung.
	7 7	Sonnenaufgang. Streifung erscheint jetzt dunkel, rauchartig, und zeigt zum Teil recht feine Struktur, scheint auch 2 Systemen anzugehören.

Mai 5 18 5 Streifung am W-Himmel sehr deutlich.

18 21 Verlauf der Streifen im allgemeinen aus N, jedoch nicht streng parallel. Außerdem Feinstruktur, die deutlich auf Ultra-Ci-Charakter weist.

18 40 Struktur bis 40° Höhe sehr deutlich.

18 43 Starke Schattenstrahlen (Wolken stören).

6 6 52 Horizontparallele Streifen, ziemlich diffus, in der Morgendämmerung.

7 6 Struktur wie gestern, Streifen jetzt dunkel. Die Bogenstreifen von sehr feiner Struktur, die kürzeren Streifen grober. Sonnenaufgang $7^{h}6^{m}.5$.

18 18 Struktur am W-Himmel jetzt sichtbar. In der Umgebung des Sonnenazimuts, 28° hoch, ein System von Wellen, wie skizziert. Wellenlänge $\sim 0^{\circ}.5$. Konvergenzpunkt NNW. Streifen hell auf blaugrünem Himmelsgrund. Sonnenuntergang $18^{h}23^{m}$.

18 25 Die Wellenstruktur ist während der letzten Minuten rasch unsichtbar geworden. Es sind nur noch tiefer am Horizont die rauchartigen Streifen zu sehen.

18 36 Von dieser Zeit ab war die Struktur im „Purpurlicht" wieder schwach sichtbar. Dann erschienen starke Schattenstrahlen, aus denen sich schließlich ein oben scharf begrenztes Segment bildete.

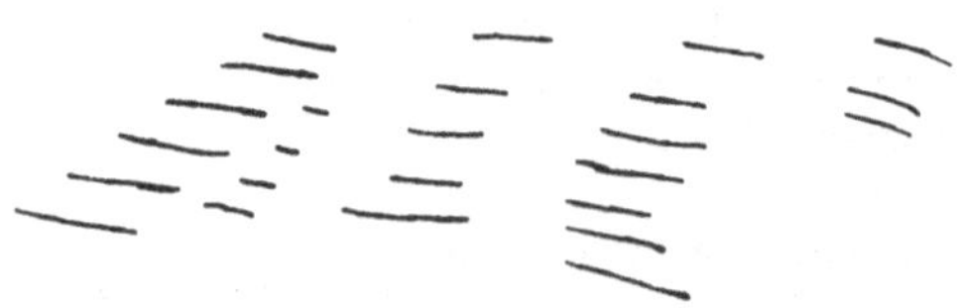

Strukturskizze 1953 Mai 6 $18^{h}18^{m}$ WNW-Himmel

7 18 40 Am W-Himmel diffuse Struktur; Wolken stören.

18 53 Rotes Segment bei Beginn der Messungen weniger scharf begrenzt als gestern; erst gegen Ende war die Grenze besser definiert.

9 10 15 Unter der Sonne in etwa 25° Höhe diffuse Streifen, etwa E—W verlaufend.

11 6 50 Farbstarke Morgendämmerung. Wegen Nachtarbeit keine Beobachtungen.

14 10 6 In der Umgebung des Sonnenazimuts horizontale Streifung, schwach, bis 10° oder 15° Höhe, Kulminationspunkt etwa 10° links vom Sonnenazimut.

18 19 Bei Sonnenuntergang in großen Wolkenlücken keine Struktur am W-Himmel sichtbar.

18 26 In W bis 5° Höhe schwache, leicht nach S aufsteigende Streifen; sonst keine Struktur.

18 48.5 Rotes Segment mäßig scharf begrenzt.

15 10 6 Im Sonnenazimut unterhalb von 10° Höhe horizontparallele schwache Streifen; sonst sehr klar, kein Dunst.

18 18 26 Keine Struktur am W-Himmel.

18 33 In W bis etwa 6° Höhe Horizontalstreifung, sieht nicht wie Dunst aus; Horizontalknoten NNE.

18 38 Das gelbe Licht im W sehr intensiv.

18 48 Rotes Segment merklich diffuser als zur Zeit der stärksten Entwicklung vor einigen Wochen.

19 10 25 Schwache weißliche Streifen im Sonnenazimut bis etwa 10° Höhe.

18 28 In WNW bis $3^{\circ}.8$ Höhe feine Struktur von Ultra-Ci-artigen, nach dem Westpunkt gerichteten Streifen.

Mai	19	18^h34^m	Das Orange-Licht außerordentlich stark. Es ist, als ob die Allgemeinhelligkeit zugenommen hätte. Reiche Struktur von Kleinformen im gelben Licht.
		18 42	Der Schein reicht $7^\circ\!.5$ hoch, ist aber oben nicht scharf begrenzt.
		18 47	Rotes Segment mäßig scharf begrenzt.
	20	18 27	Struktur in W bis 3° Höhe.
		18 32	Struktur im Gelblicht jetzt bis 20° Höhe; Streifen mit Horizontalknoten in NE bis NNE.
		18 43	Der Schein in W oben unscharf begrenzt, Höhe etwa $6^\circ\!.5$.
		18 50	Grenze des roten Segments nie scharf.
	21	10 30	Die Horizontalstreifung unterhalb der Sonne erkennbar, aber schwach.
		18 35	Im Gelblicht am W-Himmel nur wenig Struktur. — Sonnenuntergang war 18^h17^m.
		18 50	Grenze des Segments bei der 1. Messung diffus, bei der 2. schärfer, bei der 4. und 5. mäßig scharf, besser als am Vortag, zuletzt wieder unscharf.
	22	18 17	Sonnenuntergang, nur sehr schwache Struktur.
		18 37	Gelblicht stark, aber mit sehr wenig Struktur.
		18 45	Grenze des roten Segments mäßig scharf, Übergangszone etwa $0^\circ\!.7$ breit.
		18 49.8	Über dem versinkenden roten Segment, in $2^\circ\!.8$ Höhe, ist eine schwache, ganz scharfe dunkle Stufengrenze erkennbar.
	23	18 25	Nur geringe Struktur in W.
	24	—	Um Sonnenuntergang (18^h16^m) rauchartige Struktur in W, sonst keine Besonderheiten. Rotes Segment hat ziemlich scharfe Grenze.
		18 50.5	Dunkle Schichtgrenze in $2^\circ\!.2$ Höhe.
	27	18 35	Westhimmel ohne Besonderheiten. Beob. auf Farm Osombusatjuru.
	28	6 50	Rotes Segment in E nicht scharf begrenzt, wenig Struktur.
		7 15	Ziemlich starke rauchartige Struktur am E-Himmel. — Sonnenaufgang 7^h17^m.
		7 36	Die Struktur ist noch schwach sichtbar.
		18 45	Messungen des roten Segments etwas durch Ci gestört.
	29	6 49	Etwas Ci im roten Segment.
	30	7 3	Nur sehr schwache Struktur am E-Himmel.
		7 25	Seit Sonnenaufgang (7^h18^m) ist am E-Himmel etwas rauchartige Struktur zu sehen.
		—	Nach Sonnenuntergang ($\sim 18^h14^m$) schwache dunkle Streifen parallel zum Horizont in W, um 18^h30^m noch zu sehen.
	31	6 53	Im unscharf begrenzten roten Segment sehr feine Ci-artige Streifen.
		7 17	Struktur jetzt dunkel auf hellem Grund. — Sonnenaufgang $7^h17^m\!.5$.
		18 30	In W und WNW ein System von Streifen mit Konvergenzpunkt in NNW.
Juni	1	6 56	Feine Ci-artige Streifen am E-Himmel, Konvergenzpunkt NNE.
		7 17	Sonnenaufgang. Am E-Himmel sehr deutliche feine Streifen, jetzt dunkel auf hellem Grund, Konvergenzpunkt NE.
	2	6 52	Begrenzung des roten Segments unscharf.
		7 18	Sonnenaufgang. Struktur schwach; lange Streifen, die in NNE kulminieren.
		18 31.5	Nur schwache Horizontalstreifen tief in W.
		18 43	Rotes Segment bei der 1. Messung unscharf, bei der 2. schärfer begrenzt.
	3	7 18	Sonnenaufgang. In E nur schwache Streifung parallel zum Horizont.
		18 15	Dunkle Streifen am W-Himmel kulminieren in WSW.
	4	7 26	Nur schwache Horizontalstreifen über der Sonne.
		18 26	In W nur geringe Streifung.
	7	18 42	Westliches Segment, etwa 6° hoch, ist ganz unscharf begrenzt und zeigt nur schwache Horizontalstreifen.

Juni	11	$18^h 40^m$	bis $18^h 45^m$. Die Abenddämmerung zeigt keine Besonderheiten mehr. Das rote Segment ist unscharf begrenzt und ohne Struktur, das Gelblicht bei weitem nicht mehr so intensiv wie zur Zeit der Störung.
	14	18 45	Im roten Segment leichte Struktur, kurze horizontale Streifen. Segment unscharf begrenzt.
	19	18 35	Dämmerung ohne Besonderheiten.
	20	18 35	Dämmerung ohne Struktur oder andere Besonderheiten.
	24	18 45	Dämmerung o. B.
	25	18 40	Dämmerung o. B.
Juli	12		Das abendliche rote Segment zeigt bei geringen Höhen eine scharfe Grenze.

XV. Sichtbarkeit von Sternen in der Dämmerung

Tag			Zeit	$h_\odot$	Beobachtungen
1952	Juli	26	$18^h 58^m.5$	$-7°.6$	δ Cru gerade sichtbar
		28	18 50.7	−5.8	γ Cru gut sichtbar
			19 0	−7.8	δ Cru sichtbar
		29	18 50	−5.5	β Cru eben sichtbar
	Aug.	1	19 2	−7.8	δ Cru erkennbar
		8	18 57	−6.3	α Cru leicht, β Cru gerade sichtbar
		10	18 50	−4.5	β Cen sichtbar
		28	19 5.9	−6.9	δ Cru gerade erkennbar
	Sept.	9	7 4	+1.6	Jupiter noch mit bloßen Augen zu sehen
			7 9	+2.7	Jupiter noch sichtbar, Sonne scheint bereits
			7 16	+4.4	Jupiter noch zu sehen, wenn man entlang des Fernrohrs blickt
1953	April	23	18 39.8	−2.5	Sirius nahe Zenit bereits gut zu sehen
		24	18 35.2	−1.6	Sirius bereits ziemlich leicht zu sehen
		25	18 32.5	−1.1	Sirius mit bloßen Augen gefunden
		30	18 31.1	−1.6	Sirius gefunden
	Mai	1	18 28.4	−1.0	Sirius gefunden. Dies dürfte das äußerst Mögliche sein
		2	18 32.0	−2.1	Sirius gefunden
		4	18 25.3	−0.8	Sirius gefunden! Verschwinden der Sonne am phys. Horizont $18^h 24^m$
1937	Mai	1	—	−2.9	Sirius leicht zu sehen
			—	−3.8	Canopus leicht sichtbar, ebenfalls α Centauri
		2	—	−4.3	β Centauri sichtbar
			—	−5.6	δ Crucis bei genauer Ortskenntnis blickweise sichtbar
		3	—	−3.1	Sirius bereits leicht zu sehen
		5	—	−2.6	Sirius leicht zu sehen
			—	−6.5	δ Crucis blickweise
		14	—	−3.1	Canopus sichtbar
		19	—	−1.8	Sirius gesehen
		20	—	−3.8	β Centauri sichtbar

C
Anhang

XVI. Beobachtungen auf See. M. S. „Kaapland"

Messungen der Zenitpolarisation.

Tag 1952	MZ Gr	λ	φ	$h_\odot$	i_1	i_2	P
Juli 6	$18^h\ 9^m$	16°45′W	+24°21′	+22°33′	5.87	3.78	0.366
	18 43.5	16 48 W	+24 13	+15 02	4.94	2.69	0.486
	18 57.5	16 49 W	+24 10	+12 01	4.59	2.45	0.501
12	7 35.8	8 31 W	− 0 10	+12 58	4.91	2.44	0.542
	9 5.3	8 20 W	− 0 23	+33 24	7.02	5.09	0.260
	9 12.8	8 19 W	− 0 24	+35 05	7.73	4.27	0.424
	9 21.3	8 18 W	− 0 26	+36 57	7.32	5.22	0.262
	17 39.3	7 9 W	− 1 40	+12 04	4.33	1.78	0.640
	17 49.8	7 7 W	− 1 42	+ 9 36	3.89	1.60	0.644
13	17 23	3 56 W	− 5 22	+11 27	4.16	1.75	0.630
	17 34	3 54 W	− 5 24	+ 8 52	3.66	1.45	0.662
18	7 46	12 20 E	−20 58	+23 32	4.67	2.26	0.535
	7 56	12 22 E	−20 59	+25 28	4.67	2.22	0.539

Messungen der Neutralpunkte der Atmosphärischen Polarisation.

Erklärungen auf S. 176

Tag 1952	Zeit	Punkt	Filter	$h_\odot$	d	Anmerkungen
Juni 30	$19^h 45^m.5$	A	—	+3°.8	20°.6	
	19 49.5	A	—	+3.2	20.2	
	19 57.9	A	—	+2.1	19.7	
	20 6.5	A	—	+1.0	18.7	
	20 11.1	A	—	+0.4	18.1	
	20 13.5	A	—	+0.1	18.8	
	20 23.5	A	—	−1.1	17.6	
	20 29.1	A	—	−1.8	17.4	
	20 35.6	A	—	−2.6	16.9	
	20 38.1	B	—	−2.9	16.5	schwierig
	20 42.1	A	—	−3.9	17.4	
	20 51.9	A	—	−4.5	19.7	
	20 54.4	B	—	−4.8	16.4	schwierig
	20 56.0	A	—	−5.0	20.5	
	21 2.9	A	—	−5.7	23.0	
	21 11.1	A	—	−6.7	24.7	
	21 13.7	B	—	−6.9	18.0	schwierig
	21 22.4	A	—	−7.8	26.9	
	21 31.3	A	—	−8.7	31.0	zu dunkel, Schiff schwankt stark
Juli 6	6 10.6	A	—	−1.6	16.6	
	6 12.8	B	—	−1.2	14.5	unsicher
	6 14.6	A	—	−0.8	16.5	
	6 16.0	B	—	−0.5	13.1	⊙ geht auf
	6 18.4	A	—	0.0	17.9	
	6 20.4	B	—	+0.4	11.3	

Tag 1952	Zeit	Punkt	Filter	$h_\odot$	d	Anmerkungen
Juli 6	$6^h22^m.4$	A	—	$+0^\circ.8$	$17^\circ.1$	
	6 24.1	B	—	+1.1	10.0	
	6 25.4	A	—	+1.4	17.1	
	6 28.1	A	—	+1.9	17.4	
	6 30.9	A	—	+2.4	17.4	
	6 33.5	A	—	+3.0	16.5	
	6 36.2	A	—	+3.5	16.1	
	6 38.3	A	—	+3.9	17.0	
7	19 55.7	A	—	−1.6	14.5	
	19 57.7	A	—	−2.1	15.0	
	20 0.4	A	—	−2.7	14.8	
	20 3.2	A	—	−3.2	15.2	
	20 5.7	A	—	−3.8	14.6	
	20 8.3	A	—	−4.3	15.4	
	20 10.5	A	—	−4.8	18.1	
	20 12.4	A	—	−5.2	17.4	Wolken nahe
12	6 2.8	A	—	−8.7	19.1	unsicher
	6 6.3	A	—	−7.8	21.5	gut
	6 8.9	B	—	−7.2	25.6	unsicher
	6 12.0	A	—	−6.5	23.6	
	6 15.8	B	—	−5.6	22.9	unsicher
	6 18.3	A	—	−5.0	21.3	
	6 21.2	A	—	−4.3	19.8	
	6 24.9	A	—	−3.5	18.8	$6^h24^m.5$ B-Punkt nicht erkennbar
	6 27.4	A	—	−2.9	18.3	
	6 30.0	A	—	−2.3	19.6	
	6 33.3	A	—	−1.5	17.5	
	6 36.2	B	—	−0.8	13.0	sehr diffus
	6 38.3	A	—	−0.4	16.5	⊙-Aufgang
	6 42.5	A	—	+0.6	16.8	
	6 45.2	B	—	+1.2	12.1	sehr unsicher
	6 48.1	A	—	+1.9	18.2	
	6 50.5	A	—	+2.4	18.8	weniger gut erkennbar
	6 53.1	A	—	+3.0	17.5	
	6 54.8	B	—	+3.3	12.6	unsicher
	6 57.0	A	—	+3.9	17.0	
	6 59.1	A	—	+4.4	16.0	
	7 1.3	A	—	+4.9	16.4	

Meteorologische Anmerkungen

1952 Juni 30 Abend: Dunst, Kimm noch sichtbar, ⊙-Untergang klar. Wolkenlos. Wind SW 1.

Juli 6 Morgen: Fast wolkenlos, nur am Horizont einige kleine Sc und Dunststreifen; A-Punkt gut markiert, B-Punkt schwierig.

10^h : Himmel blaßblau, am Horizont weißlich, Circumsolare Scheibe: Radius etwa 10°, leicht bräunlich.

18.2 : Himmel im Zenit gut blau, einige Fracto-St tief in W und NW.

Juli 7 Abend: Sehr dunstig, einige Fractocumuli in W. Über dem Untergangspunkt der ⊙ feiner Ci, daher B-Punkt nicht meßbar.

$20^h.2$: Beobachtung abgebrochen, da Fractocumulus-Bewölkung aufkommt.

Juli 12 Morgen: Wolkenlos, außer einigen sehr kleinen As-Streifen tief in ENE. Kimm klar, See blau. Gegen 6^h15^m Schattenstrahlen. Farbenprächtige Morgendämmerung.

Der B-Punkt war sehr schwer erkennbar. An seiner Stelle befand sich eine große weiße Fläche, in der die Interferenzstreifen kaum sichtbar waren.

9.3 : Die starken Diskrepanzen der Messungen scheinen zum Teil durch die Schwankungen des Schiffes hervorgerufen, obgleich versucht wurde, stets bei horizontaler Stellung des Polarisationsfilters zu messen. Manchmal, aber nicht systematisch, ergaben sich auch Unterschiede in zwei um 180° verschiedenen Stellungen des Filters.

17.8 : Bei den Beobachtungen am Spätnachmittag wurde die Zellenkapsel festgehalten und der Deckel mit dem Filter gedreht. Es zeigte sich hier kein Unterschied der um 180° verschiedenen Lagen. Der Gang des Schiffes war ruhiger als am Morgen. — Bald nach Beendigung der Messungen kamen von SE her Wolken auf. Bei der Beobachtung war der Himmel im Zenit tiefblau, die Kimm völlig klar; Wolken nur in Horizontnähe.

Juli 13 17.4 : Himmel im Zenit tiefblau, Kimm sehr klar; Passatwolken in Horizontnähe.

Juli 18 vorm.: Bei der zweiten Messung einige Verzögerung durch Wolken. Himmel im Zenit tiefblau, kein Dunst; rasch wechselnde Bewölkung.

Geographische Koordinaten zu den Messungen der Neutralpunkte

Tag	MZ Gr	λ	φ
1952 Juni 30	19^h40^m	2° 5′ W	+49°54′
	20 0	2 10	+49 53
	20 20	2 15	+49 52
	20 40	2 20	+49 50
	21 0	2 25	+49 49
	21 20	2 30	+49 47
	21 40	2 35	+49 46
Juli 6	6 0	15 41 W	+26 53
	6 20	15 43	+26 49
	6 40	15 45	+26 45
Juli 7	19 40	17 35 W	+18 51
	20 0	17 37	+18 47
	20 20	17 39	+18 43
Juli 12	6 0	8 44 W	+ 0 4
	6 20	8 41	+ 0 1
	6 40	8 38	− 0 2
	7 0	8 36	− 0 5

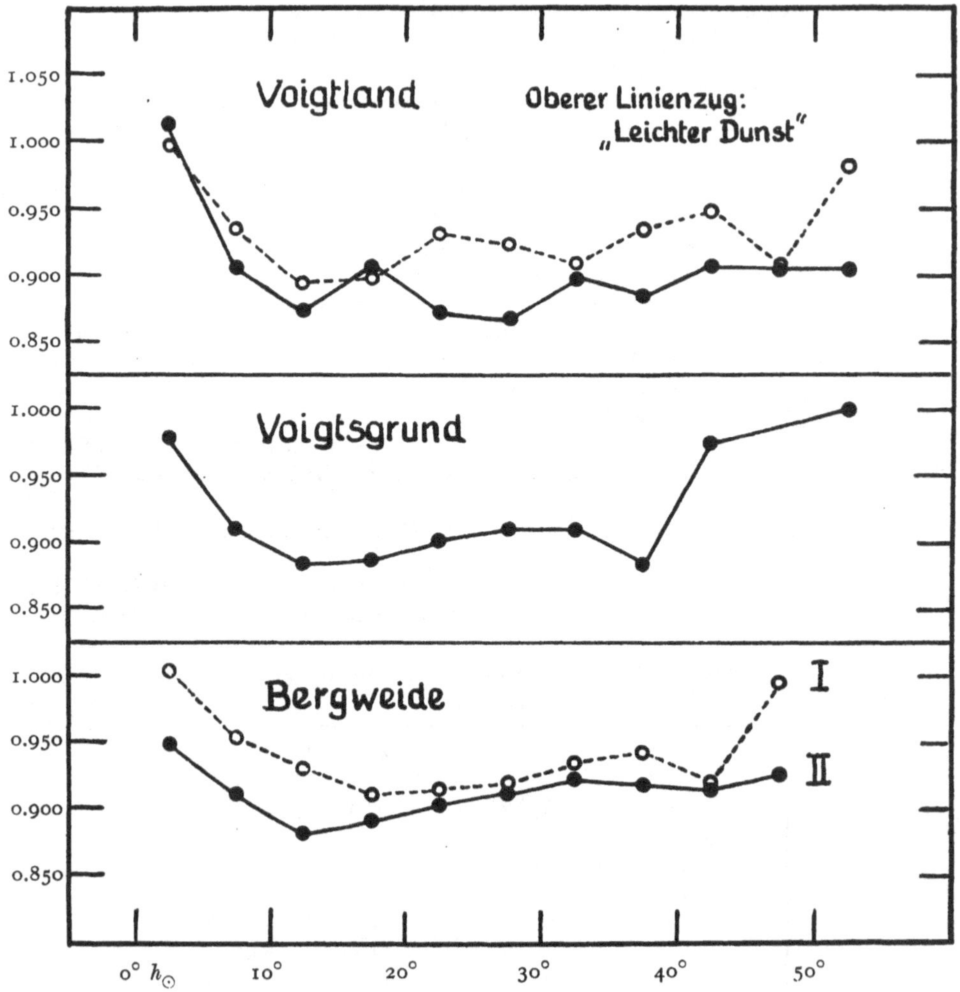

Abb. 1. **Farbanteile des Zenitlichtes**

Dargestellt sind die Charakterzahlen des relativen Rotgehalts $\frac{1}{2}\left(\frac{G}{B}+\frac{O}{B}\right)$ aus Tabellen 4, 6, 8, 9

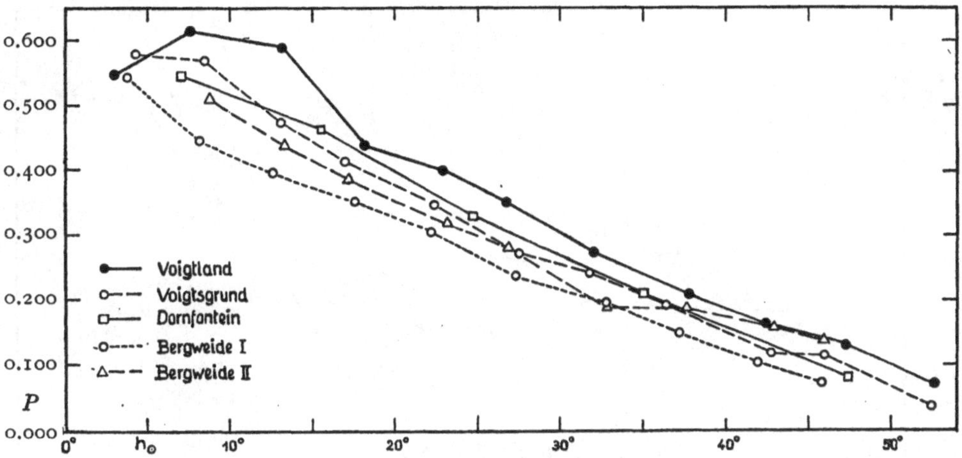

Abb. 2. Zenitpolarisation
Tab. 15, 16, 17, 18, 19

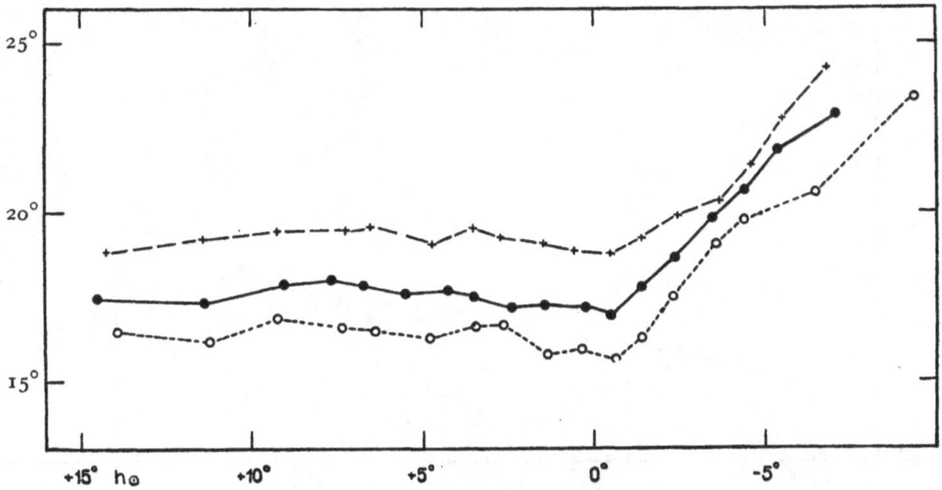

Abb. 3. Arago-Punkt, Voigtland, „Kein Dunst", Abend
Tab. 21, 22, 23

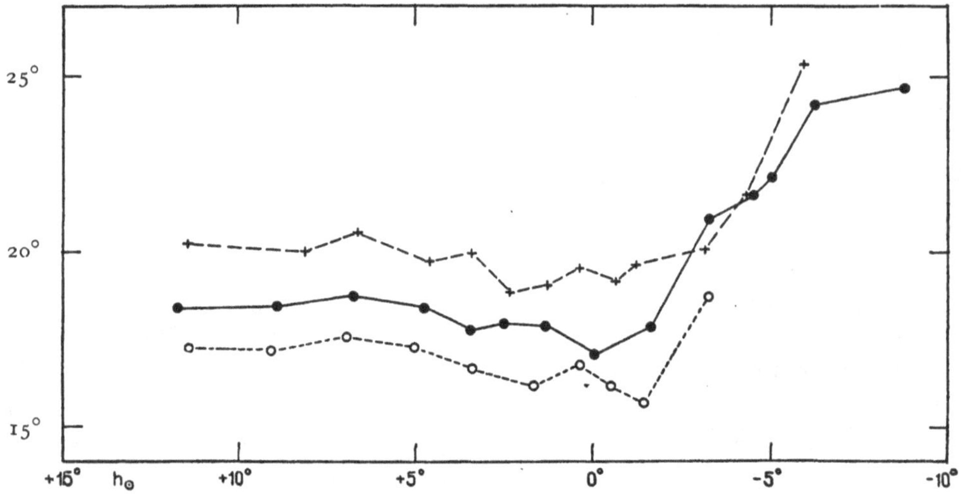

Abb. 4. Arago-Punkt, Voigtland, „Kein Dunst", Morgen
Tab. 24, 25, 26

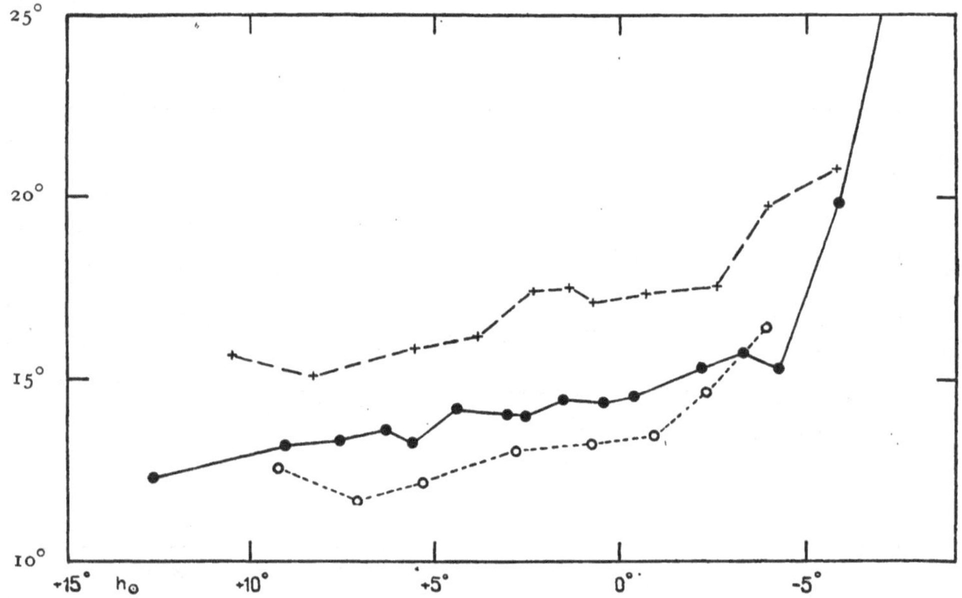

Abb. 5. Babinet-Punkt, Voigtland, „Kein Dunst", Morgen + Abend
Tab. 27, 28, 29

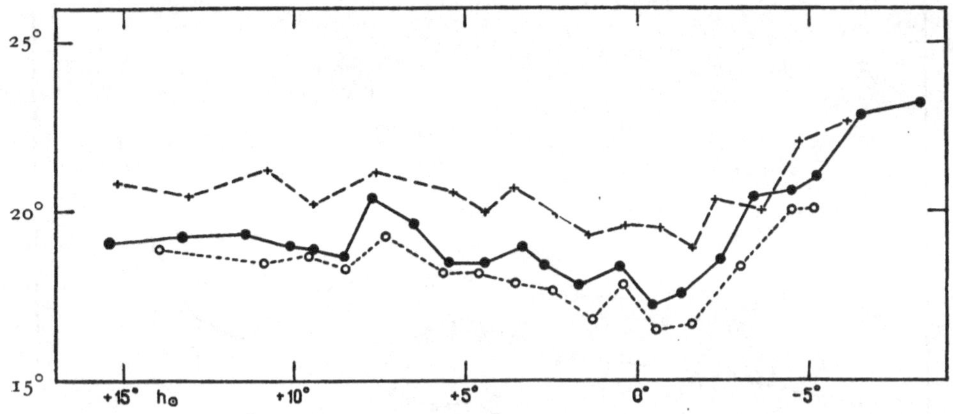

Abb. 6. Arago-Punkt, Voigtland, „Leichter Dunst", Abend
Tab. 30, 31, 32

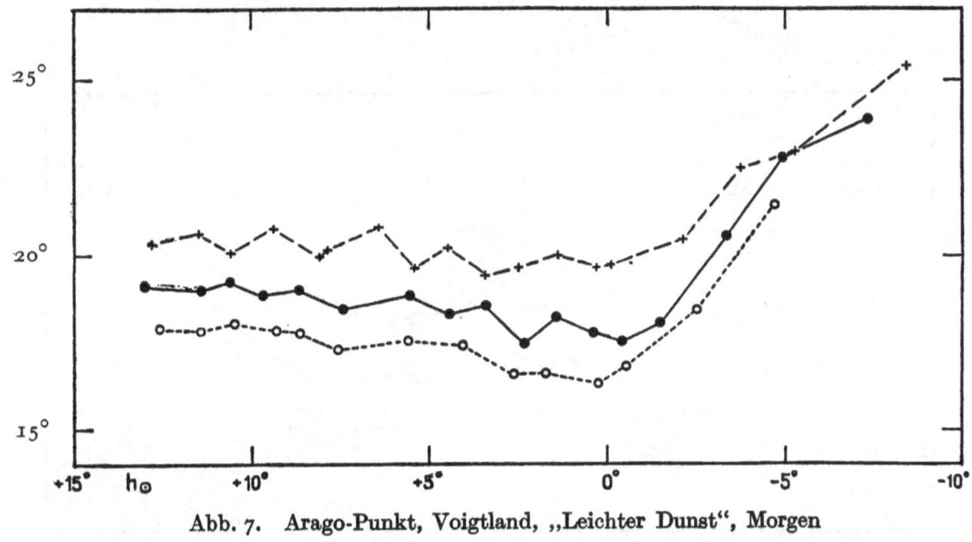

Abb. 7. Arago-Punkt, Voigtland, „Leichter Dunst", Morgen
Tab. 33, 34, 35

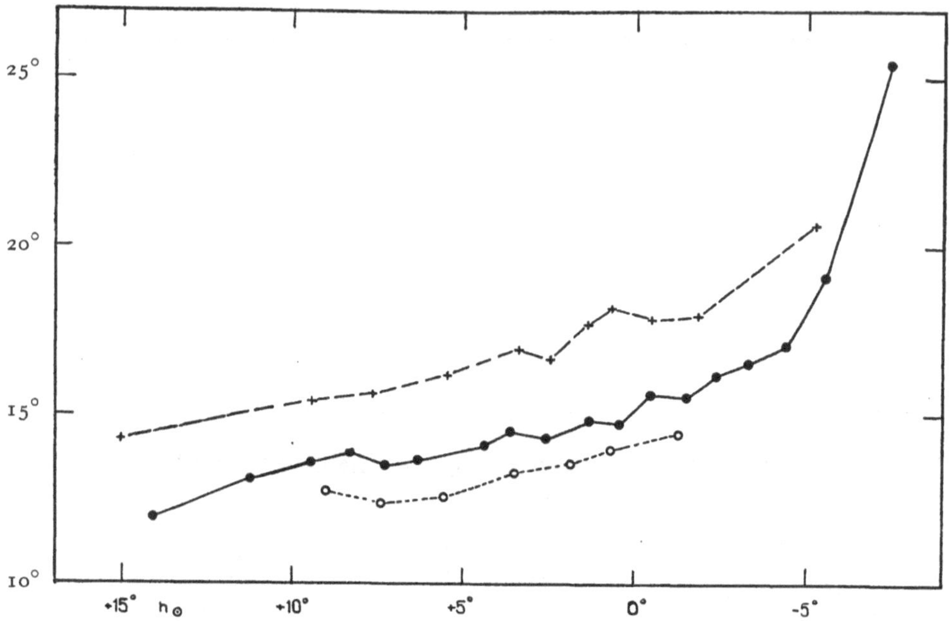

Abb. 8. Babinet-Punkt, Voigtland, „Leichter Dunst", Morgen + Abend
Tab. 37, 38, 39

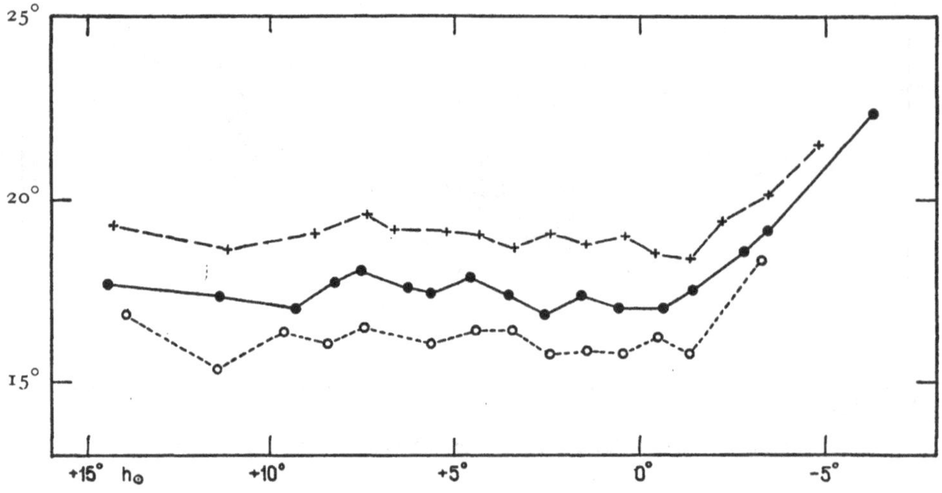

Abb. 9. Arago-Punkt, Voigtsgrund, Abend
Tab. 40, 41, 42

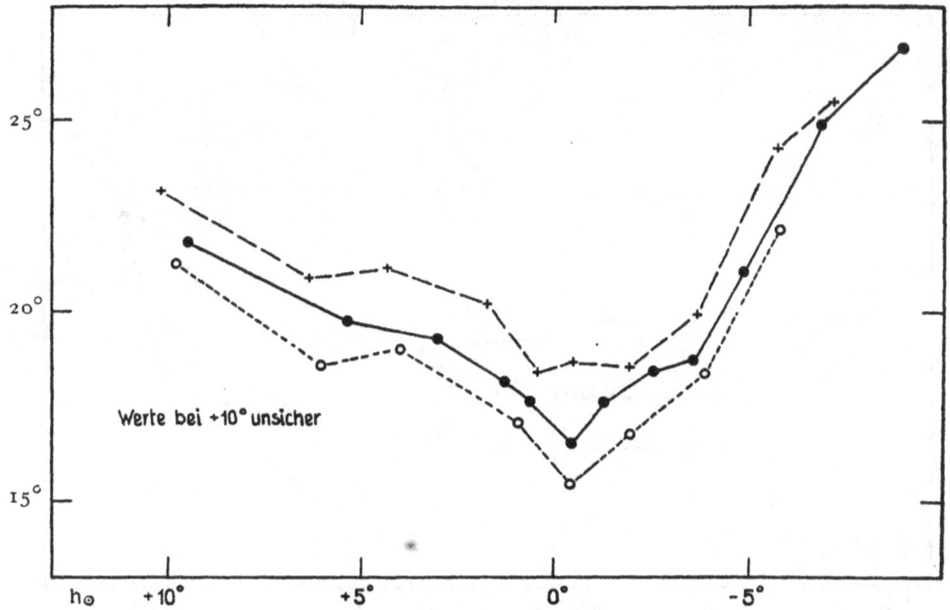

Abb. 10. Arago-Punkt, Voigtsgrund, Morgen
Tab. 43, 44, 45

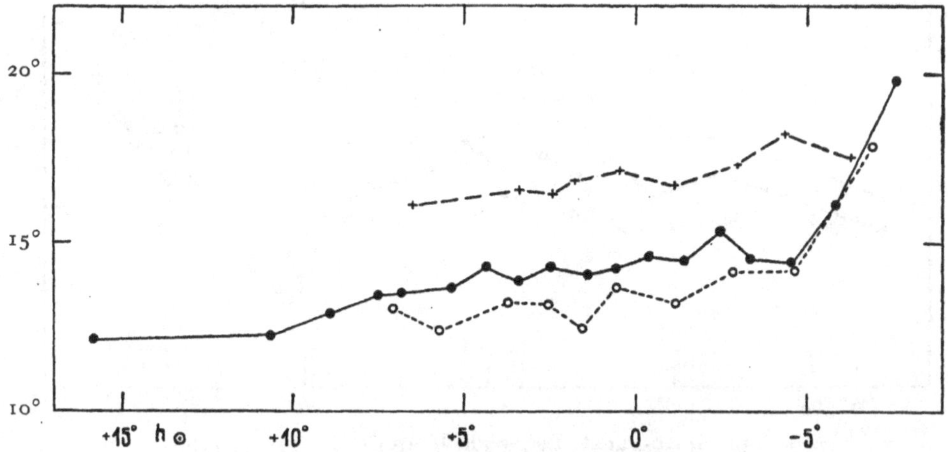

Abb. 11. Babinet-Punkt, Voigtsgrund, Morgen + Abend
Tab. 46, 47, 48

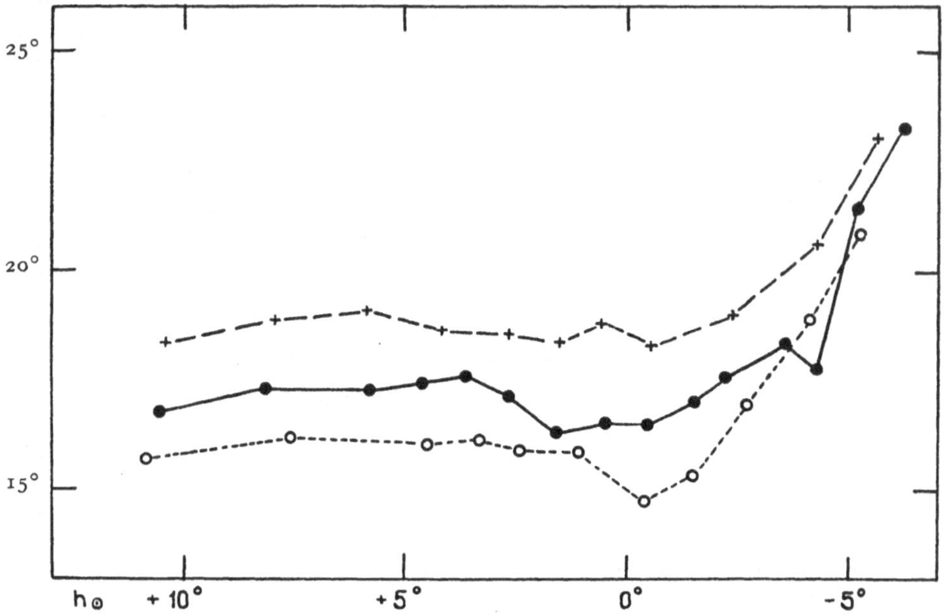

Abb. 12. Arago-Punkt, Dornfontein, Abend
Tab. 49, 50, 51

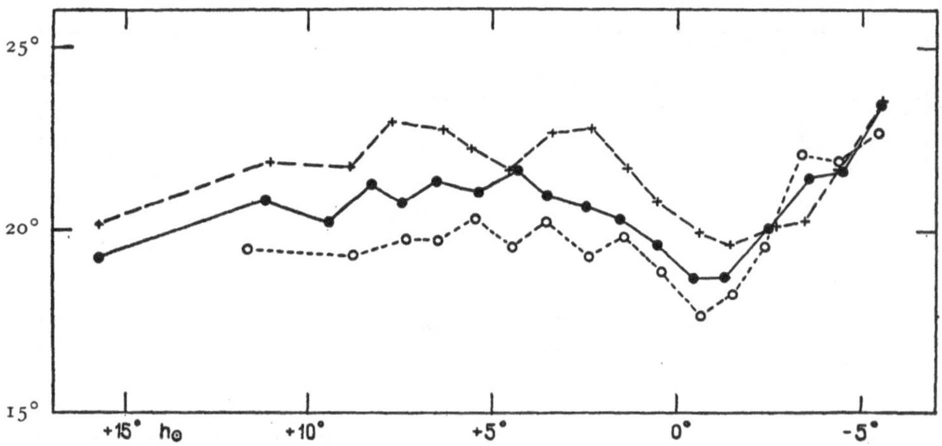

Abb. 13. Arago-Punkt, Bergweide I, April—Mai 1953, Abend
Tab. 52, 53, 54

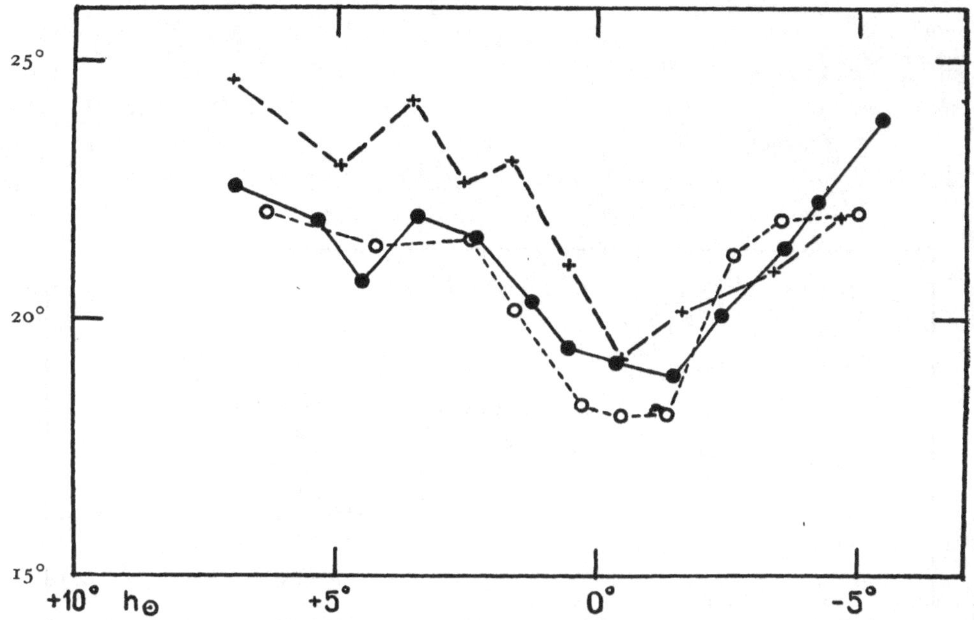

Abb. 14. Arago-Punkt, Bergweide I, April—Mai 1953, Morgen
Tab. 55, 56, 57

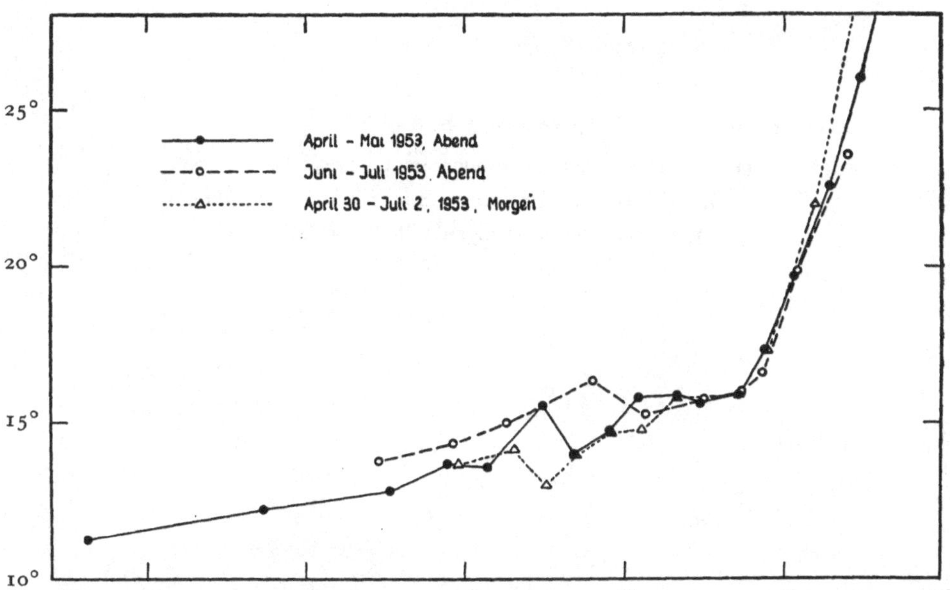

Abb. 15. Babinet-Punkt, Bergweide, Gesamtlicht
Tab. 58, 59, 60

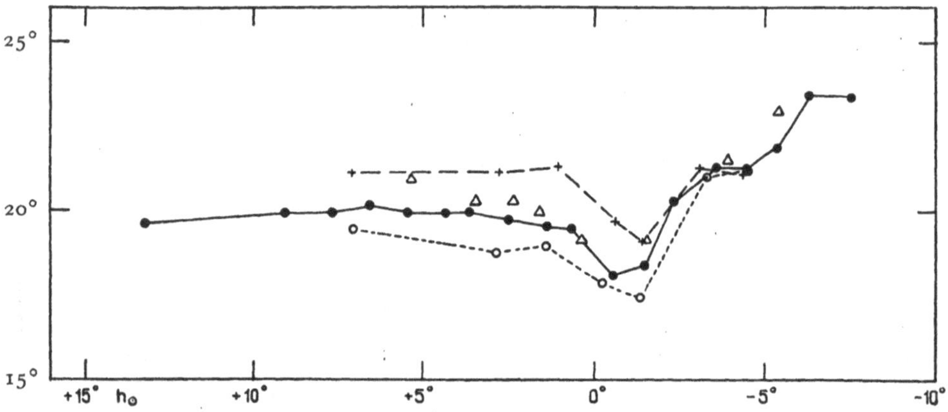

Abb. 16. Arago-Punkt, Bergweide II, Juni—Juli 1953, Abend
△ = Gesamtlicht Morgen.
Tab. 61, 62, 63, 64

Erklärung zu den Abbildungen 3 bis 16

Es bedeuten: ● Mittelwerte der Messungen im Gesamtlicht
+ Mittelwerte der Messungen mit Filter BG 7 2 mm
○ Mittelwerte der Messungen mit Filter OG 2 2 mm

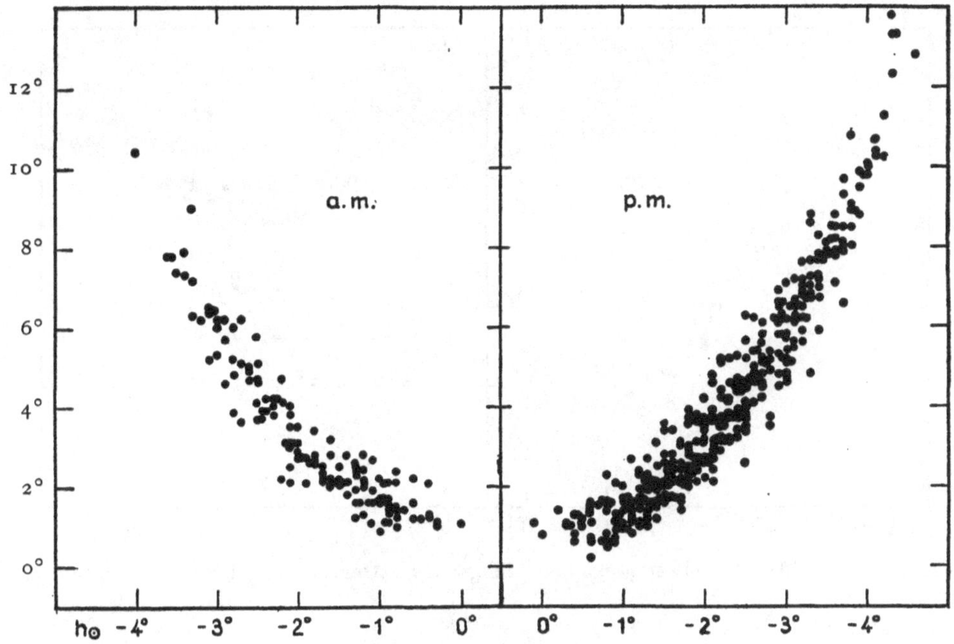

Abb. 17. Höhe des Erdschattensegments, Voigtland, Gesamtlicht, Einzelbeobachtungen

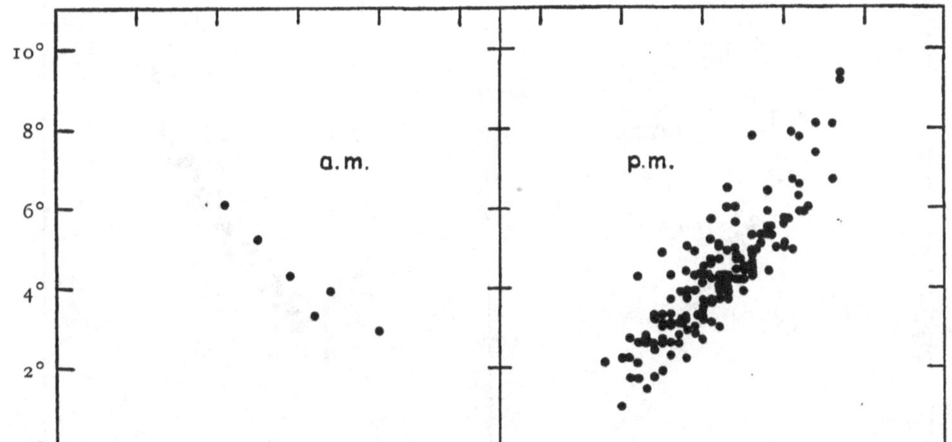

Abb. 18. Höhe des Erdschattensegments, Voigtsgrund, Gesamtlicht, Einzelbeobachtungen

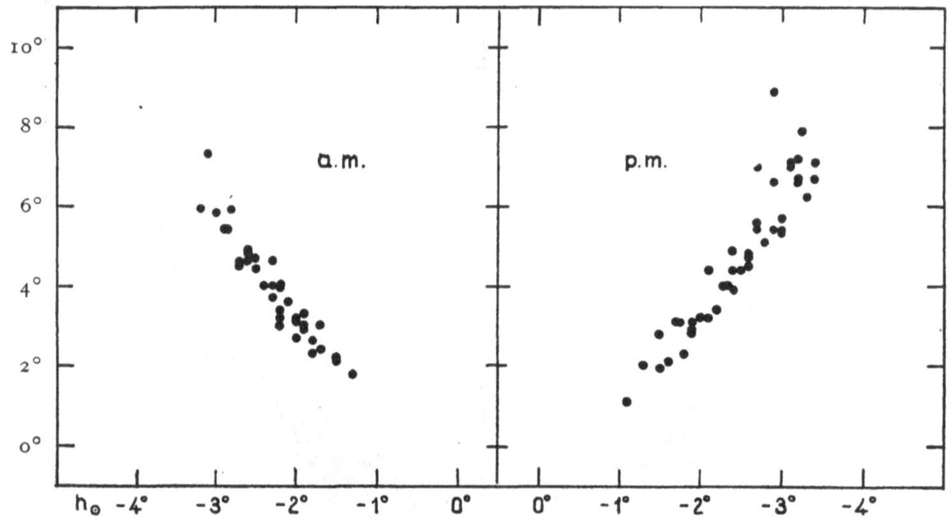

Abb. 19. Höhe des Erdschattensegments, Bergweide I, Gesamtlicht, Einzelbeobachtungen

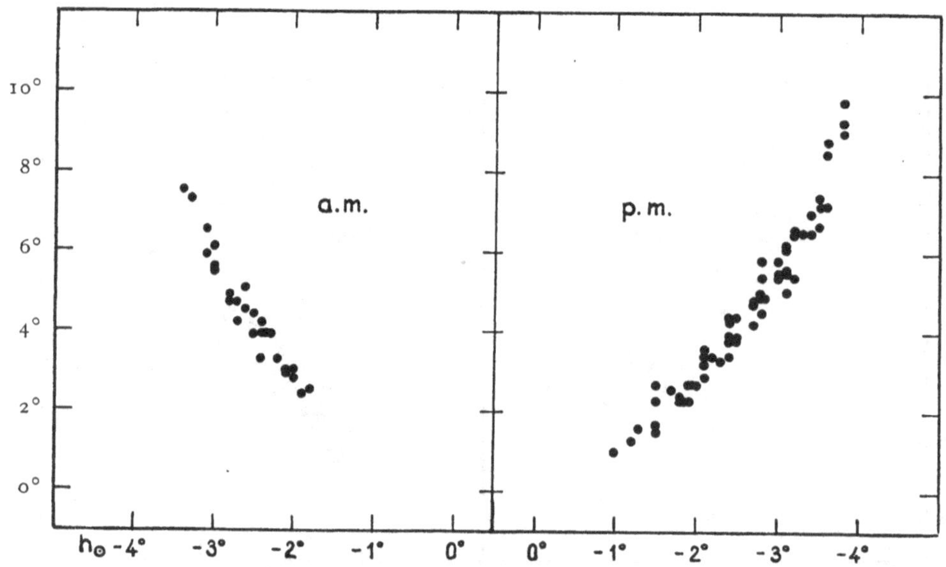

Abb. 20. Höhe des Erdschattensegments, Bergweide II, Gesamtlicht, Einzelbeobachtungen

FSC
www.fsc.org
MIX
Papier | Fördert gute Waldnutzung
FSC® C083411

Zeitfracht Medien GmbH
Ferdinand-Jühlke-Straße 7
99095 Erfurt, Deutschland
produktsicherheit@kolibri360.de